**DDR-Wissenschaft im Zwiespalt
zwischen Forschung und Staatssicherheit**

SCHRIFTENREIHE
DER GESELLSCHAFT FÜR DEUTSCHLANDFORSCHUNG
BAND 45

# DDR-Wissenschaft im Zwiespalt zwischen Forschung und Staatssicherheit

Herausgegeben von

Dieter Voigt und Lothar Mertens

Duncker & Humblot · Berlin

Die Deutsche Bibliothek – CIP-Einheitsaufnahme

**DDR-Wissenschaft im Zwiespalt zwischen Forschung und
Staatssicherheit** / hrsg. von Dieter Voigt und Lothar Mertens. –
Berlin : Duncker und Humblot, 1995
  (Schriftenreihe der Gesellschaft für Deutschlandforschung ; Bd. 45)
  ISBN 3-428-08342-3
NE: Voigt, Dieter [Hrsg.]; Gesellschaft für Deutschlandforschung:
  Schriftenreihe der Gesellschaft . . .

Alle Rechte vorbehalten
© 1995 Duncker & Humblot GmbH, Berlin
Fotoprint: Color-Druck Dorfi GmbH, Berlin
Printed in Germany
ISSN 0935-5774
ISBN 3-428-08342-3

Gedruckt auf alterungsbeständigem (säurefreiem) Papier
entsprechend ISO 9706 ∞

# Inhalt

Vorwort ................................................................................... 7

Manfred Heinemann
Die Wiedereröffnung der Friedrich-Schiller-Universität Jena
im Jahre 1945 ......................................................................... 11

Dieter Voigt
Zum wissenschaftlichen Standard von Doktorarbeiten und
Habilitationsschriften in der DDR ........................................ 45

Lothar Mertens
Wissenschaft als Dienstgeheimnis: Die geheimen DDR-Dissertationen ... 101

Paul Gerhard Klussmann
Berichte der Reisekader aus der DDR .................................. 131

Sabine Gries
Die Pflichtberichte der wissenschaftlichen Reisekader der DDR ............. 141

Rainer Eckert
Die Humboldt-Universität im Netz des MfS ........................ 169

Die Verfasser ......................................................................... 187

# Vorwort

Dieser Band enthält überarbeitete Referate, die auf der sechsten Tagung der Fachgruppe Sozialwissenschaft in der Politischen Akademie Tutzing im März 1994 zum Thema: »*DDR-Wissenschaft im Zwiespalt zwischen Forschung und Staatssicherheit*« gehalten wurden. Die Ergebnisse der Beiträge stimmen überein bzw. ergänzen sich. Mehr als ein halbes Jahrhundert nationalsozialistischer und kommunistischer Diktatur hat die in der DDR verbliebenen Menschen verhängnisvoll geprägt. Akademiker - vorzüglich auf den Gebieten Gesellschaftswissenschaften, Pädagogik, Soziologie, Ökonomie, Jura, Philosophie, Journalistik, Geschichte, Psychologie - wurden dadurch weit stärker getroffen als Techniker oder gar Facharbeiter und Hilfskräfte. Wissenschaft verstanden die SED-Führer als Instrument zur Erhaltung ihres Machtmonopols. Akademiker in Leitungspositionen waren fast immer hoch privilegierte Werkzeuge der Partei. Die Berufskarriere der DDR-Akademiker begründeten weniger Bildung und wissenschaftliche Leistung als vielmehr treuer Dienst für die SED. Habilitationsschriften, Doktorarbeiten, Diplom- und Examensarbeiten, die Berichte der "wissenschaftlichen" Reisekader und die enge Verstrickung von Akademikern mit dem SED-Geheimdienst belegen eindeutig: Das Gros der DDR-Intelligenz - sofern seine Vertreter nicht geflohen waren oder in "niederen" Diensten wirkten - war durch hohe Privilegien korrumpiert und diente zuverlässig den Parteiführern. So waren z.B. MfS-Juristen Anstifter für Mordversuche (Beispiel der Fall Welsch), Entführung und andere Verbrechen; sie schrieben dafür Drehbücher, promovierten und habilitierten sich mit solchen Leistungen und setzten schließlich als Führungsoffiziere ihre "Wissenschaft" in Praxis um.

Kommunistische Ideologie trat an die Stelle von Wissenschaft und wurde unter dem "Deckmantel" von Wissenschaft verbreitet. Anders als bei den Naturwissenschaftlern war das Leistungsvermögen der Partei-Intelligenzruppen nach der Wende entwertet. Diese SED-Akademiker trugen das menschenverachtende DDR-System. Heute bilden diese "Intellektuellen" das entscheidende Wähler- und Handlungspotential der PDS.

Während der Zeit des Hitlerfaschismus war die Intelligenz gespalten; deren beste Denker emigrierten, viele kamen in Konzentrationslagern um. Auch aus der DDR flohen bis zum 13. August 1961 und bis zur Wende im Herbst 1989 die fähigsten Köpfe - weit mehr als drei Millionen Menschen verließen diesen Staat.

Die schlimmste Folge aus vielen Jahrzehnten verbrecherischer Diktatur ist, daß sie die Menschen tief zeichnete, ihre Persönlichkeit verbog, verkrüppelte und zerstörte. Ganze Generationen wurden um Lebensglück und Freiheit betrogen, wurden der Arbeit entfremdet und jeder demokratischen Tradition und Erfahrung beraubt. Genau wissen das die, die aus dem Leben in der DDR flohen. Für sie waren die Diktatur der SED, die ständige Unfreiheit und Heuchelei unerträglich. Treffend charakterisierte die Schriftstellerin Monika Maron (Der Spiegel, Nr. 35/1992, S. 136 ff.) die Folgen kommunistischer Sozialisation:

*"Am wenigsten ertrage ich an meinen ehemaligen Staatsbürgerschaftsgefährten, daß sie glauben, alle Welt sei ihnen etwas schuldig, insbesondere schulde man ihnen ihre Würde. Sie haben scheinbar vergessen, daß viele von ihnen mit ihrer Würde bis vor drei Jahren ziemlich leichtfertig umgegangen sind und sie auf die Art eines Tages verloren haben. Nun denken sie, Helmut Kohl und die Treuhand hätten sie gefunden und wollten sie nur nicht wieder rausrücken. Das Ungewöhnliche an dieser Würde ist, daß ihr Wert sich ganz einfach in Geld ausrechnen läßt. Soviel Würde, wie jetzt Geld gebraucht wird, kann es in diesem Land unmöglich gegeben haben, sonst sähe es anders aus.*

*Wahrscheinlich meinen sie etwas anderes: Sie vermissen ihre gewohnte Gleichheit. Als sie noch alle eher wenig als viel, eben nur gleich viel hatten, fühlten sie sich offenbar auch gleich wert. Eine der häufigsten Fragen in diesem Land war: Du glaubst wohl, du bist was Besseres. Was Besseres war niemand, und so schlau wie der war man allemal. In Fragen des Geschmacks und der Bildung war die Behauptung, man lebe in der Diktatur des Proletariats, keine Lüge. Und so plötzlich ist das vorbei; die Kränkung ist die tiefste und kann nicht vermieden werden.*

*Solange ich unter ihnen lebte, ist mir die außergewöhnliche Empfindsamkeit meiner ostdeutschen Mitmenschen verborgen geblieben. Im Gegenteil: Ich bin an ihrer Dumpfheit und Duldsamkeit, an ihrer Duckmäuserei und ihrem feigen Ordnungssinn oft verzweifelt. Eigentlich sollte ich mich freuen, daß sie plötzlich eine Ungerechtigkeit eine Ungerechtigkeit nennen und eine Lüge eine Lüge.*

*Wenn ich aber sehe, wie sie sich empören, wie sie wieder und wieder in die Kamera sächseln, daß sie sich nicht verarschen lassen und schon gar nicht verkohlen, wenn sie in ihrem ganzen ostdeutschen Mannesmut jedem, der sie vorher nicht gekannt hat und es darum besser weiß, den Eindruck vermitteln müssen, einem Aufrührer, einem Michael Kohlhaas zu begegnen, dann kann ich nicht verhindern, daß ich sie wieder vor mir sehe, wie sie zu den Wahlurnen geschlichen sind, wie sie mit gesenktem Blick in den Versammlungen gesessen haben, verarscht, verkohlt, gedemütigt. Damals wären sie nicht auf die Idee gekommen zu streiken. Und jetzt, will es mir scheinen, ist ihnen das Recht zu streiken nicht mehr die Schwierigkeiten wert, die es kostet, diesen Schrott-*

*haufen von einem Land in eine nach europäischem Maß vernünftige Gesellschaft zu verwandeln.*

*Für jede Unbill wird ein Feindbild gebraucht. In Ermangelung von Phantasie nehmen sie das, was ihnen Jahrzehnte eingebleut wurde: Der Westen ist schuld. Der Westen zahlt zuwenig, der Westen schickt die falschen Leute, der Westen verramscht die verrotteten Kostbarkeiten. Dabei müßten sie nur nach Osten sehen, um zu wissen, wie schlecht es ihnen gehen könnte. ...*

*'Der Kohl hat es uns schließlich versprochen' - das ist der peinlichste, blamabelste, lächerlichste Satz der letzten beiden Jahre. Der arroganteste Westdeutsche könnte den Ostdeutschen nicht mehr Unmündigkeit vorwerfen, als sie sich mit diesem Satz selbst bescheinigen. Jeder SPD-Politiker, der ihn gegen Helmut Kohl benutzt, sollte wissen, daß er die Ostdeutschen damit zu einem Haufen blöder, enttäuschter Kinder erklärt, die greinen, weil sie zu Weihnachten das falsche Geschenk bekommen haben. ...*

*Und was hätten sie eigentlich anders entschieden, wenn sie ihm nicht geglaubt hätten? Hätten sie auf die Währungsunion verzichten wollen und auf die Einheit und auf die Hunderte Milliarden, die in dieses Ländlein fließen, während das Riesenreich der Russen um die Stundung der Zinsen für einen Hundertmilliardenkredit betteln muß?*

*Damals haben sie selbst nicht an das Überleben ihrer Betriebe geglaubt, deren Produkte sie auch selbst nicht kaufen wollten. Inzwischen ist dank der wortgewaltigen Unterstützung einiger Wirtschaftsexperten unter Deutschlands Schriftstellern die Legende verbreitet worden, erst die Treuhand habe die Wirtschaft der DDR ruiniert. ... Niemand ist mehr verantwortlich für den wirtschaftlichen und politischen Ruin des Landes außer der Treuhand. Unter der SED waren wenigstens die Mieten billig, und alle hatten Arbeit. Und Adolf Hitler war der Mann, der die Autobahnen gebaut hat. Was glauben all jene, die noch immer das Bewahrenswerte der DDR beschwören, wie lange das Kartenhaus DDR noch gestanden hätte? Nicht einen Tag länger als die Sowjetunion.*

*Manchmal denke ich, die Gegner der Einheit hatten recht: Die Ostdeutschen hätten durch die ganze Misere, die dem Zusammenbruch folgen mußte, allein gehen sollen, damit sie endlich hätten lernen können, das das eigene Tun und Nichttun Folgen hat, auch das Dulden und das Schweigen."*

Bochum, im September 1994            Dieter Voigt

*Manfred Heinemann*

# DIE WIEDERERÖFFNUNG DER FRIEDRICH-SCHILLER-UNIVERSITÄT JENA IM JAHRE 1945

## I. Vorbemerkungen

Die Forschungen zur Hochschul- und Wissenschaftsgeschichte in der SBZ und DDR bis ca. 1953 können sich neuerdings auf sehr umfangreiches Archivmaterial der Hochschulen und der Landesverwaltungen stützen sowie der Aktenüberlieferung der SED und mit Abstrichen der Blockparteien. Neu hinzukommen werden in Kürze die Moskauer Unterlagen aus der Sowjetischen Militäradministration in Deutschland (SMAD) und deren Länder- bzw. Provinzverwaltungen; erste Ergebnisse werden z.Z. von einer russisch-deutschen Forschungsgruppe erarbeitet. Es gibt die Hoffnung, daß es somit in Kürze zu ersten besser abgesicherten Aussagen über die unmittelbare Nachkriegszeit kommen wird, denn erst dann wird die eigentliche DDR-Hochschulgeschichte geschrieben werden können. Als unverzichtbar erweisen sich dabei immer wieder Zeitzeugenaussagen, die die Praxis der Realisierung der kommunistischen Machtergreifung auf dem Dokumentenhintergrund im Lichte der Dokumente oftmals besser offenlegen können und zugleich Antworten auf Fragen nach den Motiven und Strategien geben können.

Die Hochschulentwicklung in der SBZ und frühen DDR läßt sich innerhalb der in der DDR-Geschichtsschreibung üblicherweise als erste Hochschulreform bezeichneten Periode überblickshalber am besten in drei Phase einteilen. Von diesen reicht die erste von 1945 bis spätestens 1947/48, die zweite von etwa 1948 bis 1950/51 und die dritte - hier bezogen auf den nachlassenden Einfluß der Sowjetunion bis 1954 - sich bis zur Aufhebung der Sowjetischen Kontrollkommission erstreckt. An den einzelnen Hochschulorten können unter den örtlichen Bedingungen diese Phasen zeitlich variieren. Daß es damit überhaupt eine in der DDR-Hochschulgeschichtsschreibung in rückwärtsgewandter Erfolgsdarstellung suggerierte einheitliche erste Hochschulreform gegeben hat ist damit absolut fraglich geworden.

Die tiefgreifende Zäsur auch zum westdeutschen Hochschulsystem begann 1947/48. Symbolisch stehen dafür die Entlassungen der Nachkriegsrektoren wie Hund in Jena und Eißfeldt in Halle, bzw. die Ablösung von Gadamer in

Leipzig. Mit der am 7. Juni 1949 in Kraft tretenden »Vorläufigen Arbeitsordnung der Universitäten und wissenschaftlichen Hochschulen der Sowjetischen Besatzungszone Deutschlands« war das Ende des restaurativen Hochschulerneuerungsprozesses aus bürgerlicher Tradition gesetzt. Dieser Prozeß bleibt jedoch widersprüchlich: *"Manche Menschen können sich immer noch nicht mit dem Gedanken vertraut machen, daß die Sozialistische Einheitspartei Deutschlands, die stärkste politische Kraft, sich für die Interessen der Intelligenz einsetzt."*[1] Die nachfolgende Sowjetisierung des Hochschulsystems, weitgehend in Form einer "Selbstsowjetisierung" durch Deutsche, wird erst nach Gründung der DDR gravierend durch die Übernahme spezifisch sowjetischer Hochschulelemente wie die Einführung von Studienplänen, Studiengruppen und der Durchdringen durch FDJ- und SED-Parteiaktive. In Verbindung mit den allgemeinen Stalinisierungsprozessen der Zeit wird dies besonders dramatisch durch die Verhaftung von oppositionellen Angehörigen der Hochschulen, von denen etliche hingerichtet werden. Als letzte Fluchtburg für "bürgerliche" Akademiker verblieb noch eine zeitlang die Deutsche Akademie der Wissenschaften, die unter einem gewissen Schutz (bis 1954) der Sowjetischen Kontrollkommission gewaltig expandierte und oberhalb des marxistisch-leninistisch pädagogisierten Lehrbetriebs noch länger Residuen bürgerlichen Wissenschaftsverständnisses beherbergte. Geht man auf die sowjetische Beteiligung seit 1945 ein, so ist auffallend, daß es bis zur Einstellung der Arbeit des Kontrollrats 1948 viele Parallelitäten der äußeren Formen der Behandlungen in West und Ost gibt. Insbesondere im Vergleich zur Kultur- und Reedukationspolitik der Amerikaner können Ähnlichkeiten beobachtet werden. "Demokratisierung" der Hochschulen aber meint von Anfang an in beiden Zonen vollständig anderes.

Die Hochschulpolitik als Teil der Politik für die "Intelligenz" bleibt solange unerklärt, wie wir nicht über die Akten in Moskau verfügen. Daran wird zu prüfen sein, ob erste Anzeichen sich bestätigen, daß es in der Volksbildungsverwaltung der SMAD in Karlshorst Kräfte gab, die auf Bewahrung des deutschen Universitätssystems zielten, und den sofortigen Umbau zu einer "sozialistischen Universität" mindestens verlangsamen konnten. Angesichts der konsequenten Ausplünderung des deutschen Wissenschaftspotentials durch Trophäenkommissionen, Technische Spezialisten des NKWD, die vielen sowjetischen Ministerien und Kommissionen bleibt der Eindruck zwiespältig. Positive Kulturpolitik kann als eine Art Aushängeschild und Propagandainstrument zur Blendung der Eliten gemeint gewesen sein bzw. sich als Element einer Politik

---

[1] Otto Grotewohl: Intelligenz und Arbeiterschaft. Rede zur Verordnung der DWK über die Erhaltung und Entwicklung der deutschen Wissenschaft und Kultur, die weitere Verbesserung der Lage der Intelligenz und die Steigerung ihrer Rolle in Produktion und im öffentlichen Leben. Hrsg. vom Parteivorstand der KPD, Frankfurt o.J.[1948].

der Ausnahme erweisen. Ausnahmen, die durch einzelne Personen, durch ihre besonderen Affinitäten zu Deutschland oder zur deutschen Wissenschaft im großen System der SMAD bewirkt und verteidigt werden konnten. Der Weg der Forschung in der Frage der Einwirkung der Besatzungsmacht wird sein, durch Mikrostudien Nachweise zu erbringen, wie dies nachfolgend in einem ersten Schritt für das Jahr 1945 und die Friedrich-Schiller-Universität(FSU) aus ihren Akten geschieht. Die Analyse zeigt, daß die FSU unter Billigung der SMA in Thüringen zunächst eine schnelle Hochschulerneuerung aus sich heraus durchführte und bis zur Eröffnung damit halbwegs fertig war, bevor eine Politik aus Karlshorst sichtbar wurden.

## II. Hochschulerneuerung in der Friedrich-Schiller-Universität

*"Nach bestem Wissen stehe ich dafür, daß sie im antifaschistischen Sinn lehren und forschen werden"* (Friedrich Zucker). Das Bemühen des ersten Nachkriegsrektors der Friedrich-Schiller-Universität Jena (FSU), des klassischen Philologen Friedrich Zucker, um die Wiedergewinnung der Selbstverwaltung stand unter dem Schatten des Nationalsozialismus, der die FSU in besonderer Weise beherrscht hatte.[2] Zucker schrieb: *"Die nazistischen Überspanntheiten waren kaum an einer anderen Universität so groß wie in dem im 'Nazi-Trutzgau' gelegenen Jena. Die Universität wurde dadurch stark verändert und entwertet."*[3] Es kamen die materiellen Schäden hinzu. Die Universität hatte durch Bombenangriffe am 9. Februar, 19. März und 9. April 1945 an ihren Gebäuden erheblichen Schaden erlitten. Etwa 50 Universitätsinstitute und Seminare wurden mehr oder weniger stark beschädigt, vier große Universitätsgebäude mit Totalschaden. Der Schaden wurde auf 2,8 Mio. Mark geschätzt. Die Verluste an Lehr- und Lernmitteln, Apparaten usw. beliefen sich auf ca. 2 Mio. Mark. *"Institute und Seminare, deren Gebäude zerstört oder benutzungsunfähig waren, wurden behelfsweise in anderen Instituten und Gebäuden untergebracht. Im Vordergrund der Arbeiten stand das Ziel, möglichst schnell die gesamten Universitäts-Institute bis zur Eröffnung der Universität wenig-*

---

[2] Siehe das Kapitel "Der Aufbau der sozialistischen Universität Jena (1945-1948)" in: Max Steinmetz (Hrsg. und Leiter des Autorenkollektivs): Geschichte der Universität Jena 1548/58-1958. Bd.I. Jena 1958, Bd.1 S. 671 ff. Die Festschrift erweist sich in diesem Kapitel im Vergleich zu den Universitätsakten als weitgehend "frisiert".

[3] Zusammenfassender Bericht des Rektors Zucker über die Entwicklung der Friedrich-Schiller-Universität vom 22.1.1947. In: UAJ BB 025.

*stens behelfsmäßig in einen benutzungsfähigen Zustand zu versetzen, was auch gelungen ist. Der Mangel an Arbeitskräften wurde durch die Bauleitung in Zusammenarbeit mit dem Studentenausschuß überbrückt durch die Einrichtung eines Arbeitseinsatzes, den jeder Student für den Wiederaufbau für seine Universität zu leisten hatte. Die aufbauwilligen Kräfte unter den Studierenden stellten sich auch über die Pflichtzeit zur Verfügung."*[4]

Von einem Widerstand an der Hochschule konnte man kaum sprechen.[5] Zucker, der sich dem NS-System immer widersetzt hatte, war sich wie andere Professoren des Versagens seiner Universität bewußt und nahm in genauer Kenntnis der nationalsozialistischen Gleichschaltungs- und Durchdringungsprozesse während seiner Amtszeit gegen alle neuen Politisierungsprozesse von außen eine deutlich widerständige Haltung ein. Seine Ziele wurden die Selbstreinigung der Hochschule[6] unter einem menschlichen Maß sowie die restaurie-

---

[4] Der Studentenausschuß wird in den bisher herangezogenen Quellen der FSU nicht wie in der Festschrift von 1958 als "antifaschistischer Studentenausschuß" bezeichnet, sondern als Studentenauschuß.

[5] Unter "Widerstand" verzeichnete der »Zusammenfassende Bericht« Rektor Zuckers: *"Außer der schon geschilderten Kritik in den Vorlesungen der Professoren gab es allerlei Fälle von Unzufriedenheit und Widerstand gegen den Nazismus. Während einer Veranstaltung der Klinikerschaft in der Mensa wurde eine Hitlerbüste zerschlagen. Die Sache kam zur Verhandlung vor dem Sonder-Standgericht der Wehrmacht am 12.8.1943 und 15.4.1944. Die Anklage lautete auf Zersetzung der Wehrkraft. Prof. Hämel, der bei der Zerschlagung der Hitlerbüste zugegen [gewesen] war, gelang es, durch geschicktes Verhalten die angeklagten Studenten vor der Verurteilung zu bewahren. Von einer Gruppe von etwa 15 bis 20 holländischen Medizin-Studenten, die an ihrer holländischen Universität gegen den Nazismus demonstriert hatten, deportiert und zum Arbeitsdienst, teilweise in die Universitäts-Kliniken gebracht worden waren, ging ein besonderer Widerstand aus. Es wird auch auf die Verbindung des Studenten Pickenhain zu Dr. Goerdeler, Leipzig, hingewiesen. Von verschiedenen Seiten und selbst von der NSDAP wurden während des Krieges gegen Rektor Prof. Dr. Astel Schritte unternommen, um Astel von seinem Amt zu entfernen. Der Gauleiter Sauckel berief daraufhin eine allgemeine Dozenten- und Studentenversammlung ein, in der er erklärte, daß Astel, der sein besonderer Schützling sei, bleibt [sic!]. Während der Rede wurde von den Studenten jedes Mal gescharrt, so oft der Name Astel fiel; auch andere oppositionelle Äußerungen kamen in dieser Versammlung vor. Bei den Angehörigen der Universität zirkulierte verbotene ausländische Literatur, ferner Zeitschriften und Zeitungen, die besonders bei der Universitäts-Bibliothek eingingen."* N.b.: Prof. Hämel gehörte zu denjenigen, die dem kommenden Regime Opposition leisteten, zuletzt kurz vor der Vierhundertjahrfeier durch Flucht in den Westen. Die Festschrift der Universität mußte daraufhin in Tag-und Nacht-Sitzungen umgearbeitet werden. Mitteilung von Prof. Dr. Max Steinmetz an den Autor.

[6] *"Der Senat ging von vornherein von der Ansicht aus, daß die Universität verpflichtet sei, von sich aus die Entnazifizierung anzubahnen und nicht etwa auf Befehl der Besatzungsmacht zu warten."* Siehe: Zusammenfassender Bericht vom vom 22.1.1947.

rende Erneuerung der akademischen Selbstverwaltung auf der Basis der Satzung von 1924. Der in der Festschrift von 1958 stilisierte Mythos vom Gespräch zwischen KPD, Ulbricht und Zucker nächtlich in der Ölmühle als Beginn der *"gesetzmäßigen demokratischen Entwicklung"* zu einer "sozialistischen Universität"[7] hat bei Zucker überhaupt keine Rolle gespielt.[8] Als Mitglied des religionsnahen Ricarda-Huch-Kreises während des Nationalsozialismus ist es absolut unerlaubt und nicht einmal denkmöglich, Zucker zu einem solchen Pakt mit dem Teufel überhaupt für fähig zu halten.

Zuckers Maßstäbe waren, wie die Akten über seine Amtsführung zeigen, die geschriebenen und nichtgeschriebenen Regeln der akademischen Selbstverwaltung. Sie hielt er peinlich genau ein und verlangte dies auch von anderen. *"Die wissenschaftliche Freiheit der Universität Jena ruhte vornehmlich auf dem Prinzip der Selbstverwaltung der Universität"*, schrieb er als ersten Satz eines Berichtsabschnitts über die Zeit des Nationalsozialismus vom 22. Januar 1947.[9] Genau diese Regeln aber waren es, die durch Wölfe im Schafspelz zum Schaden der Universität ausgenutzt werden konnten, bevor die Machtergreifung der SED in 1947/48 auch diesen Übergangserscheinungen Zug um Zug ein Ende setzte.

Die FSU überließ die Aufarbeitung ihrer Vergangenheit im Nationalsozialismus keineswegs den Sozialisten und Kommunisten unter der *"Führung der Arbeiterklasse"*, wie die spätere Geschichtsschreibung mit den Sätzen suggeriert[10]: *"Als die Rote Armee in das der Sowjetunion zugesprochene Besatzungs-*

---

[7] Vgl. Anm. 1.

[8] Ähnlicher Auffassung ist, ohne Hinweis auf das Ölmühlen-Treffen, Troeger. In: Oberbürgermeister in Jena. Aus den Erinnerungen von Dr. Heinrich Troeger, in: Vierteljahrshefte für Zeitgeschichte 25 (1977) S. 889 ff., bes. S. 896 f. Die kommunistische Seite war bestrebt, in der Stadt sofort alle Führungsämter zu besetzen, ebd. S. 900 f. Doch reichten dazu weder die Zahl noch die Fähigkeiten einzelner KPD-Mitglieder aus. Ebd. S. 904 auch Hinweis auf Besuche von Pieck, Ulbricht, Grotewohl u.a. im Hause von Troeger. Es gab in der Not der Zeit zunächst wenig Berührungsängste und unter allen Gruppen (auch in der AntiFa-Bewegung) ein einzigartiges Klima von Erschöpfung und Erneuerungshoffnung, geprägt von dem Gedanken: nie wieder Nationalsozialismus. Oder, in pädagogischer Variante: Nie wieder "Krieck".

[9] In: UAJ BB 25.

[10] *"Nach der Zerschlagung des Faschismus stand die Aufgabe, im Leben der Universitäten und Hochschulen einen demokratischen und antifaschistischen Weg einzuschlagen. Die antifaschistisch-demokratischen Kräfte unter der Führung der Arbeiterklasse mußten die faschistische Ideologie vollständig ausrotten und jede Möglichkeit ihres Auflebens unterbinden."* Ulrike Seidel, Gerhard Müller, Mario Keßler: Die Entwicklung des Instituts für dialektischen Materialismus seit 1946. Zeugnis der Hilfe der UdSSR für die revolutionäre Entwicklung der Friedrich-Schiller-Universität Jena. In: Franz Bolck

*gebiet einrückte, konnte der demokratische Wiederaufbau in Thüringen beginnen... Die Initiativgruppe der Kommunistischen Partei hatte bei dieser Arbeit einen entscheidenden Anteil".*[11] Zu diesem Zeitpunkt war die FSU bereits mitten in ihrer Hochschulerneuerung! Der Oberbürgermeister Troeger schrieb, daß aus seiner Sicht die "Machthaber" in Jena erst nach den Kommunalwahlen im September 1946 *"ihre eigentlichen Ziele deutlicher in Erscheinung treten"* ließen.[12] Seit dieser Zeit habe der Wiederaufbau praktisch aufgehört, es seien *"ungeheure Mengen von Material zu Lasten des Reparationskontos aus dem besetzten Gebiet fortgeschleppt"* worden.[13] Troeger bezeichnete Zucker rückblickend zwar als ehrlich bemüht: *"aber in dem Getriebe der Politik kein starker Mann".*[14] Das mag nach außen hin auch so erschienen sein.

Der Senat der FSU war unmittelbar nach dem Einmarsch der Amerikaner Ende April 1945 zusammengetreten und hatte in rasch folgenden Sitzungen versucht, die Universität nach ihrer einstweiligen Schließung durch die Amerikaner[15] selbst in Gang zu bringen und zu säubern. Geschlossen wurden die sechs nationalsozialistischen Institute: Institut für Allgemeine Biologie und Anthropogenie, Institut für Rasse und Recht[16], Seminar für Volkstheorie und

---

(Hrsg.): Neubeginn. Die Hilfe der Sowjetunion bei der Neueröffnung der Friedrich-Schiller-Universität Jena. Jena 1977, S. 68.

[11] Geschichte der Universität Jena, Bd.1. S. 687 mit einem Bericht über eine Zusammenkunft der Ortsleitung Jena am 5. Juli 1945, zu der *"unerwartet eine Gruppe sowjetischer Offiziere und deutscher Kommunisten unter Leitung von Walter Ulbricht"* hinzustieß. Ulbricht selbst habe vorgeschlagen, Dr. Zucker und andere antifaschistische Professoren zu bitten, an der nächtlichen Besprechung über den Wiederbeginn der Lehr- und Forschungstätigkeit an der FSU teilzunehmen. Ulbricht habe *"ausführlich den neuen antifaschistischen und demokratischen Charakter des Inhalts der zukünftigen Ausbildung an den Universitäten und Hochschulen des neuen Deutschlands"* erläutert. *"Somit ergibt sich ganz eindeutig, vom ersten Tage des Beginns des Neuaufbaus an der Universität die Perspektive der Entwicklung einer demokratischen, dem werktätigen Volke zugänglichen Lehr- und Forschungsstätte, unterstützt und angeleitet durch die Organe der sowjetischen Besatzungsmacht und der revolutionären deutschen Arbeiterpartei".* Ebd. S. 687 f.

[12] Oberbürgermeister, S. 911.

[13] Ebd. S. 914.

[14] Ebd. S. 916.

[15] *"Die Universität ist geschlossen, nicht aufgelöst. Eine Wiederaufnahme ihrer Tätigkeit zu einem späteren Zeitpunkt ist vorgesehen. Vorerst ist ihr jedes Auftreten nach außen, insbesondere jede Lehrtätigkeit untersagt. Der internen Vorbereitung ihrer künftigen Wirksamkeit jedoch dürfte nichts im Wege stehen."* Schreiben Prof. Webers an den Dekan der Rechts- und Wirtschaftswissenschaftlichen Fakultät, Krusch, vom 11.04.1945. In: UAJ BB 24.

[16] Das Institut wurde am 10.10.1945 als gegenstandslos erklärt. In: UAJ BB 23.

Grenzlandkunde, Seminar für Seegeschichte und Seegeltung[17], Nordisches Seminar, Institut für menschliche Erbforschung und Rassenpolitik. Ihre Räume und Bibliotheken wurden umverteilt, bevor der "stellvertretende Rektor" Zucker (kurz vor dem 30. April) seinen Antrittsbesuch bei der amerikanischen Besatzungsmacht durchführte und am 4. Mai im Senat beschlossen wurde, das *"Hoheitszeichen im Siegel ist durchzustreichen"*.[18] Am 15. Mai beantragte Dekan Kulenkampff bereits bei den Besatzungsbehörden die Aufnahme des Lehrbetriebs der Mathematisch-Naturwissenschaftlichen Fakultät *"in beschränktem Maße"*[19], für einen Vorkurs. Am 18. Mai schien es geraten, die Bildung einer Regierung in Weimar abzuwarten.[20] Einen neuerlichen Kniefall vor der Macht verhinderte der Senat dadurch, daß der Vorschlag zur Verleihung der Ehrendoktorwürde an den US-Kommandanten in Weimar, Prof. Dr. Brouwn[sic!][21] (*"Universität New York"*) am 15. Mai im Senat mit Mehrheit verhindert wurde.[22] Am 25. Mai schließlich wurden als Maßnahme im Sinne einer Selbstentnazifizierung die ersten Namen derjenigen präsentiert, die vom stellvertretenden Rektor gebeten werden sollten, den Fakultätssitzungen fernzubleiben.

Dies war der Tag, an dem noch unter amerikanischer Besatzung bekannt wurde: *"Kommissarischer Leiter des Thüringischen Volksbildungsministeriums wird der Lehrer Wolf"*.[23] Der aus Buchenwald entlassene Kommunist Wolf entwickelte sich mit Gründung des Diamat-Instituts 1946 über unterschiedliche Stadien seines Engagements zum intensivsten Kämpfer für die Umwandlung der FSU zu einer »Volksuniversität«. Zur Zeit seines Wechsels an die Parteihochschule der SED in Klein-Machnow im Sommer 1948 war die FSU dann bereits tiefgreifend dem SED-Einfluß unterlegen.

Wolfs früherer Lehrer, der Pädagoge Prof. Peter Petersen, berichtete im Senat der FSU als Dekan der Philosophischen Fakultät am 15. Juni über ein erstes Gespräch mit Wolf in Weimar und brachte die Nachricht mit, daß *"voraussichtlich ein Herbstsemester gelesen werden"* solle.[24] Die besondere, im Endergebnis vielleicht tragisch zu nennende Beziehung zwischen Petersen und Wolf wurde mit dieser Notiz erstmalig dokumentiert. Petersen war vom Senat

---

17 Die offizielle Aufhebung durch das Landesamt erfolgte am 26.9.1945, in: UAJ BB 22.
18 Niederschrift über die Dienstbesprechung des Senats vom 4.5.1945, in: UAJ BB 36.
19 Dto. vom 15.5.1945, in UAJ BB 36.
20 Dto. vom 18.5.1945, in UAJ BB 36.
21 Die richtige Schreibweise dürfte Brown sein.
22 Dto. vom 18.5.1945, in UAJ BB 36.
23 Dto. vom 25.5.1945, in UAJ BB 36.
24 Dto. vom 15.6.1945, in UAJ BB 36.

am 30. April 1945 als dienstältestes Mitglied seiner Fakultät mit der Führung des Dekanats beauftragt und damit zum Mitglied des Senats bestimmt worden. Ob der Senat ihn auch zu offiziellen Gesprächen über die Zukunft einer Fakultät beauftragt hatte, darüber findet sich nichts in den Niederschriften. Jedenfalls scheint schon in diesem ersten Gespräch *außerhalb* der Gremien der FSU die Errichtung einer eigenen Abteilung für Soziologie, Psychologie und Pädagogik zur Ausbildung von Volksschullehrern in der FSU verabredet worden zu sein, über die Zucker dann aufgrund seines ersten Gesprächs mit Wolf dem Senat am 29. Juni 1945 berichtete.[25]

Die Gemeinsamkeit zwischen Petersen und Wolf sollte der FSU 1946 noch schwer zu schaffen machen, bahnte sich hier ein aus völlig unterschiedlichen Motiven gespeistes Zweckbündnis an, über das Wolf direkt in die FSU hineinzuregieren begann. Tragisch im Sinne des ersten nachzuweisenden Falls der Selbstauslieferung an die neuen sozialistischen Strömungen wurde die Beziehung auch im akademischen Sinn, weil Petersen dem Buchenwaldhäftling Wolf nicht zum dritten Mal die Promotion verweigern wollte und auf den Ausweg einer Ehrenpromotion kam, mit der er Wolf 1946 unter Verlust eigener Reputation das entré in die FSU verschaffte.[26] Wolf sah sich in völliger Überschätzung seiner Begabung bald auf dem Weg zu einem Universitätsprofessor, als er den Versuch einer höchst problematischen Habilitation wagte, über die die ganze Universität ins Grübeln kam. Rektor und etliche Professoren vergaßen Petersen diese Akte neuerer Anpassung und Unterwerfung an die Verhältnisse nicht. Ein späteres, erst in der Revisionsinstanz niedergeschlagenes Disziplinarverfahren verdeutlicht das Zerwürfnis zwischen Zucker und Petersen. Es war auf einige von Zucker beanstandete Verletzungen akademischer Regeln zurückzuführen und schwächte die Position der Universität im ungeeigneten Moment.

Hohes Ziel des Kleinen Senats unter Zucker 1945 war, die neu gewonnene Autonomie umgehend zu nutzen. In der Niederschrift von der Senatssitzung vom 29. Juni 1945 heißt es dazu: *"Die demokratische Verfassung der Universität soll unangetastet bleiben, da es unbedingt auf die Wiederherstellung des Ansehens der deutschen Wissenschaft ankommt, deren Arbeit auf ihrer Freiheit und ihrer demokratischen Verfassung beruht."* Und: *"Es soll zur Vorbereitung einer neuen Hochschulverfassung eine Orientierung über Hochschulverfassungen des Auslands erfolgen. Die wissenschaftliche Fortbildung der Lehrer an höheren Schulen soll verbessert werden. Zu diesem Zweck soll ein Zwang zur Teilnahme an derartigen Veranstaltungen ausgeübt werden."* Zum Glück fanden sich auch die Talare wieder, obwohl sie *"vom früheren Rektor zur Spinn-*

---

25  Dto. vom 29.6.1945, in UAJ BB 36.
26  Mitteilung von Prof. Dr. Albert Reble, Würzburg.

*stoffsammlung"* gegeben worden waren. Nicht jede Anweisung war im Nationalsozialismus befolgt worden.

Weitere Schritte der Selbstreinigung waren: die Kündigung des mit Wehrmachtsaufträgen beschäftigen Personals; eine Reduzierung von 90 Personen auf 12, die als Nachwuchskräfte oder in fünf Fällen im höheren Lehramt weiterbeschäftigt werden sollten. Auch Personal der "Abteilung Luftfahrt" des Hochschulinstituts für Leibesübungen wurde entlassen. Das nationalsozialistische Hoheitszeichen im Siegel der Universität war, wie bereits erwähnt, "durchzustreichen". In der Senatssitzung vom 8. Mai[!] wurde über Alltägliches verhandelt, u.a. über Gehaltszahlungen in der bisherigen Form, über ein Tätigkeitsverbot für Universitätsamtmann Leutenberger und über den Übergang einer Assistentin aus dem aufgehobenen Institut für Menschliche Erbforschung und Rassenpolitik in das Anthropologische Institut berichtet. Von der Kapitulation steht nichts im Protokoll. Am 15. Mai berichtete Zucker über ein Gespräch im Ministerium, über die nicht förmliche Ernennung von Dozent Dr. Burr zum neuen Direktor der Universitätsbibliothek und über Verhandlungen mit dem Finanzamt Jena über die Gehaltszahlungen für nach Jena verschlagene Professoren der ehemaligen Reichsuniversität Posen. Dekan Kulenkampff hatte sich nun doch getraut, bei den Besatzungsbehörden die Genehmigung zur Aufnahme des Vorlesungsbetriebs in beschränktem Maße beantragt.

Einige Tage später, am 18. Mai wird über ein Schreiben Zuckers an Universitätsmitglieder berichtet, die *"politisch nicht tragbar"* seien, mit dem Ersuchen, *"von Fakultätssitzungen fernzubleiben"*. Zugleich beantragte der im Dritten Reich entlassene Professor Leisegang, ihn wieder in den Lehrkörper aufzunehmen. Über eine Position des Stadtkommandanten zu der Frage *"der Stellung zu dem NS-System"* war auch am 25. Mai noch nichts bekannt. Einem Mitglied des Lehrkörpers entzog man wegen Denunziation eines früheren Direktors bei der Deutschen Bank die Leitung des Mineralogischen Instituts.

Einen weiteren Tag später teilte Zucker in einem Rundschreiben mit: die amerikanischen Besatzungsbehörden würden den Lehrbetrieb erst wieder nach völliger Durchprüfung des Lehrkörpers genehmigen, wenn *"für die Zukunft Unterricht und Forschung in völliger Loslösung von den Anschauungen des Nationalsozialismus gewährleistet ist"*.[27] Er berichtete über erste Verhaftungen von Professoren durch die Amerikaner. *"Jedes Mitglied des Lehrkörpers muß auf Prüfung seines Verhaltens während der vergangenen 12 Jahre gefaßt sein."* Die neue Ordnung der FSU müsse einer von den Besatzungsbehörden zu genehmigenden Gesamtverfassung vorbehalten bleiben.

---

27  Rundschreiben des stellv. Rektors vom 26.5.1945, in: UAJ BB 1.

Mit der Ankündigung Zuckers, dem amerikanischen Stadtkommandanten eine »Denkschrift zur Säuberungsaktion« einzureichen[28], *"in der vor formalistischer Behandlung bei der Säuberung des Lehrkörpers gewarnt werden soll"*, begannen Zucker und die Mitglieder des Senats die Entnazifizierung nach eigenen Maßstäben. Wohl wissend, daß sie in der Zukunft im günstigsten Fall als Exekutive der Besatzungsmacht und im ungünstigsten Fall als Denunzianten vor den eigenen Kollegen dastehen konnten. So leicht es noch war, für den "Obersten der Waffen-SS"[sic!] Professor Kolb die Verhaftung zu beantragen oder den Amerikanern auf Anforderung »Weiße Listen« einzureichen, so schwierig wurde in Zukunft die Stellung zu denjenigen Fällen, die man trotz Mitgliedschaft in der NSDAP oder einer Parteigliederung anders einschätzte[29] oder die sofort durch Eintritt in die KPD (später dann die SED) gleich nach der neuen Machtergreifung mit den in Zukunft Mächtigen einen neuen Pakt geschlossen hatten.[30] Daß man an der FSU gegen die Eingriffe von außen zunehmend dünnhäutig wurde, belegt ein Brief des Zoologen Harms vom 5. Juni 1945, mit einer vehementen Stellungnahme gegen den angeordneten Einsatz seiner Mitarbeiter zum »Arbeitsdienst«. *"Die Universitäten sind seit 1918 in*

---

28    Die Denkschrift wurde am 5.6.1945 dem Stadtkommandanten Russel eingereicht.

29    *"Es muß mit allem Nachdruck hervorgehoben werden, daß die Verhältnisse höchst verwickelt sind und daß jede schematische Behandlung in manchen Fällen einen der Absicht entgegengesetzten Erfolg hervorbringen würde. Erstens diejenigen, die die akademische Laufbahn während der letzten 12 Jahre begannen, waren einfach gezwungen, in die 'Partei' einzutreten, wenn sie nicht bereit waren, die Laufbahn aufzugeben. ... Sehr viele dieser jüngeren Parteimitglieder waren niemals in irgendeiner Weise als solche tätig und taten nichts für die Partei außer, daß sie Beiträge zahlten. Zweitens, sehr viele, die sogar vor 1933 oder in den ersten Jahren von Hitlers Regime in die Partei eingetreten waren, durch sein lügenhaftes Programm und seine lügenhaften Versprechungen getäuscht, erkannten nach kurzer Zeit ihren Irrtum und enthielten sich so viel als möglich der Tätigkeit für die Partei - die Partei zu verlassen, nachdem man eingetreten war, war eine sehr gefährliche Angelegenheit, und sehr wenige hatten mit dem Versuch Erfolg. Andererseits erwiesen sich nicht wenige von denen, die nach 1933 in die Partei eintraten, als sehr tätig im Dienst des Hitlerismus. Und sogar unter denen, die keine Parteimitglieder waren, gab es manchmal solche, die jedermann als ganz entschiedene Anhänger und Förderer des Nationalsozialismus bekannt waren. So glaube ich die sonderbare Kompliziertheit und die Gefahr einer schematischen Behandlung nachgewiesen zu haben. Ganz ergebenst gez. F. Zucker."* In: UAJ BB 1.

30    Eine erste Aufstellung über Parteimitgliedschaften des Lehrkörpers gab es am 30.03.1946. Als Mitgliedschaften in "demokratischen Parteien" werden ausgewiesen: Theologische Fakultät: 1 SPD, Rechts- und Staatswissenschaften: 2 SPD, Medizinische F.: 2 KPD, 1 SPD, 1 CDU, Philosophische F.: 1 KPD, 3 SPD, 1 LDPD, 3 CDU, Mathematisch-Naturwissenschaftliche F.:1 KPD, 7 LDPD, 3 CDU, Sozial-Pädagogische F.: 1 KPD.

*der Drecklinie; wenn das jetzt auch so weitergeht, wäre es besser, man schlösse sie ganz."*[31]

Das bevorstehende Einrücken der Sowjets brachte der FSU neue Verluste. Prof. Witte (Deutsche Philologie) suchte den Freitod, weil *"er unter der nach seiner Ansicht zu erwartenden russischen Besatzung Jenas keine Daseinsmöglichkeiten für Forschung und Lehre auf dem Arbeitsgebiet"* mehr sehe.[32] Am 28. Juni wurde die Verlustliste der Wissenschaftler vorgelegt, die die amerikanische Militärregierung kurz vor Eintreffen der sowjetischen Besatzungstruppen - in den Worten Zuckers - "entführt" oder "evakuiert" hatte. Diese Aktion hatte die FSU mit 22 Professoren und Dozenten nahezu die Existenz der Mathematisch-Naturwissenschaftlichen Fakultät gekostet. Man versuchte notweise zu überbrücken.[33] Ab 1. Juli 1945 rückte die Rote Armee in Jena ein.

---

[31]   In: UAJ BB 28.

[32]   Dto. vom 23.6.1945, in: UAJ BB 36.

[33]   Nach Heidenheim (Württ.) wurden interniert: *"1. Pharmakologisches Institut: Direktor: Prof. Dr. Labes, Ass. Doz. Dr. Bergstermann, Ass. Dr. Ther; 2. Hygienisches Institut: Direktor: Prof. Dr. Schloßberger, Ass. Dr. Braun; 3. Mathematisches Institut: Direktor: Prof. Dr. König, Doz. Dr. H. Schmidt; 4. Univ. Sternwarte und Meteorologisches Institut: Direktor: Prof. Dr. Siedentopf, Ass. Dr. Holdt, Doz. Dr. Wisshak, Doz. Dr. Bucerius, Ass. Dr. Reeger, Mechanikermeister Schlüter, Laborant Renz; 5. Physikalisches Institut: Direktor: Prof. Dr. Kulenkampff, Prof. Dr. Raether, Ass. Dr. Sesemann, Ass. Dr. Fetz, Ass. Dr. Leisegang, Ass. Dr. Kranert, Dipl. Phys. Dittmann, Mechanikermeister Mühlchen, Glasbläser Hartung, Mechanikerlehrling Ritter; 6. Technisch-Physikalisches Institut: Direktor: Prof. Dr. Goubau, Ass. Dr. Schmelzer, Ass. Techn. Dr. Josef Frey, Ass. Tech. Dr. Honerjäger, Ass. Dr. Müller, Dr. Koch, Feinmechaniker Pohle, Schrödel, Schütz, Heintz; 7. Theoretisch-Physikalisches Institut: Direktor: Prof. Dr. Hettner, Ass. Dr. Eichhorn; 8. Institut für Mikroskopie: Direktor: Professor Dr. Kühl, Ass. Dr. Teucher, Ass. Dr. Frey, Mechanikermeister Ritter, Techn. Ass Ing. Kühl; 9. Institut für Anorganische Chemie: Direktor: Prof. Dr. Hein, Ass. Dr. Bähr, Dipl. Chem. Scheiter, Ass. Dr. Müller, Ass. Dr. Schäfer, Oberpräparator Hage, Laborant cand. med. Kuhk; 10. Institut für Organische Chemie: Direktor: Prof. Dr. Bredereck, Wiss. Ass. Dr. Reif, Wiss. Ass. Dr. Nitzsche, Wiss.Ass. Dr. v. Schub, Wiss. Ass. Dr. Freund, Dipl. Chem Schlossberger, Dipl.Chem Annelise Martini; 11. Institut für Physikalische Chemie: Direktor: Prof. Dr. Bennewitz, Ass Dr. Engelhardt, Feinmechaniker Patzig 12. Institut für Technische Chemie: Direktor: Prof. Dr. Brintzinger, Assistenten: Dr. Ziegler, Dr. Koddebusch, Dr. Thiele, Dr. Titzmann, Dr. Neuhaus, Dr. Rausch, Dr. Janschke, Dr. Backhausen, Dr. Schneider, Dipl. Chem Tolskdorf, Dipl. Chem Rebling, Techn. Ass. Frau Rausch, Frl. Weine, Frl. Rothaar, Laborant Menzel; 13. Geologisches Institut: Direktor: Prof. Dr. Rüger, Ass. Dr. Else Kuchenbecker 14. Landwirtschaftliches Institut: Direktor: Prof. Dr. Brouwer, Dr. Dr. Stählin, Ass. Dr. Wolfgang Müller; 15. Landw. Institut für Landmaschinenlehre: Direktor: Prof. Dr. v. Sybel, Dipl.-Ing. Walter Niemann, Mechaniker Walter Albrecht, Techn. Zeichner Josef Hedved; 16. Landw. Institut für landw. Chemie: Doz. Dr. Schachtschnabel, Ass. Dr. Bohne."* UAJ BB Nr. 1.

Die Gefährdung der FSU 1945 war also nicht Ergebnis von Ideologie, sondern weiter anhaltender Personalverluste. Flucht vor den Russen nach Westen[34], Deportationen von Wissenschaftler[35], denen sich im Jahre 1946 ähnliche Maßnahmen der Russen anschlossen, wurden für die FSU gefährlich. Nicht nur daß sich die FSU von diesem Aderlaß lange Zeit nicht erholen konnte, der Lehrkörper überalterte damit über die Kriegsverluste hinaus weiter. Hohe Fluktuation öffnete zugleich im Kernbereich der Hochschulpolitik, in der Berufungspolitik, immer größere Möglichkeiten einer Beeinflussung von außen. Die Kollegialstrukturen und die feinen Netze der persönlichen Kontrolle kamen durch die Personalbewegungen deutlich unter Spannung. Solche Spannungen ließen sich politisch zur Durchdringung des Lehrkörpers mit anderen Kräften hervorragend ausnutzen. 1945 ist jedoch noch nicht zu erkennen, daß dieses von den Kommunisten genutzt wurde. Die Quellen geben eher der Eindruck wieder, daß Zucker und die Dekane in Absprache mit dem Kleinen Senat weitgehend freie Hand hatten, sich um Ersatz zu kümmern. Darunter gab es kaum Kommunisten, etwas zahlreicher waren Sozialdemokraten, doch waren auch diese in der Regel durch politische Ämter nicht verfügbar, wie sich in den ersten politischen Kursen der FSU Ende 1945 zeigte.

In der Senatssitzung am 29. Juni 1945 sah Zucker erstmals Anlaß, sich gegen den in Jena trotz aller pädagogischen Selbststilisierung nur mäßig erwünschten akademischen Eindringling der von Petersen und Wolf verabredeten Volksschullehrerbildung[36] zu verteidigen. Zuckers Sorge: Das rein Stoffliche dürfe bei einer solchen Ausbildung nicht zu kurz kommen. Volksschullehrer im Sinne von Wolf auszubilden versprach angesichts des ministeriellen Bemühens um rasches Wiederauffüllen der durch Entnazifizierung sehr geschwächten Reihen der Lehrer in Thüringen eher das Gegenteil. Petersens anpassender

---

[34] Der Anatom Prof. Volkmann und Dozent Dr. Hamann verließen Jena (vermutlich in Richtung Westen). Auch Prof. Dr. Scheffer (Institut für Agrikulturchemie) und Prof. Witt (Institut für Tierzucht) kehrten von einer Dienstreise im April nicht mehr zurück. Bericht Prof. Goerttler vom 5.9.1945, in: UAJ BB 1.

[35] Am 23.11.1945 teilte Prof. Hein (Weilburg a.d. Lahn, früher Leipzig) auf der Durchreise mit, daß die meisten der in Heidenheim internierten die Rückkehr wünschten. Die Universität beschloß daraufhin, sich aktiv für die Rückkehr einzusetzen. Siehe: Niederschrift über die Senatssitzung vom 23.11.1945, in: UAJ BB 36. Zum Gesamtkomplex siehe: John Gimbel:Science, Technology and Reparations. Exploitation and Plundering in Postwar Germany. Stanford 1990.

[36] Das Thüringische Landesamt für Volksbildung teilte der FSU im Juli die Errichtung einer sozialwissenschaftlichen Abteilung in der Phil. Fakultät für die Ausbildung von Volksschullehrern mit. Niederschrift über die Senatssitzung am 13.7.1945 in: UAJ BB 36.

Kurs an Wolf gefiel Zucker nie, besonders wenig bei der Eröffnung des ersten Diamat-Instituts überhaupt am 12. Oktober 1946.

Zuckers Sorge galt der Sicherung der Prinzipien der Selbstverwaltung: *"Die demokratische Verfassung der Universität soll unangetastet bleiben, da es unbedingt auf die Wiederherstellung des Ansehens der deutschen Wissenschaft ankommt, deren Arbeit auf ihrer Freiheit und ihrer demokratischen Verfassung beruht"*. Und: *"Es soll zur Vorbereitung einer neuen Hochschulverfassung eine Orientierung über Hochschulverfassungen des Auslands erfolgen. Die wissenschaftliche Fortbildung der Lehrer an höheren Schulen soll verbessert werden. Zu diesem Zweck soll ein Zwang zur Teilnahme an derartigen Veranstaltungen ausgeübt werden."*[37]

Im Dritten Reich, verstärkt durch die Auswirkungen des Krieges, waren das Ausbildungs- und Forschungsniveau bei den Pädagogen erheblich gesenkt worden. Hier wollte sich die Universität zur Wiedergewinnung einer leistungsfähigen Schule einschalten. Noch dachte niemand daran, von außen in die Qualität der Ausbildung oder durch Zuweisung von Studenten minderer Studienvoraussetzung einzugreifen, stattdessen organisierte Petersen für die Universität Kurse (»Elementarkurse« statt eines Vorstudiensemesters) zur Verbesserung der Studienvorbildung für die vielen Kriegsteilnehmer und Abiturienten mit Notreifevermerk.

Die amerikanische Besatzungsmacht schien an diesen Fragen kein Interesse zu haben. Sie hatte andere Prioritäten, die in Jena durch die Ausbeutung der Zeiss-Werke und in der Universität mit der Evakuierung der Naturwissenschaftler erfüllt schienen. *"Aus ihren Instituten sind Bücherbestände, Apparate und Materialien abtransportiert worden. Durch diese Maßnahmen sind gerade besonders wichtige Fächer betroffen, und Lehre und Forschung an der Universität ist auf diese Weise schwer geschädigt"*.[38] Eine rasche Wiederaufnahme der Arbeit aber hielten alle gerade auch für die Studenten für unbedingt erforderlich. Die Studenten schienen in gehöriger Zahl nazifiziert zu sein: Im letzten Kriegs-Wintersemester 1944/45 waren fast alle 1150 Studenten politisch organisiert gewesen: 416 waren Mitglied der NSDAP gewesen, 859 hatten einer ihrer Gliederungen angehört, zum Teil außerdem auch der NSDAP.[39] Politikmüdigkeit war die Antwort darauf.

Es sei noch einmal hervorgehoben, daß die verbliebenen Professoren die Schädigung, die die Zeit des Nationalsozialismus der FSU zugefügt hatte, nicht

---

37 In: UAJ BB 36.
38 Zucker am 9.7.1945 an den Kommandanten der russ. Militärregierung in Jena, in UAJ BB 1.
39 Siehe: Zusammenfassender Bericht.

so sehr in den materiellen Verlusten sahen. Hier freute man sich, als die FSU im Juni 1945 auf die 27. bzw. 28. Stelle der dringlichsten Bauvorhaben in Jena vorrückte.[40] Diese Schäden wurden gerade auch durch die Unterstützung der SMATh schnell behoben. Die geistigen Schädigungen ihres Personals und ihrer Studenten erschienen viel gravierender. Die Wirkungen des Nationalsozialismus auf das geistige und gesellschaftliche Universitätsleben waren katastrophal gewesen: *"Das Leben an der Universität verlor fast völlig das frühere Gepräge. Das vordem sehr rege gesellige Leben der Professoren verödete; man mied Geselligkeit wegen der dabei mehrfach vorgefallenen üblen Bespitzelungen und Denunziationen, so daß sich die Dozenten der verschiedenen Fakultäten gar nicht mehr kannten. Die studentischen Verbindungen wurden aufgelöst und teilweise durch sog. Kameradschaftshäuser mit soldatischen Lebensformen ersetzt."*[41]

Angesichts der noch frischen Wunden der Anpassungen während des Nationalsozialismus[42] bestanden durchaus echte Zweifel an dem Gelingen einer Erneuerung durch Selbstreinigung: *"Die Universität in ihrem gegenwärtigen Bestand nach 12 Jahren Nationalsozialismus kann freilich nicht Träger eines solchen Lehrbetriebes sein. Zwar hat jeder Universitätslehrer, der nicht seine Stelle aufgeben wollte, bei der offenen und heimlichen Überwachung und den gewaltsamen terroristischen Methoden, mit der die NSDAP jeden Widerspruch überwand, sich äußerlich der gegebenen Lage anpassen und oft schweigen müssen. Aber Männer, die ohne wissenschaftliche Qualifikation auf Grund ihrer Parteibeziehungen in den Lehrkörper gekommen sind, solche, die sich als Vertrauensleute des SD dazu hergegeben haben, ihre Kollegen zu bespitzeln und zu denunzieren, aber auch solche, die der Parteianschauung ein sacrificium intellectus bringen konnten, sind ganz unabhängig von personellen Maßnahmen der Besatzungsmacht für eine deutsche Universität, die ihre alten, durch den Nationalsozialismus leider gründlich verspielten Ruf wiedergewinnen will, untragbar. Glücklicherweise ist das die Minderzahl. Nach Kaltstellung dieser Elemente müßte unter Überwindung des Führerprinzips der alter akademischer Traditionen entsprechende Körperschaftsgrundsatz wieder verlebendigt werden, der jeden einzelnen für das Ganze verantwortlich macht."* Was Prof. v. Weber als Autor dieser Reflexionen nicht ahnen konnte: In weniger als vier bis fünf Jahren sollte das neue System der DDR nach denselben Methoden Erfolg haben und die kurze Phase einer selbstverantworteten Hochschulerneuerung unter Rekurs

---

40     Niederschrift über die Senatssitzung am 8.6.1945 in: UAJ BB 36.
41     Siehe: Zusammenfassender Bericht.
42     Siehe dazu jetzt umfassend: Helmut Heiber, Universität unterm Hakenkreuz. 3 Bde., München/London/New York/Paris 1992 ff.

auf die akademischen Traditionen und Formen vergessen machen. Was Zucker und seinen Mitstreitern aus der NS-Zeit als bedrückend empfanden, ist mit den Worten "schlechtes Gewissen" angesichts der Mitverantwortung bis 1945 nur unzulänglich erfaßt. Die Rückkehr zur akademischen Tradition hieß, die Universität zu entpolitisieren. Dies hielten sie für eine selbstverständliche Forderung der Zeit. Auch die Studenten wollten *studieren*. Für die Antifaschisten der neuen politischen Bewegungen blieb dies ein zu naiver Standpunkt. Er entsprach den Zielen einer neuen Jugenderziehung überhaupt nicht. Daher enthielt die Umsetzung des Erziehungsauftrags der Universität auch den ersten Konfliktstoff zur KPD/SED und zu der SMAD. Den Studenten politische Standpunkte (gar ab 1946 marxistischer Richtung) vorzugeben, aber widersprach dem liberalen bürgerlich-akademischen Konzept der Universität.

Professor v. Weber argumentierte schon im April 1945 dieses Dilemma: *"Wir haben nicht nur wegen der deutschen Wissenschaft und persönlich ein Interesse an einer Beschleunigung der Wiederaufnahme des Lehrbetriebes. Sie ist vor allem um der Studenten willen nötig. Das machen die Erfahrungen nach der Niederlage von 1918 deutlich. Es gab damals 2 Klassen von Studenten. Die einen suchten durch intensive Arbeit die durch den Krieg verlorenen Jahre aufzuholen und haben später in ihrem Beruf Tüchtiges geleistet. Die anderen fanden den Anschluß an die geistige Arbeit nicht mehr, scheiterten ganz oder halb und blieben in ihrem späteren Leben unbefriedigt. Sie haben ein erhebliches Kontingent der Unzufriedenen gestellt, die dann durch die NSDAP zu Geltung und Brot kamen und in ihr führende Stellungen einnahmen. Damit sich solche Vorgänge nicht wiederholen, ist es notwendig, die für das akademische Studium in Betracht kommenden jungen Leute möglichst rasch an die Arbeit zu bringen. Viele von diesen standen dem Nationalsozialismus innerlich ablehnend gegenüber und lebten ohne rechte Ideale und Hoffnungen; anderen ist mit dem Zusammenbruch des Nationalsozialismus eine Welt zerbrochen, in der und für die sie gelebt haben. Es kommt darauf an, ihnen allen ein neues Ziel und einen neuen Weg dahin zu zeigen, für das sich zu leben lohnt, sie so vor Verzweiflungsschritten zu bewahren und sie zu brauchbaren Staatsbürgern zu erziehen. Ich glaube, daß solche Überlegungen auch der amerikanischen Besatzungsmacht nicht fernliegen und daß es daher die Wiederingangsetzung des Lehrbetriebes sehr beschleunigen könnte, wenn der Rektor der Universität in der Lage wäre, in dieser Richtung, sobald aus den ersten Fühlungsnahmen eine gewisse Vertrauensgrundlage hergestellt ist, Vorschläge zu machen"*.[43]

Wilhelm Pieck knüpfte an diese Seelenlage an, als er später im Januar 1946 vor Hochschullehrern und Studenten der FSU sagte: *"Wir wissen, daß nach den Enttäuschungen, die der Nazismus brachte, in der studierenden Jugend eine*

---

43   Schreiben vom 22.4.1945 in: UAJ BB 24.

*direkte Ablehnung alles 'Politischen' besteht. Sicher gibt es eine Reihe von reaktionären Elementen, die unter diesem Vorwand vor allem eine Stellungnahme gegen den Nazismus und zu der neuen demokratischen Bewegung ausweichen wollen, aber ein großer Teil glaubt wirklich daran, daß die studierende Jugend sich von allem Politischen fernhalten solle. Vergessen Sie nicht, der Nazismus hat viel mehr Unheil angerichtet, als daß er ihnen nur das verleidet hat, was sie 'Politik' nennen. Man braucht hier nicht näher aufzuführen, was uns als schauerliches Erbe geblieben ist. Nicht nur das Land liegt in Trümmern. Unser Land ist in vier Zonen aufgeteilt. Die Einheit des Reiches wurde in Frage gestellt. .. Wir alle müssen mitarbeiten, um ein neues Deutschland entstehen zu lassen."*[44]

Kurz nach der Übernahme der Verwaltung durch die SMA-Thüringen lagen dann die Ergebnisse der Potsdamer Konferenz (17. Juli bis 2. August 1945) vor, die, wie die Kontrollratsentscheidungen, die Arbeit der SMA im Hochschulbereich erheblich beeinflussen sollten. Auch die Errichtung der Zentralverwaltung für Volksbildung im Juli 1945 mußte sich kurz über lang auf die Arbeit der von Kolesnitschenko erinnernd als "heldenhafte Aktivisten" bezeichneten Männer der ersten Stunde[45] auswirken. Dennoch geschah der Wechsel weder gravierend noch sprunghaft, wie Kolesnitschenkos Erinnerungen über die Arbeit von 1977 behaupten.[46] Nicht einmal eine weitgehende Kontrolle über die FSU konnte zunächst mangels sachverständigen Personals auf russischer Seite ausgeübt werden.

Im Herbst 1945 gab es noch keine Forderungen an die akademische Strategie der Hochschulerneuerung der FSU. Erste Überlegungen trug Wolf bei der Eröffnung vor. Pieck forderte dann im Januar 1946: *"Die Einheit zwischen der deutschen Wissenschaft und den Arbeitern ist ein dringendes Gebot unserer nationalen Rettung und unseres Wiederaufstiegs. ... Die Rolle der deutschen Arbeiterklasse besteht vor allem darin, Deutschland auf einen anderen, nicht imperialistischen Weg zu führen und jetzt alle anständigen Kräfte unseres Volkes zusammenzuschließen, um einen nochmaligen Krieg und die nationale*

---

44  In: Bolck, Neubeginn, S. 7f.
45  Ebd. S. 9.
46  *"Die Mitarbeiter der SMA Thüringen behielten die Kontrollfunktion und förderten mit allen Mitteln die Initiative der Parteiorganisation Jenas, der Jenaer Stadtverwaltung, des Rektorats der Universität, der Leitung des Landesamtes für Volksbildung bei der Vorbereitung der Universität zur Neueröffnung, bei der Schaffung ihrer materiellen Basis und der Grundlage für die Lehre. ... Wenn es erforderlich war, und das geschah nicht selten, dann griffen unsere Mitarbeiter aktiv in die Tätigkeit der Leitungen der Universität und des Landesamtes für Volksbildung ein. Sie forderten zu allen Zeiten exakte Erfüllung der Befehle der SMA auch in den Fragen der Volksbildung"*. Ebd. S. 11.

*Katastrophe zu verhindern. Das Verhältnis Universität und Arbeiterklasse ist auch eine unmittelbar praktische Frage".*[47] Doch die Rede Piecks und die Einwirkungen des Gardegeneralmajors fallen bereits in die Phase nach der Eröffnung der FSU, als an der Universität Leipzig die dortige KPD in ihrem Zusammenspiel mit der SMA durch den erzwungenen Rücktritt ihres Rektors Schweitzer erstmals deutlich zur Wirkung gekommen war. In Leipzig wurde die Universität erheblich früher durch Kräfte der KPD beeinflußt als das an der FSU der Fall war.[48] Die FSU konnte insbesondere durch ihren Protektor, den Landespräsidenten Paul, durch positive direkte Kontakte mit Kolesnitschenko längere Zeit vor einer Umwandlung zu einer »Volksuniversität«[49] geschützt werden.

## III. Wiedergewinnung der Autonomie und die Wiedereröffnung der FSU

Das Auftreten der Besatzungsmacht an der FSU geschah zunächst sporadisch. Besonders negativ wirkt die Plünderungen und Beschlagnahmen, insbesondere auch der Universitätsgüter, für eigenwirtschaftliche Zwecke der Roten

---

47 Ebd., S. 8. Auch der Gardegeneralmajor Iwan S. Kolesnitschenko, Chef der Sowjetischen Militär-Administration in Weimar (SMA-Thüringen), erinnerte sich: *"Es gab in der Nachkriegszeit gewaltige materielle Schwierigkeiten. Darüber hinaus hatte ein bedeutender Teil der deutschen Bevölkerung den Glauben an die Zukunft Deutschlands verloren. Die Menschen waren verwirrt und erschüttert von der noch nie dagewesenen Katastrophe... Viele progressive deutsche Wissenschaftler und Kulturschaffende waren während des Faschismus in den Konzentrationslagern zu Tode gequält worden. Zum anderen hatte sich eine große Anzahl von Professoren, Angehörigen des Lehrkörpers und der Studenten die nazistische Ideologie angeeignet. Unter diesen Umständen war der Neubeginn der Universität keine leichte, aber eine außerordentlich verantwortungsvolle Aufgabe."* Ebd., S. 9.

48 Siehe Schreiben Schweitzers an Zucker vom 21.1.1946 in: UAJ BB 171: *"Wer heute nach der endgültigen Liquidierung eines ganzen Zeitalters deutscher Geschichte an verantwortlicher Stelle innerhalb des Hochschulwesens steht, hat nicht nur die Aufgabe, die unausweichlichen Forderungen der unmittelbaren Nachkriegssituation zu erfüllen. Er versäumt seine Pflicht vor Volk und Menschheit, wenn er nicht auch die zweite Aufgabe im Blick hält: das Weiterleben der deutschen Wissenschaft und der eng mit dieser verbundenen Universität auch für fernere Zukunft vorzubereiten und zu sichern. Die Reihen der produktiven Forscher und Gelehrten sind in Deutschland schon vor einem Jahrzehnt beängstigend dünn geworden. Heute ist nach zwei großen Kriegen und mehreren politischen Umwälzungen der wissenschaftliche Nachwuchs nach Qualität und Quantität ganz ungenügend."*

49 Dieser Begriff wurde in dem Programm und der Festschrift zur Eröffnung der FSU verwendet, er stammt von Walter Wolf. In: UAJ BB 25.

Armee. Zucker konnte im Senat am 6. Juli von einer ersten Rücksprache mit hohen sowjetischen Offizieren berichten.[50] Am 11. Juli folgte eine zweite. Die FSU versuchte in dieser Zeit unverdrossen und kurzfristig, die herben Personalverluste durch Habilitationen und Berufungen zu ersetzen. Dazu durfte sie wieder prüfen. Es begann auch die Zusammenarbeit mit der örtlichen Stadtkommandantur in Jena. Hinsichtlich der Säuberungsaktion schlug Prof. Petersen am 18. Juli 1945 eine Aussprache mit Regierungsdirektor Wolf vor, der der Senat zustimmte. Die FSU suchte weiterhin von dem Landesamt für Volksbildung entsprechende Anweisungen zu erhalten. Zugleich wurden in den Universitätsunterlagen erste neue politische Regungen in der Studentenschaft überliefert. Zucker berichtete dem Senat am 18. Juli von den Plänen für die Gründung einer Studentenschaft *"im Rahmen der Gewerkschaften"*.[51] Zwei Tage darauf erließ das Thüringische Amt für Volksbildung aufgrund einer Verhandlung mit Generalmajor Kolesnitschenko im Befehlsstil der neuen Zeit eine erste Verfügung :

*"1.) Der Rektor der Universität Jena muß sofort beim Landesamt für Volksbildung in Weimar ein neues Vorlesungsverzeichnis über die am 1. Oktober 1945 zu eröffnenden Fakultäten sowie eine Personalliste der Dozenten mit Parteizugehörigkeit einreichen.*
*2.) Nach Vorschlag des Generalmajors Kolesnitschenko sollen am 1. Oktober eröffnet werden: die gesamte naturwissenschaftliche Fakultät (ich bitte um Vorschlag über die personelle Neubesetzung), die medizinische Fakultät und eine Pädagogische Fakultät mit Philologie, Geschichte, Pädagogik. Die restlichen Wissenschaftsgebiete können zunächst noch nicht mit ihrer Lehrtätigkeit beginnen.*
*3.) Der Petersenplan zur Neugestaltung der Lehrerausbildung für Volks- und Höhere Schulen an der Universität Jena wurde grundsätzlich gutgeheißen. Es ist also notwendig, in die Erörterung der Einzelheiten einzutreten. In den nächsten Tagen wird Ihnen eine Stellungnahme zum Petersenplan zugehen.*
*4.) Für die russische Militärregierung in Thüringen möchten Sie sofort eine Liste sämtlicher wissenschaftlichen Spezialisten von internationalem Ruf, gleichgültig, ob sie der NSDAP angehört haben oder nicht, sowie eine Liste der wissenschaftlichen Institute und Laboratorien aufstellen lassen. Nach Ihrem Wissen möchten auch wissenschaftliche Spezialisten und Institute, welche nicht der Universität angegliedert sind, sich aber in Thüringen befinden, ergänzt werden.*
*5.) Studienrat Dr. Theil ist als Kurator für die Universität Jena vorgesehen. gez. Wolf"*

---

50  Niederschrift über die Senatssitzung am 6.7.1945, in: UAJ BB 36.
51  Dto. 18.7.1945, in UAJ BB 36.

Anhand dieses Dokuments kann für die FSU die Frage erstmals gestellt werden, was an dieser Anweisung von der SMA-Thüringen oder von dem Amt für Volksbildung stammt. Es gehörte sicher nicht zu den vorrangigen Wünschen der SMATh, daß die FSU ab sofort eine neue *"Pädagogische Fakultät mit Philologie, Geschichte, Pädagogik"* erhalten sollte. Der »Petersenplan« stellte die Wünsche Wolfs und Petersens dar, die beide von der Besatzungsmacht sanktioniert wissen wollten, um die Universität damit dem eigenen Verständnis entsprechend zu verändern. Beide hatten ihre Wünsche *an* die FSU in einen Befehl der SMATh *gegen* die FSU untergebracht. Das entsprach nicht kollegialen Verhalten. Es waren in diesem Fall *Deutsche*, die sich der SMATh zu bedienen suchten, um erste Veränderungen in der Struktur der FSU zu erzwingen. Kolesnitschenko erinnerte sich auch nur an eine anfangs ausgeübte Kontrollfunktion: *"In Thüringen wurden im Bereich Volksbildung die Kontrollfunktionen anfangs von Inspektoren der Abteilung Volksbildung der SMAD ausgeübt, von N.P. Tscherbow und Hauptmann A.F. Schewtschenko, die, wenn erforderlich, aus Berlin-Karlshorst kamen. Ende Februar 1946 wurde in der Leitung der SMA Thüringens ein Sektor Volksbildung unter der Leitung des energischen und erfahrenen Pädagogen Genossen N. M. Bogatyrew geschaffen."*[52]

# IV. Entnazifizierung

Zucker überreichte dem Thüringischen Landesamt für Volksbildung am 20. Juli 1945 die ersten Listen der Mitglieder des Lehrkörpers, auf die verzichtet werden sollte. Er beschrieb das Verfahren dazu: *"Die Prüfung wurde innerhalb der Fakultäten jeweils von einem sorgfältig ausgewählten Gremium ... durchgeführt."* Ein Ausscheiden aus dem Amt sei nur bei denjenigen erforderlich, die auf Grund einer Betätigung im Sinne des Nationalsozialismus in ihr akademisches Amt eingesetzt worden seien oder sich in Forschung und Lehre offenkundig nationalsozialistischer Doktrinen dienstbar gemacht hätten oder sonst aktiv für die Partei gewirkt oder etwa sogar ihre Kollegen für die Partei überwacht hätten.[53] Zucker berief sich auf Vorgespräche mit einem *"Generaloberst aus dem Stabe von Marschall Shukow"*, als er nun auch den Russen *"angesichts der höchst verwickelten Verhältnisse"* die Begründung für eine differenzierte

---

52  Bolck, Neubeginn, S. 11. (Kursive Hervorhebung von mir, M.H.)
53  Schreiben Zuckers an das Thür. Landesamt für Volksbildung vom 20.7.1945, in: UAJ BB 2.

Behandlung aus direkter Übernahme seiner den Amerikanern vorgelegten Denkschrift vortrug:

*"a. Erstens diejenigen, die die akademische Laufbahn während der letzten zwölf Jahre begannen, waren einfach gezwungen, in die Partei einzutreten, wenn sie nicht bereit waren, die Laufbahn aufzugeben - Ausnahmen, sehr selten, kamen fast nur durch Zufall vor. Sehr viele dieser jüngeren Parteimitglieder waren niemals in irgend einer Weise als solche tätig und taten nichts für die Partei, ausser dass sie ihre Beiträge bezahlten. Ich verweise auch auf das beiliegende Schreiben des Dekans der Rechts- und Wirtschaftswissenschaftlichen Fakultät an mich vom 12. d. M.*

*b. Zweitens, sehr viele von denen, die sogar vor 1933 oder in den ersten Jahren von Hitlers Regime in die Partei eingetreten waren, durch sein lügenhaftes Programm und seine lügenhaften Versprechungen getäuscht, erkannten nach kurzer Zeit ihren Irrtum und enthielten sich so viel als möglich der Tätigkeit für die Partei - Die Partei zu verlassen, nachdem man eingetreten war, war eine sehr gefährliche Angelegenheit und sehr wenige hatten mit dem Versuch Erfolg.*

*c. Andererseits erwiesen sich nicht wenige von denen, die nach 1933 in die Partei eintraten, als sehr tätig im Dienst des Hitlerismus. Und sogar unter denen, die keine Parteimitglieder waren, gab es manchmal solche, die jedermann als ganz entschiedene Anhänger und Förderer des Hitlerismus bekannt waren."*[54]

Der Bestand der FSU am 1. Januar 1945 betrug: 92 Professoren, 109 Dozenten, 85 Assistenten, 47 Technisches Personal, 6 Bibliothekare, zusammen also 339 Personen.[55] Vorgeschlagen wurde, weitere 37 Professoren und Dozenten auf Grund ihrer nationalsozialistischen Tätigkeit zu entlassen.[56] Zucker warnte vor einem *"allzu reichlichem Aderlass"*. Dieser werde sich *"umso verhängnisvoller auswirken, als 1. schon vor dem Kriegsende eine größere Anzahl von Vakanzen vorhanden war, 2. die Mathematisch-Naturwissenschaftliche Fakultät durch die Wegführungen aufs äußerste geschwächt ist, 3. Berufungen von auswärts in der derzeitigen allgemeinen Lage überaus schwierig, wahrscheinlich nur in kleinem Umfang möglich sind."* Bei zweifelhaften Fällen bittet er um eine Aussprache.

Zucker hatte vor Amerikanern oder Russen seine Argumente nicht verändert. Selbstreinigungen konnten nur auf der Erfassung des *tatsächlichen* und von den Hochschulangehörigen *erlebten* Verhaltens des Lehrkörpers stattfin-

---

[54] Ebd.
[55] Nach: Angaben über den Zustand der FSU Jena vom 12.9.1945, in: UAJ BB 1.
[56] Zahl nach: Zusammenfassender Bericht. Namentliche Liste ebd.

den. Schematisierende Verfahren hatte Zucker bei den Amerikanern erlebt, die ihn nach "weißen" Listen gefragt und bei NS-Betroffenen in Führungsposition einen "automatic arrest" angeordnet hatten. Universitäre Notwendigkeiten konnten mit in die Beurteilung einfließen. Der Grad der Nazifizierung eines Wissenschaftlers war am höchsten, wenn dieser unter Umgehung rein wissenschaftlicher Qualifikation in sein Amt gekommen war. Andererseits mußte die Universität vor einem Zusammenbruch ihrer Lehrfunktion durch Kompromißbereitschaft in weniger schwierigen Fällen bewahrt werden. Zu den weniger schwierigen Fällen wurden die nach 1937 in die Partei Aufgenommenen bezeichnet. Es gab auch Personen, die für unentbehrlich gehalten wurden.[57]

Die Entlassungen wurden dann über das Landesamt ab 13. September in mehreren Schüben ausgesprochen.[58] Die SMATh bestätigte im Grunde genommen die Vorlagen der Deutschen und verließ sich auf die Kontrolle durch Wolf. Wie wollte sie auch bessere Vorschläge entwickeln? Daß Zucker ein

---

[57] Eine Liste von Professoren, darunter Angaben der Parteigenossen, die die vor 1937 in die Partei aufgenommenen nicht verzeichnet, ist in UAJ BB 1 überliefert. Zucker bekennt sich zu diesen Personen, um sie im Amt zu behalten: *"Nach bestem Wissen stehe ich dafür, daß sie im antifaschistischen Sinn lehren und forschen werden"*. Die Liste verzeichnet für die Theologie: keiner; RuStW: Dr. Erich Preiser, seit 1937; Dr. Erich Gutenberg, seit 1938, Dr. H. Schultze, seit 1937; Med.F.: Prof. Nicolai Guleke, seit 1938, Dr. Johannes Zange, seit 1938, Dr. Fritz Körner, seit 1938, Dr. Rudolf Lemke, seit 1939, Anwärter seit 1937, Dr. Werner Ehrhardt, seit 1937, Dr. August Sundermann, seit 1937, Dr. Harry Güthert, 1937-45 Anwärter, Dr. Ernst Busse, seit 1938, Dr. Walter Schulze, seit 1939, Anwärter seit 1937, Dr. Dietrich von Keiser, seit 1938, Dr. Ernst Müller, seit 1937. Phil.F.: Dr. Gotthard Neumann, Archäologie, Anwärter seit 1937, Dr. Olaf Hansen, Deutsche Philologie, seit 1941, Dr. Gerhard Dietrich, Englische Sprachwiss. seit 1937. Math.- N. F.: Prof. Oskar Keller , seit 1938, Dr. Joachim Heinrich Schultze, Geographie, seit 1937, Hon. Prof. Dr. Fritz Deubel, seit 1938, Dr. Hans Hoffmann, Zoologie, seit 1937, Dr. Otto Pflugfelder, Zoologie, seit 1938, Dr. Max Hannemann, Geographie, seit 1942, Prof. Dr. W. Schütz, bis 1945 an U Königsberg, Anwärter 37-39. - Prof. Dr. Hämel, war sechs Wochen in Haft, weil er eine politische Straftat von Studenten (Zerstörung einer Hitlerbüste) nicht gemeldet hatte. O. Prof. Dr. jur. Walter Krusch wurde gezwungen, am 1.5.1933 in die Partei einzutreten, *"weil er Jahre lang Assistent eines jüdischen Professors war. Ferner war unter seinem Dekanat die rechts- und wirtschaftswissenschaftliche Fakultät bei der Partei als gegnerisch bekannt."* Zu: o. Prof. Dr. Friedrich Sander, Psychologie, in die Partei eingetreten 1.5.1933, heißt es: *"Gerade in dem Augenblick, in dem die Universität die Ausbildung der Volksschullehrer übernimmt und die pädagogische Ausbildung der zukünftigen höheren Lehrer intensiviert, ist der Vertreter der Psychologie unentbehrlich"*.

[58] Hinweise in: UAJ BB 22 und BB 23. Am 20.9.1945 wurden z. B. elf Professoren und Dozenten, am 29.9. zwei Professoren entlassen. Der Theologe und seit August Nachfolger des erkrankten Prof. Heussis als Dekan, Prof. Dr. Waldemar Macholz, wurde rehabilitiert und erhielt wieder Sitz und Stimme in der Fakultät.

weitergehendes Eingehen der Landesamtes und der SMA auf seine Vorschläge erhoffte, wird aus der Niederschrift der Senatssitzung vom 27. Juli deutlich. Die FSU wollte auf der zu erneuernden Basis der Satzung von 1924 die akademischen Wahlen vollziehen.[59] Dekan Petersen beantragte die Festlegung der Wahlperiode bis zum 31. Juli 1947. Der Senat stimmte zu. Die Aufnahme des Lehrbetriebs sollte - wie in Halle - in allen fünf Fakultäten beginnen. Es sei gewährleistet, *"daß in Forschung und Lehre nationalsozialistische Anschauungen keinerlei Einfluß mehr haben. Ausdrücklich sei dies für die Theologische Fakultät festgestellt."*[60] Warum dann nicht den Lehrbetrieb wieder aufnehmen?

## V. Bewahrung der Einheit der philosophischen Fakultät und die Rückkehr zur akademischen Normalität

Trotz des ergangenen Befehls suchte Zucker, die Einheit der Philosophischen Fakultät zu retten. Er verweigerte, sie in einen lehrerbildenden und einen nicht-lehrerbildenden Teil aufzuspalten. Eine "Erziehungswissenschaftliche Abteilung" könne zugestanden werden. Damit hielt er den Fall des »Petersenplans« für erledigt. Senat und stellvertretender Rektor wollten in dieser Frage die Oberhand behalten. Aber der vorgeschlagene Kurator wurde nicht akzeptiert. Es war der Oberlandesgerichtsrat Dr. Dr. Frede vorgeschlagen worden, ein Mann vielseitiger wissenschaftlicher und künstlerischer Interessen. Zucker entschuldigte seine Mitgliedschaft in der NSDAP mit den Worten: *"Auf den erzwungenen Eintritt in die Partei glauben wir kein Gewicht legen zu müssen".*[61] Für Zucker scheint es eine Besatzungsbehörde zu diesem Zeitpunkt nicht zu geben. Im August aber änderte sich die Einstellung der Landesverwaltung sichtbar. Landesdirektor Wolf lehnte die vom Regierungspräsidenten Dr. Paul in Weimar vorgeschlagene Durchführung akademischer Abende, *"auf denen allgemeine kulturelle Fragen und Aufgaben zur Sprache gebracht und spezielle Gegenstände der Wissenschaft vorgetragen werden"* sollen, ab.[62] Zucker selbst hatte die Reihe eröffnen wollen mit einem Vortrag über *"die Lage und die Erziehungsaufgaben in Deutschland".*[63] Dies schien nun doch zu wenig zu

---

59 Niederschrift über die Senatssitzung vom 27.7.1945, in: UAJ BB 36.
60 Siehe: Schreiben Zuckers vom 20.7.1945 an das Landesamt.
61 Ebd.
62 Stellv. Rektor Zucker 3.8.1945 an Dr. Paul, in: UAJ BB 2.
63 Die Grundgedanken dazu hatte Zucker bereits dem Vorgänger Pauls, Dr. Brill, und dem amerikanischen Kommandanten mitgeteilt.

sein. In Berlin war zu diesem Zeitpunkt immerhin unter Beteiligung des ersten Rektors der Berliner Universität, Prof. Dr. Eduard Spranger, und des Dichters Ernst Becher, des späteren Kulturministers der DDR, der »Kulturbund der demokratischen Erneuerung Deutschlands« gegründet worden, der sich die *"Bildung einer nationalen Einheitsfront der deutschen Geistesarbeiter"* vorgenommen hatte und die *"Vernichtung der Naziideologie"* betreiben wollte. Seine Zweigstelle in Jena kam während des Monats August in Betrieb.[64] Oberbürgermeister Dr. Troeger aus Jena lud am 10. August zu einer Gründungsversammlung nach Weimar ein. Die Reaktion des Senats in der Frage zur Mitarbeit beim Kulturbund war doppeldeutig: einerseits wollte er Prof. Harms in den Kulturbund entsenden[65] und andererseits an der eigenen Linie festhalten: *"Der Senat beabsichtigt, daß die Universität von sich aus in die Öffentlichkeit treten soll."*[66]

Die Ablehnung Fredes zum Kurator am 3. August 1945 durch das Landesamt hätte hellhöriger machen müssen. Studienrat Dr. Theil, der schon im September verstarb, wurde von Wolf am 20. Juli in Form als Kurator bestätigt.[67] Das war ein Oktroi und Warnzeichen. Ende September folgte Dr. Max Bense[68], von dem Petersen Zucker gegenüber beruhigend meinte, *"ich glaube, wir fahren gut mit ihm."*[69] Petersen wurde zugleich kommissarisch mit der Leitung aller Lehrerbildungsfragen beauftragt. Das waren erste, vielleicht noch nicht sehr deutliche Anzeichen dafür, daß Wolf begann, in die Universität hineinzuregieren und die Einheit der Universität bedrohte.[70] Zucker hatte zumal als "stellvertretender Rektor" noch kein vollwertiges Mandat.

---

64   Siehe Manifest u.a. Unterlagen in: UAJ BB 173.
65   Prof. Frede, Direktor des Zoologischen Instituts, schrieb Zucker: Er wisse nicht, ob er *"der geeignete Mann"* sei. *"Auch weiß ich nicht, was ich mir in Bezug auf eine demokratische Erneuerung Deutschlands in Bezug auf seine Kultur vorstellen soll. Es gibt doch nur eine historisch gewordene deutsche Kultur im Rahmen der Kultur des weißen Mannes; mit ihren Perioden der Blüte und des Niederganges. Wenn meine Aufgabe darin bestehen soll, daran mitzuwirken, daß wir den gegenwärtigen Tiefpunkt unserer Kultur überwinden, so bin ich gerne bereit, mitzuarbeiten, aber ohne jede parteipolitische Bindung."* In: UAJ BB 173.
66   Niederschrift über die Senatssitzung vom 10.8.1945, in: UAJ BB 36.
67   Schreiben des Landesamts an Rektor der FSU, in: UAJ BB 24.
68   Niederschrift über die Senatssitzung vom 28.9.1945, in: UAJ BB 36.
69   Schreiben Petersens an den Rektor vom 12.9.1945, in: UAJ BB 65.
70   Als Dekan der Philosophischen Fakultät seit April 1945 benutzte Petersen seinen Platz in der Leitungsebene der FSU zur weitgehend eigenständigen Umsetzung seiner Vorstellung. Er erreichte im September, das ehemalige Frankonenhaus für die »Erziehungswissenschaftliche Anstalt« durch den Oberbürgermeister zugewiesen zu bekommen,

Das änderte sich eine Woche später, als er vom sog. Kleinen Senat zum Rektor vorgeschlagen wurde und in der Sitzung des Großen Senats am 9. Oktober gewählt wurde. Bereits am 15. August hatte er als Rektor designatus die Dekane berufen: Prof. Heussi für die Theologische , Prof. Petersen für die Philosophische , Prof. Veil für die Medizinische, Prof. Krusch für die Rechts- und Staatswissenschaftliche und Prof. Kulenkampff für die Mathematisch-Naturwissenschaftliche Fakultät.[71] Veil fiel im Mai 1946 dadurch auf, daß er noch Bilder von Hindenburg in seinen Dienstzimmern hängen hatte![72]

Die Universität hielt an der üblichen Semestereröffnung zum 1. Oktober 1945 fest. Der Vorlesungsbeginn wurde von Wolf auf den 15. Oktober (in einem Festakt in Talaren[73]) festgelegt. Wolf legte in der Besprechung mit Zucker weitere dem gemeinsamen Interesse dienende Anweisungen für den Universitätsbetrieb fest. So wurde der Repetitorenberuf untersagt, zu Übungen seien nur eine beschränkte Zahl Studenten zuzulassen, die Anforderungen an die Studenten sollten erhöht und obligatorische Fleißprüfungen[74] am Ende des Semesters eingeführt werden. Sonst werde der *"innere Betrieb der Universität"*

---

desgleichen mietete er die katholische Volksschule in der Wagnergasse zur Fortführung seines Schulmodells. Er war es, der eine »Vorschule der Studien« oder eine »Studien-Vorschule« vorschlug und sich Gedanken über den Unterricht gemacht und diese dem Landesamt für Volksbildung vorgetragen hatte. Petersen organisierte die Studienvorschule und erwartete, daß 75%-80% aller wegen fehlender Voraussetzungen des Abiturs (Notreifevermerke, Schulabbruch etc.) nicht zuzulassender Studienvorschüler in 12-13 Vorlesungswochen durch Vertreter aller Fakultäten mit Erfolg durch die Prüfung zu bringen seien. In: UAJ BB 36. Schreiben vom 13.9.1945.

[71] Kulenkampff war von den Amerikanern mitgenommen worden und wurde in absentia gewählt. Es wurde gegen ihn ein Disziplinarverfahren angestrengt und auch bei den Rückkehrbemühungen daran festgehalten.

[72] Rektor Zucker am 3.5.1946 an Landesdirektor Wolf: *"Auftragsgemäß berichte ich, daß im Wartezimmer und im Konsultationszimmer von Prof. Veil in der Medizinischen Klinik je ein Hindenburgbild hing, die inzwischen entfernt sind. Ich darf dazu bemerken, daß nach meiner langjährigen persönlichen Kenntnis Herrn Prof. Veil keine militaristische Gesinnung zur Last gelegt werden kann. Er hatte die von ihm leer übernommenen Zimmer mit Bildern aus dem Besitz seines Vaters ausgestattet, wie ich nach Anfrage bei ihm erfuhr."* UAJ BB Nr. 2.

[73] Lt. Genehmigung des Landesamts, mitgeteilt in der Senatssitzung vom 22.9.1945, in: UAJ BB 36.

[74] Solche Prüfungen wurden nach Antworten der Universitäten Leipzig, Berlin, Greifswald und Rostock abgelehnt. Siehe: Niederschrift über die Senatssitzung vom 23.11.1945, in: UAJ BB 36. Der Senat wollte sie in seiner Sitzung vom 9.1.1946 für zwei Vorlesungen oder Übungen des Hauptfachs und je eines der Nebenfächer einführen. Siehe die: Niederschrift über die Senatssitzung, in: UAJ BB 36.

nicht geändert. Der Senat beschloß entsprechend.[75] Die Universität fühlte sich geachtet. Es wurde mitgeteilt, daß Zulassungsbeschränkungen zu erarbeiten seien, die Universität die Institute ehemaliger Reichseinrichtungen in Jena übernehmen und ihre Position als Begünstigte der Zeiss-Stiftung beibehalten sollte. Zucker wünschte seinerseits die Freigabe der Kliniken für die Nutzung durch die Universität.[76] All das waren keine Zeichen für Dissens, im Gegenteil. Alle Beteiligten schufen Normalität.

Schon in der folgenden Senatssitzung wurde festgelegt, die Studierenden nach den früheren Zulassungsbedingungen aufzunehmen. Am 6. September wurde dort über 930 Voranmeldungen von Studenten berichtet, darunter etwa 500 Mediziner. Es seien auch bereits 310 Zimmer mit 350 Betten bereitgestellt.[77] Die Zahl der Voranmeldungen stieg bis Mitte September auf 1500[78], bis Ende September auf 1800[79] an.

Der vom verstorbenen Kurator eingesetzte Studentenausschuß wurde am 22. September vom Senat als autorisiert anerkannt.[80] Erst zur Neueröffnung gab es Probleme mit der Wahl der Personen. Gegen Gerüchte über diesen Ausschuß sollten sich die Dekane einsetzen. Prof. Struck war als Vertreter des Rektors Mitglied. Dem Ausschuß wurde die Einrichtung einer »Studentenhilfe« übertragen. Er sollte sich um Stipendien - u.a. stellte die Stadtverwaltung Mittel zur Verfügung - und ihre Vergabe kümmern. Es waren in diesem Zusammenhang auch Fragen der Übernahme der Liegenschaften des aufgelösten Reichsstudentenwerkes zu klären.

Keiner dieser den Betrieb der Universität konkret berührenden Diskussionspunkte kann der Einwirkung der SMA zugeschrieben werden. Berufungen

---

75   Dto. vom 24.8.1945, in: UAJ BB 36.
76   Ein Antrag des Kurators Dr. Theil vom 6.9.1945 an das Landesamt für Volksbildung zur Freigabe der Chirurgischen Privatklinik, der Hals-Nasen-Ohren-Klinik und der Psychatrischen und Nervenklinik wurde nicht abgeschickt. In: UAJ BB 2. Zucker wandte sich am 13.9.1945 in dieser Frage und mit der Bitte um Freigabe weiterer Häuser, der Freigabe der Lehrgüter Zwätzen und Kötschau, der Sternwarte und *"der Rückgabe von Stühlen"*, die gegen Quittung entliehen worden seien, direkt an Kolesnitschenko, in: ebd. Er wünschte auch Ausweise in russischer Sprache für das Universitätspersonal und den Schutz der Wohnungen für die Professoren, insb. ihrer Bibliotheken und Arbeitsräume. Am 19.9.1945 bat Zucker um die Freigabe des Landmaschinen-Instituts. In: UAJ BB 1. Die Schutzbriefe wurden lt. Senatssitzung vom 2.11.1945 durch Generaloberst Tschuikow ausgestellt. In: UAJ BB 36.
77   Dto. vom 6.91945, in: UAJ BB 36.
78   Niederschrift über die Senatssitzung vom 15.9 1945, in: UAJ BB 36.
79   Dto. vom 22.9.1945, in: ebd.
80   Ebd.

wurden ausgesprochen. Es wurde normale Hochschulpolitik unter den schwierigen Bedingungen der Zeit durchgeführt. Vertreter der Sowjetischen Besatzungsmacht aus Berlin wurden an der FSU am 20. August 1945 durch einen Besuch des Obersten Prof. Latischeff (die Namen stehen so in den Akten der FSU) in Begleitung einer Frau Kapitän Wildt erstmals gemeldet.[81] Die Wunschliste beider beim Rektor zeigt, daß in Karlshorst erste Grundlagen für eine Hochschulpolitik zusammengetragen wurden.[82] Im September wurde ein Fragebogen für eine »Kartei des wissenschaftlichen Arbeiters« verteilt.[83] Folgen sind nicht bekannt.

Prof. Schütz, Technisch-Physikalisches Institut, berichtete am 1. September dem designierten Rektor über den Besuch eines Majors Wolossewitsch, der die Aufgabe habe, die mathematischen und physikalischen Institute zu überwachen. Welche Stelle ihn geschickt hatte, blieb unbekannt, es wurde vermutlich auch nicht danach gefragt. Er habe von ihm ein Verzeichnis der Arbeiten seit 1939 auf den Gebieten der Mathematik und Physik und jeweils ein Exemplar der Arbeiten gefordert. Der Russe habe mitgeteilt, daß die russischen Direktiven sich auf weniges beschränken würden, auf Registrierung und Genehmigung des Arbeitsprogramms. Die Ausübung der akademischen Tätigkeit solle nicht beschränkt werden, berichtete Schütz. Eine Wegführung und Verlagerung sei nicht beabsichtigt. Auch für die übrigen naturwissenschaftlichen Arbeitsgebiete seien Maßnahmen in Vorbereitung. Schütz stellte das Verzeichnis zusammen und fügte 10 von 35 Dissertationen bei.[84] Das Datum "1939" verweist auf vergleichbare britische und amerikanische - also evtl. auch

---

[81] Die Schreibweise der Sowjets wird auch im folgenden aufgrund der in den Akten vorgefundenen Form zitiert.

[82] Latischeffs Wünsche waren ein Bericht (bis zum 24. Aug. in Leipzig abzuliefern) über: *"1) Die Zahl der Fakultäten und ihre Benennung. Welche Fakultät hat die Hauptbedeutung. 2) Nach Fakultäten getrennt (graphische Darstellung) die Zahl der Studenten vor dem Krieg, während des Krieges, schätzungsweise für die Zukunft. 3) Wieviele Professoren sind in Jena verblieben (aufzuzeichnen sind die Leiter bzw. Direktoren namentlich und die Zahl des Hilfspersonals, wer entführt, besonders kennzeichnen). 4) Jeder Professor soll ganz kurz aufschreiben, womit er sich vor dem Kriege, während des Krieges und in der Zukunft beschäftigen wird. Außerdem soll über den Zustand des Instituts berichtet werden. Betrieb für Unterricht? Betrieb für Forschung? Ist Ausweichstelle geschaffen? Kann Arbeit fortgeführt werden? Was für Einrichtungen sind noch vorhanden? Wie sind die Einrichtungen beschaffen? 5) Wie ist die Universitätsbibliothek beschaffen, wie die der einzelnen Institute und Seminare. Bericht in deutsch und russischer Übersetzung."* Notiz des Rektors vom 20.8.1945, in: UAJ BB 1.

[83] Rundschreiben des Rektors vom 7.9.1945, in: UAJ BB 1. Ein Beispiel eines Fragebogen mit Fragen Richtung: Ausbildungsgang, Publikationen und der Zugehörigkeit zu wissenschaftlichen Gesellschaften findet sich in den Unterlagen.

[84] Bericht Prof. Schütz vom 1. und 3.9.1945 in: UAJ BB 1.

interalliiert abgesprochene - Aktivitäten zur Aufarbeitung des naturwissenschaftlichen Forschungspotentials hin, sich durch eine Berichterstattung von Professoren der wesentlichen Ergebnisse der deutschen Wissenschaft seit 1939 zu bemächtigen.[85] Auch dieses schien der FSU keiner weiteren Aufregung wert, hatte man die Substanz der Fächer doch bereits an die Amerikaner verloren.

Die landwirtschaftlichen Institute der FSU waren schon Ende August durch einen *"Prof. Tscherbakoff"* (Moskau) in Gegenwart eines *"Oberstleutnants Barkof"* besichtigt worden.[86] In allen deutschen Hochschulen gab es solche Besucher täglich. *"Oberstleutnant Lewschin"* vom Zeiss-Werk fragte am 7. September erneut nach einem Bericht über die wissenschaftlichen Arbeiten in Physik, Chemie usw. und verband - in den Worten Zuckers - damit die Frage, welche davon für *"Rußland fortgesetzt oder neu begonnen werden könnten"*.[87] Ein Unterschied zur Vorgehensweise der Amerikaner, die das Zeiss-Werk bereits ausgebeutet hatten, war dabei nicht auszumachen. Auch ehemalige deutsche Stellen regten sich in diesen Tagen, wie die »Notgemeinschaft der deutschen Wissenschaft«, die über ihren Geschäftsführer Dr. Griewank von ihrer Existenz in Berlin Mitteilung machte, daß sie zwar von den Amerikanern besetzt sei, aber nach und nach die Akten erhalte. Vordringlich sei ihr im Augenblick die Frage: *"Wer ist wo?"*[88] Solche Zeichen schienen die weitere Normalisierung anzudeuten.

Am 6. September 1945 kam es dann zu dem ersten Besuch des *"Volksbildungsministers der russisch besetzten Zone, Herrn Solotuchin"*, der mit dem Rektor und den Dekanen eine Besprechung abhielt.[89] Solotuchin forderte (wie tags darauf ein Oberstleutnant Pasukow) die FSU erneut zur schriftlichen Beantwortung einer Reihe von Fragen auf, darunter zur Beschreibung der Studienrichtungen und zur Situation der Studenten.[90] Von irgendeiner Aufgeregtheit findet sich in den Akten keine Spur.

---

85 Siehe hierzu die Reports:FIAT Reviews of German Science. Siehe auch die im Public Record Office London überlieferten BIOS (British Intelligence Overseas Subcommittee) Reports über einzelne Hochschulen und Forschungseinrichtungen unter der Signatur: War Office: BIOS 56.

86 Bericht Prof. Goerttler vom 5.9.1945 an Zucker, in: UAJ BB 1.

87 Gemeinsames Schreiben des Rektors und des Dekans der Math.-Nat. Fakultät vom 7.9.1945, in UAJ BB 1.

88 Schreiben Griewanks vom 9.9.1945, in: UAJ BB 173.

89 Siehe Notiz Zuckers auf dem Schreiben des Landesamts vom 5.9.1945, in: UAJ BB 1.

90 Es seien Elementarkurse zur Verbesserung der Vorkenntnisse beabsichtigt, jedoch keine Einrichtung von Vorsemestern. Ausgeschlossen von der Zulassung sollten bleiben: Ehemalige Mitglieder der NSDAP, soweit sie das Amt eines Zellenleiters oder mehr inne-

Noch die am 1. Oktober 1945 von Wolf überreichten Zulassungsbestimmungen gingen letztlich von den Vorschlägen des designierten Rektors aus. Wolf hatte als Grenze der Zulassung einen tieferen Rang der "Führer" angesetzt. Regierungsrat Lindemann interpretierte die verschärften Bedingungen.[91] Lindemann selbst sollte sich in Zukunft neben Wolf als weiterer Aktivist bei der Reformierung der FSU zu einer »Volksuniversität« erweisen. Dem Aufnahmeausschuß sollten der Kurator der FSU, ein vom Großen Senat gewählter Vertreter der Dozenten[92] und ein vom Leiter des Kommunalen Jugendamtes der Stadt Jena gewählter Vertreter der Studenten angehören. Wolf behielt sich die Bestätigung des Dozenten- und Studentenvertreters durch das Landesamt ausdrücklich vor.[93] Er wiederholte das mehrfach in 1946. Aufgrund einer Erklärung der sog. Antifa-Parteien vom November sollten Parteigenossen, die 1920 oder später geboren waren und seit 1942 in die NSDAP überführt worden waren, zugelassen werden.[94] Die Regelungen für die Studenten waren übersichtlich.[95] Kommunistisches Vokabular tauchte erstmals auf. § 5 Abs. 2 hieß: *"Gehört der Bewerber einer monopolkapitalistischen oder feudalen Familie an, ist ebenfalls eine besondere Prüfung nötig."*

---

hatten, Mitglieder der Gliederungen der NSDAP (wie SA, RAD usw.) vom Sturmführer aufwärts, örtliche Studentenführer(-innen) des NSStB, HJ-Führer nach Prüfung des einzelnen Falles, sämtliche SS-Angehörigen, soweit nicht von der Wehrmacht zur Waffen-SS überstellt, Personen, die Parteiauszeichnungen (Goldenes HJ-Ehrenabzeichen usw.) besitzen oder durch besonders aktive nationalsozialistische Betätigung bekannt wurden.

[91] Niederschrift über die Senatssitzung vom 5.10.1945, in UAJ BB 36.

[92] Erster Vertreter wurde Prof. Barwick.

[93] In: UAJ BB 26.

[94] Mitteilung in der Niederschrift über die Senatssitzung am 23.11.1945, in: UAJ Jena: BB 36.

[95] Ausgeschlossen werden vom Studium mußten alle politischen Leiter der NSDAP vom (stellvertretenden) Zellenleiter an aufwärts, alle auch nur nominellen Parteigenossen und Parteianwärter der NSDAP, alle Angehörigen der SS, es sei denn, daß sie nachweislich infolge Wehrdienstpflicht zur SS gezogen oder von der Wehrmacht zur SS überstellt worden sind, alle Angehörigen der SA, NSKK und NSFK vom Scharführer an aufwärts, alle HJ-Führer vom Gefolgschaftsführer an aufwärts, alle BDM-Führerinnen von der Gruppenführerin an aufwärts, alle örtlichen Studentenführer und -innen, alle Amtswalter der NS-Frauenschaft, des NS-Ärztebundes, des NS-Bundes Deutscher Technik, des NS-Lehrerbundes, des Reichsbundes Deutscher Beamter, des NS-Rechtswahrerbundes und der DAF, der NS-Kriegsopferversorgung und des NSV, alle Angehörigen des RAD vom Truppführer an aufwärts, alle Träger besonderer Parteiauszeichnungen, alle, die sich aktiv für den Nationalsozialismus und seine Ideologie eingesetzt haben, gleichviel sie einer NS-Organisation angehört haben oder nicht. Angehörige der Familie eines NS-Kriegsverbrechers oder führenden Nazis (vom Kreisleiter an aufwärts) seien besonders zu prüfen. § 5 Abs. 1 forderte: Alle aktiven Offiziere und alle Offiziere eines Divisionsstabes oder höher können nur nach einer besonderen Prüfung zugelassen werden.

Als Studentenzahlen für das Wintersemester 1944/45 nannte Zucker: insgesamt 1134, davon 1 [sic!] Theologe, 245 Rechts- und Staatswissenschaftler, 683 Mediziner, 98 Philosophische Fakultät und 207 aus der Mathematisch-Naturwissenschaftlichen Fakultät. An Voranmeldungen lägen vor: insgesamt 1000, davon 6 Theologen, 108 Rechts- und Staatswissenschaftler, 512 Mediziner (einschließlich Pharmazie), 194 für die Philosophische Fakultät, 160 Naturwissenschaftler, der Rest sei unentschieden.

Zur Finanzierung stellte sich Zucker vor, von der Landesregierung zunächst 50 % der Beträge von 1944/45 zur Verfügung gestellt zu bekommen. Für den Erlaß von Studiengebühren und des Unterrichtsgeldes würden 15000 RM zur Verfügung stehen, ein gleicher Betrag für Bezahlung von Studentenwohnungen. Damit schien Reformpolitik bei den Zulassungen mit dem Ziel höherer Zulassung von Arbeiter- und Bauernkinder immerhin möglich.

Passen mußte Zucker hinsichtlich der Frage Solotuchins nach *"der Bekanntschaft mit den Namen russischer Forscher"*. Seine Antwort: *"Es ist ausschlaggebend, daß wir nicht nur während der Kriegszeit, sondern schon in den vorausgehenden Jahren weitgehend vom Verkehr mit dem Ausland abgeschlossen waren."*[96]

Die vielen Sorgen der Hochschule gaben Zucker Anlaß, erneut mit dem Oberkommandierenden in Thüringen, Generalmajor Kolesnitschenko, zu sprechen.[97] Immer wieder wendet Zucker sich direkt an ihn und erreicht viel. Prof. Dr. Erich Diehl (zuletzt Posen[98]) wurde durch den Senat am 15. September zum Universitätsdolmetscher in russischer Sprache bestimmt. Die FSU fühlte sich in dieser Zeit in der Obhut der SMATh sicher und kam auf dem direkten Verhandlungsweg gut voran. Direkte Berliner Einwirkungsversuche von der Seite der Deutschen Zentralverwaltung kamen im Oktober 1945 erstmals in Sicht. Es sollten die Studienpläne und Stundenpläne, die Lehrprogramme über die Zentralverwaltung der SMAD eingereicht werden[99], desgleichen wiederum Personalfragebogen. Auch die Amerikaner verlangten nach solchen Übersichten.

---

[96] Die Beantwortung der Fragen vom 6.9.1945, in: UAJ BB 1. Siehe auch Schreiben an das Landesamt vom selben Datum in: UAJ BB 2. Zur Unterbringung der Studenten sollen auch die ehemaligen Korporationshäuser genutzt werden wie das Haus des Corps Frankonia, Knebelstr. 3 oder das der Germania, Markt 5. Es erfolgt die Versicherung, daß keine Schritte zum Wiedererstehen des Korporationswesens geschehen dürften.

[97] Zucker teilt dies am 11.9.1945 Wolf, Landesamt, mit. In: UAJ BB 2.

[98] Die FSU hatte evakuierte Professoren aus Posen aufgenommen und finanziert.

[99] Rundschreiben des Rektors an die Dekane vom 8.10.1945, in: UAJ BB 1.

Zu Beginn des Wintersemesters waren die noch verbliebenen nominellen Mitglieder der NSDAP mit wenigen Ausnahmen aus dem Lehrkörper ausgeschieden; insgesamt waren dies 62.[100] In nachfolgenden Senatssitzungen ging es bereits die ersten Reaktivierungen von Professoren (z.B. Prof. Dr. v. Zahn; Prof. Dr. Sieverts), um die Verluste des Lehrkörpers auszugleichen. Die FSU rang sichtbar mit ihrer personellen Mindestausstattung, wollte dennoch keine falschen Kompromisse mit ehemaligen Nationalsozialisten eingehen.

## VI. Die Wiedereröffnung von Universität und Lehrbetrieb

Mit der Wahl Zuckers zum Rektor, Prof. Harms zum Prorektor und des inzwischen gewählten Präsidenten des Landes Thüringen Prof. Dr. Rudolf Paul zum Protektor der Universität auf der Sitzung des Großen Senats am 9. Oktober 1945 konnte das Ziel der Eröffnung des ersten Nachkriegssemesters *"auf Anordnung der Landesregierung"*[101] am 15. Oktober mit Ausnahme der Dissonanz um die Festschrift friedlich zwischen Staat, Militärregierung und Universität erreicht werden. An der Eröffnungssitzung nahm auch der Präsident des Landes Sachsen, Friedrichs, teil. Er sollte zum Ehrendoktor der Juristischen Fakultät und Landesdirektor Wolf zum Ehrendoktor der Philosophischen Fakultät ernannt werden.

Ganze 37 Professoren und außerordentliche Professoren hatten zur Eröffnung die Entnazifizierung überstanden und waren von Landesdirektor Wolf als Mitglieder des Großen Senats bestätigt worden. Andere, zweifelhafte oder noch unbestätigte Fälle erhielten zunächst nur eine beratende Stimme zugebilligt.

---

100   Liste der aus dem Lehrkörper der Friedrich-Schiller-Universität Jena ausgeschiedenen Mitglieder. Theol.F.: Prof. Dr. Wolf Meyer-Erlach, Praktische Theologie, Pg. vor 1.4.33, aktiv eingesetzt; Prof. Dr. Walter Grundmann, Neutestamentl. Theologie, Pg. vor 1.4.33; RuStW F.: Prof. Dr. Max Hildebert Boehm, Prof. Volkstheorie und Grenzlandkunde, aktiv für NSDAP; Prof. Dr. Felix Boesler, Wi und Sozialwiss., aktiv für NSDAP eingesetzt; Prof. Dr. Falk Ruttke, Rasse und Recht, Pg. vor 1.4.33; Med.F.: 21 Personen, davon 6 Pgs vor dem 1.4.1933, 9 nach dem 1.4.1933, 6 haben sich *"aktiv für NSDAP eingesetzt"*, einer war SA-Obertruppführer, einer Sanitätsobersturmführer; Phil. F.: Prof. Dr. Johann v. Leers. Deutsche Geschichte, Bauerngeschichte, Pg. vor 1.4.1933; Prof. Dr. Bernhard Kummer, Altnordische Sprache und Kultur, germanische Religionsgeschichte, Pg. vor 1.4.1933; Doz. Dr. habil. Otto zur Nedden, Musikwissenschaft, Theaterwissenschaft, Pg. vor 1.4.1933; Math-N F.: Prof. Dr. Viktor Franz, Phylogenetische Zoologie, Pg. vor 1.4 1933; Prof. Dr. Richard Kolb, Wehrgeschichte, Wehrphilosophie, Pg. vor 1.4.1933; Prof. Dr. Gerhard Heberer, Allg. Biologie und Abstammungslehre, Pg. nach 1.4.1933, SS-Hauptsturmführer.In: UAJ BB 1.

101   Programm und Festschrift in: UAJ Nr. 23.

Nur Nichtparteigenossen konnten Dekane werden. Ihre Wahl wurde im Anschluß an die Senatssitzung durch die Fakultäten vorgenommen. Prof. Dr. Friedrich Zucker, nun gewählter Rektor, mahnte laut Protokoll in seinem Schlußwort: *"Er gab der Hoffnung Ausdruck, daß die Universität die schweren Zeiten bald überwinden möge zu einer besseren Zukunft für unser Vaterland"*.[102] Zucker versicherte am 10. Oktober 1945 nochmals schriftlich, *"Nach bestem Wissen stehe ich dafür, daß sie* [die übrig gebliebenen Professoren; M.H.] *im antifaschistischen Sinn lehren und forschen werden"*.[103]

Aus den Reden zur Eröffnung der Universität gehen trotz der Beschlagnahme der ersten Festschriftausgabe und radikaler Kürzung der Texte erste Widersprüche über die Konzeption der Universität in der Zukunft hervor, doch schienen diese angesichts der erreichten Autonomie selbst noch ohne Belang; ein Irrtum, wie sich in den nächsten Jahren herausstellte.

Von Entscheidungen in Karlshorst oder Berlin[104] war die Eröffnung unberührt geblieben, auch wenn die Frage des Beginns des Lehrbetriebs in Karlshorst getroffen wurde. Am 11. Okt. 1945 konnte Zucker Kolesnitschenko bei der Übersendung der Lebensläufe mitteilen, daß keiner der nun gewählten Rektoren und Dekane der NSDAP angehört hatte.[105] Daß bei der Eröffnung - obwohl die *"programmatische Durchführung der Eröffnungsfeier bei den Studenten lag"* - aus Protest kein Vertreter des Studentenausschusses mitwirkte[106],

---

[102] Dekan Lange erklärte, daß er in der Wahl eine Bestätigungswahl des bisher ministeriell eingesetzten stellv. Rektors sehe, um der Führung der Universität eine "demokratische Grundlage" zu geben. Keineswegs sei dadurch den verfassungsmäßigen Neuwahlen, die nach §§ 72, 48 Absatz 2 der Satzung im Januar zum April 1946 stattzufinden hätten, vorgegriffen worden. Ebd. Zucker folgte dieser Interpretation des Hausjuristen und wies in der Senatssitzung vom 9.1.1946 auf die Notwendigkeit zur Wahl hin, für die er die Genehmigung einholen wolle. Siehe: Niederschrift über die Sitzung des Senats, in: UAJ BB 36.

[103] In: UAJ BB 1.

[104] *"Herr Lange berichtet, daß die Berliner Deutschen Zentral- (vielmehr Zonen-) Verwaltungen nur noch koordinierende Bedeutung haben, der Landespräsident sei die höchste vorgesetzte Dienststelle"*, siehe: Niederschrift über die Senatssitzung vom 23.11.1945, in: UAJ BB 36. Dieses stimmt mit dem SMAD-Befehl Nr. 110 vom 22.10.1945 überein, der die Landesverwaltungen in ihre Funktionen einsetzte und ihnen die Verwaltung des Bildungswesens beließ.

[105] In: UAJ BB 1.

[106] Der Studentenausschuß erklärte am 18.10.1945, daß *"er in seiner Ehre verletzt"* sei, und trat zurück. Ihm schien die Feier als der Gipfel der Vernachlässigung der Arbeit des Studentenausschusses durch die *"für das Hochschulleben verantwortlichen Stellen"*. *"Der Studentenausschuß will keinen Glorienschein, er will aber die Existenzmöglichkeit haben, um richtig arbeiten zu können. Dazu gehört die aufrichtige Anerkennung der*

war nicht übersehen worden. In der Frage der aufmüpfigen Vertreter des Studentenrats hatte das Landesamt schlicht durch Entlassung des Studentenausschusses gehandelt. Die Mehrzeit seiner Vertreter konnten nach weiterer Entscheidung im Amt bleiben. Die Festschrift von 1958 unterdrückt diesen immerhin erstaunlichen Vorgang. Dem Studentenausschuß wurde vom Rektor und Senat ausdrücklich nur die kulturelle Arbeit zugestanden, während die politische *"nur im Rahmen des Jugendausschusses"* der Stadt möglich sei.[107] Eine Beteiligung der Sowjets an dieser Entscheidung ist nicht belegt. Die Entscheidung war zu diesem Zeitpunkt konventionell. Nirgendwo an deutschen Hochschulen war Studenten ein politisches Mandat zuerkannt worden.[108] Zu sehr erinnert man sich an die Aktivität der braunen Studenten.

Gegen die Eröffnungsfeier aber protestierten in Berlin, wiederum Deutsche, Paul Wandel und die Zentralverwaltung für Volksbildung, als Verstoß gegen einen Befehl. Rektor Zucker teilte auf einer Sitzung des Kleinen Senats in seiner Wohnung am 16. Oktober mit: *"Deutsche Einwände formeller Art gegen die geplante Eröffnungsfeier. Russen (Smirnow, Makarow) bezogen sich auf Befehl Shukows Nr. 50, führten gegen anfängliche Einwände Herrn [Professor] Lange bei Min[ister]. Solotuchin ein, dort zunächst ohne Erfolg wegen Mangels Voraussetzungen. Diese dann aber durch Herrn Smirnow und Makarow formuliert: zumeist Wiederholungen früherer Anforderungen. Makarow beanstandet Jenaer bisherige Eingaben, Materialien sollen Di[enstag] Vormittag eingereicht werden. Tatsächliche Genehmigung offenbar über den russischen Militärdienstweg erfolgt (Tschuikow direkt bei Shukow). Deutsche Vertreter, insbesondere Brugsch, ließen jede Unterstützung vermissen, gaben aber (Herr Dr. Naas) schließlich zu, daß der Lehrbetrieb in Jena mit der Weimarer Personalliste (ohne Schema 1933/36) beginnt mit späterer individueller Nachprüfung. Für gefährdete Juristen schlägt Herr Lange bestimmtes Vorgehen vor. Russen sprachen sich bestimmt gegen die augenblickliche Neuerrichtung der 6. Fakultät aus, so daß diesbezüglich Beschluß des Großen Senats vorläufig nicht*

---

*Leistung und die klare und eindeutige Stellungnahme aller derjenigen Stellen, denen der Studentenausschuß die Bilanz der Wiedereröffnungsfeierlichkeiten entscheidend beeinflußt hat."* In: UAJ BB 168.

107 Niederschrift der Senatssitzung vom 23.11.1945, in: AUJ: BB 36.

108 Der Studentenausschuß, Dr. Lindig, Geerdts, Gau und Hausstetter, *"fühlt sich in seiner Ehre verletzt und stellt mit sofortiger Wirkung seine Stellung zur Disposition"* nicht ohne seine Leistungen nochmals hervorzuheben. Erklärung des Studentenausschusses vom 18.10.1945 in: UAJ BB 168. Am 23.11.1945 teilt der Rektor im Senat die Auflösung des Studentenausschusses mit. *"Eine nichtamtliche, nur kulturelle Weiterarbeit unter Dr. Lindig und Hn. Haustetter mit je 2 Vertretern der 4 Parteien, doch ohne Hr. Geerdts, wird das Landesamt zulassen, während politische Arbeit nur im Rahmen des Jugendausschusses möglich ist."* UAJ BB 36.

*in Kraft. Koll[ege] Petersen berichtet dazu, Einverständnis seitens des Herrn Wandel mit hiesiger Richtung. Koll(ege) Lange begründet Notwendigkeit beschleunigter Beschaffung der neu geforderten Unterlagen über Weimar bis Do[nnerstag] nach Berlin. (Kurze Charakteristik, wissenschaftlich-politisch auf halbem Din-Format von Rektor, Prorektor und Dekanen)."*[109] In Leipzig war die Eröffnungsfeier verschoben worden. Die FSU kam noch einmal davon. Eine Aufklärung dieser Vorgänge kann nur aus den Akten der SMAD erwartet werden. Das Protokoll der Senatssitzung vom 23. November 1945 stellte fest: *"Hr. Lange berichtet, daß die Berliner deutschen Zentral (vielmehr Zonen-) Verwaltungen nur noch koordinierende Bedeutung haben, der Landespräsident die höchste vorgesetzte Dienststelle ist."*[110]

In Anerkennung dieser neuen Lage bat Rektor Zucker am 1. November 1945 Solotuchin um die Genehmigung zum Beginn der Vorlesungen.[111] In der Senatssitzung am folgenden Tag wurden erstmals Sorgen um den Bestand der Theologischen Fakultät geäußert und hierzu anläßlich der gewünschten Berufung von Prof. Dr. Noth[112] ein Brief an den Landespräsidenten Dr. Paul empfohlen.[113] Vorsorglich nannte der Kurator das »Germanische Museum« der FSU um in »Vorgeschichtliches Museum«.[114] Die Deutsche Zentralverwaltung für Volksbildung (DVV) teilte am 17. November die Einrichtung einer Kommission für die demokratische Erneuerung des Geschichtsunterrichts mit und erwartete Vorschläge. Am 26. Nov. 1945 bestätigte schließlich die SMA in Weimar die Aufnahme des Lehrbetriebs für 1500 Studenten. *"Frühere Mitglieder und Anwärter der Nazipartei und Führer des Verbandes der Hitlerjugend und ihrer Aktiven Mitarbeiter sowie sonstige profaschistische Elemente nicht in die Zahl der Studenten aufnehmen"*, hieß die Mahnung aus der SMATh. Es wurden 300 Gasthörer[115] zugelassen; die Förderung des sogenannten "Kochlöffelstudiums" für Frauen mit Abschlüssen aus der Mädchenbildung erfolgte nicht; die Zahl der landwirtschaftlichen Studenten sollte von

---

| | |
|---|---|
| 109 | UAJ BB 36. |
| 110 | Ebd. |
| 111 | Als Studentenzahlen werden genannt: für das WS 45/46: Theologie: 13 (12 m/1w), Rechts- und Wirtschaftswiss. F.: 112 (91 m / 21 w), Med. F: 252 (143 m/109 w), Phil. F: 223 (99 m/124 w), Erziehungswissenschaftliche Abteilung: 75 (36 m/39 w), Math.-N. F: 315 (206 m/109 w). Zus. 220 (587 m/403 w). Zucker bittet, über die verbleibende 110 Plätze im Wege des Härteausgleichs entscheiden zu dürfen. In: UAJ BB 1. |
| 112 | Dieser erhielt auch einen Ruf nach Bonn. Siehe Niederschrift über die Senatssitzung vom 30.11.1945, in: UAJ BB 36. |
| 113 | Niederschrift über die Senatssitzung vom 2.11.1945. in: UAJ BB 36. |
| 114 | UAJ BB 23. |
| 115 | Siehe: Niederschrift über die Senatssitzung vom 30.11.1945, in: UAJ BB 36. |

jetzt 59 vergrößert werden. Zucker konnte am 29. Nov. Kolesnitschenko übermitteln, daß auch Solotuchin den Beginn der Vorlesungen, die Erhöhung des Kontingents der Studenten wie die Grundsätze der Zulassung bestätigt hatte. Die Liste der zugelassenen Professoren betrug 49 Personen, darunter einige Mitglieder der NSDAP selbst von 1933, sonst nur ab 1937/38.[116] Es wurde jedoch keinem ehemaligen Parteigenossen Vorlesungen erlaubt, nur einige wenige unter ihnen wurden bestätigt. Entnazifiziert wurden auch die Lehrenden und Studierenden der Vorstudienschule unter Leitung Dekan Petersens.[117]

Am 3. Dezember 1945 begannen die Vorlesungen.

---

[116] Schreiben in: UAJ BB 1.

[117] UAJ BB 1. Zucker dankte dem Landespräsidenten am 28.11. für die Erhöhung des Kontingents. *"Professoren und Studenten haben sehnlich darauf gewartet, nach langen Vorbereitungen mit der wissenschaftlichen Arbeit zu beginnen."* In: UAJ BB 2.

*Dieter Voigt*

## ZUM WISSENSCHAFTLICHEN STANDARD VON DOKTORARBEITEN UND HABILITATIONSSCHRIFTEN IN DER DDR

Eine empirische Untersuchung der Jahre 1950 bis 1990.

## I. Einleitung

Die vorliegende Studie ist Teil einer 1979 begonnenen, für die DDR und die Bundesrepublik Deutschland repräsentativen vergleichenden Untersuchung der Lebensverläufe von Promovierten und Habilitierten (siehe u.a. Voigt et al. 1983, Voigt/Belitz-Demiriz 1987, Voigt/Belitz-Demiriz/Gries 1990). Um systembedingte Einflüsse zu erfassen, wurden 20.034 Biographien von Personen, deren Promotions- und Habilitationsverfahren in den Jahren 1950 bis 1982 abgeschlossen wurden, ausgewertet. In die Untersuchung aufgenommen wurden Geisteswissenschaft (D 5.941; DDR 3.528), Naturwissenschaft (D 5.107; DDR 2.295) sowie Medizin (D 3.264; DDR 1.899).

Gegenstand der fort laufenden Untersuchung sind die auf den Fachgebieten Gesellschaftswissenschaft (Marxismus-Leninismus etc.), Soziologie (eingeschlossen alle Zweigsoziologien), Germanistik und Literaturwissenschaft, Rechtswissenschaft, Sozialmedizin, Arbeitswissenschaft und Sportwissenschaft (ausgenommen Naturwissenschaft) in den Jahren von 1951 bis 1990 geschriebenen und zugänglichen Doktorarbeiten und Habilitationsschriften.

## II. Kriterien der Bewertung der Doktorarbeiten und Habilitationsschriften - Wissenschaft versus kommunistische Ideologie

*Wissenschaft* und *Ideologie* stehen zueinander wie Feuer und Wasser. Die Geschichte wissenschaftlichen Denkens und Tuns war von Anbeginn auch eine Geschichte der Konfrontation von Wissenschaft und Ideologie. Die Art der Auseinandersetzung folgt letztlich aus den jeweiligen Machtverhältnissen. Bis heute gilt das besonders für die Gesellschaftswissenschaften, deren Befreiung von *Ideologie* die wichtigste Voraussetzung für wissenschaftliches Denken und Arbeiten darstellt.

Reifegrad und Qualität von *Wissenschaft* messen sich am Stand ihrer systematischen Theorie, am erreichten Niveau der von ihr angewendeten und erarbeiteten Begriffe, Methoden und Hypothesen sowie an ihrer Bedeutung für die Praxis.

*Theorie* wird durch Denken und empirische Arbeit gewonnen. Sie verbindet systematisch erfaßte Tatsachen zu Regelmäßigkeiten, zu widerspruchsfreien Zusammenhängen von Ursachen und Folgen. Der Kern, das innere Gefüge jeder Wissenschaft besteht aus Theorie; im Moment ihrer Falsifikation (Widerlegung) wird sie ungültig. Theorie bedeutet wissenschaftlich fundierte Aussagen über wesentliche Zusammenhänge, die auch als Gesetze bezeichnet werden. Theorie entsteht aus Erfahrung (Empirie) und muß an der Wirklichkeit scheitern können.

Das ist das Wissenschaftsverständnis der Naturwissenschaft und des kritischen Rationalismus, dem wir verpflichtet sind und nach dem wir arbeiten!

Theorie ist der Versuch, Zusammenhänge über einen eindeutig definierten Realitätsausschnitt zu rekonstruieren. Dieser Versuch gelingt immer nur mit einer gewissen Wahrscheinlichkeit bzw. einem bestimmten Wahrheitsgehalt. Der Prozeß der Rekonstruktion der Wirklichkeit muß nach genau festgelegten Regeln mit Hilfe von der Wissenschaftlergemeinschaft anerkannten Methoden (auf dem jeweils gültigen Methodenstandard) erfolgen; er muß in jedem Punkt kontrolliert und nachvollziehbar sein. Eine Vorstufe der Theorie ist die Hypothese. Hypothesen sind - im Vergleich zu Theorie - empirisch weniger abgesicherte Annahmen; Fragen und Hypothesen sollten am Beginn der Forschung stehen. Wir können Hypothesen auch als mehr oder weniger empirisch gestützte Annahmen bzw. Vorurteile begreifen, die - an der Realität überprüft - verworfen, akzeptiert, verfeinert oder verändert werden können. Eine Hypothese muß immer empirisch fundiert und theoretisch begründet sein. Hypothesen sind Vorstufen der Theorie, erste Schritte zum Erkennen von Gesetzen.

Die Sprache der Wissenschaft basiert auf einem präzisen Begriffssystem. Begriffe sind eindeutig definierte sprachliche Einheiten, die sich auf die erfahrbare Realität beziehen; sie gründen auf Übereinkunft der Forscher. Eine Hypothese ist eine Annahme - in Begriffen formuliert -, die empirisch falsifizierbar und widerspruchsfrei sein muß. Das gilt nicht minder für Theorie; diese besteht aber aus mehreren Hypothesen bzw. Hypothesengeflechten und ist damit umfassender, gesicherter und aussagekräftiger; so läßt sich die Möglichkeit für mehr oder weniger begründete Prognosen ableiten.

Theorie und wissenschaftliche Hypothesen sind von Ideologie streng zu unterscheiden; in der Regel stehen sie in einem sich ausschließenden Gegensatz zu dieser. Hypothesen und Theorie dienen der wissenschaftlichen Annäherung an die Wirklichkeit; Ideologie dagegen ist ein Instrument zur Durchsetzung und Rechtfertigung von Machtansprüchen.

Unter Ideologie verstehen wir ein System von Anschauungen Kategorien und Begriffen (Dogma), das sich jeder empirischen Überprüfung und Kritik entzieht, dabei einen absoluten Anspruch auf die Wahrheit erhebt, und das der Durchsetzung und Legitimation von Machtansprüchen und Zielen bestimmter gesellschaftlicher Gruppen dient.

Ein treffendes Beispiel hierfür ist die kommunistische Ideologie. Der Marxismus-Leninismus war - in der Sprache der SED-Führer - immer die "einzig wahre und einzig wissenschaftliche Weltanschauung". Der Gegensatz zwischen Wissenschaft und Ideologie steigert sich zum Extrem, wenn *Macht* nicht demokratisch legitimiert und damit auch nicht konkurrierend verteilt ist, sondern das Monopol einer kleinen hochprivilegierten Führungsschicht darstellt. So schloß z.B. das *Machtmonopol* der Parteiführer der DDR zwangsläufig das Ideologiemonopol ein: die SED-Spitze und nicht die Überprüfung an der Wirklichkeit bestimmte, was wahr und was richtig, was wissenschaftlich und was eine Theorie zu sein hatte. So wurde beispielsweise aus der Berliner Mauer - die die Flucht der DDR-Bürger verhindern sollte - in der Sprachregelung der SED-Ideologen "ein antifaschistischer Schutzwall", der einer Invasion aus der "imperialistischen BRD" vorbeugen sollte.

Die Instrumentalisierung der Wissenschaft ist in undemokratischen Gesellschaften total. Außer Frage steht in internen wissenschaftlichen Berichten aus der DDR beispielsweise, daß Krippen-, Heim- und Kinderhotelkinder geistig und körperlich hinter Kindern zurückgeblieben sind, die in herkömmlichen Familienverhältnissen aufwachsen. Diese Befunde könnten genau so gut auch westlichen Ursprungs sein. In den von der SED erlaubten oder forcierten Publikationen über die Erziehung der Kinder und Jugendlichen außerhalb der Familie stand aber fast immer das Gegenteil. Das Machtmonopol gewann hier eine menschenverachtende Dimension; wissentlich wurden unwahre Aussagen verbreitet. Um die kommunistische Weltanschauung und die jeweils aktuelle Parteilinie durchzusetzen, wurde die marxistisch-leninistische Ideologie mit Wissenschaft bzw. Theorie gleichgesetzt.

Die *Empirie* - die Erfahrung der Wirklichkeit - diente in diesem Fall ausschließlich der Bestätigung der kommunistischen Ideologie (vgl. von Berg 1986); d.h. die Erfahrung der Realität, von den Marxisten als niedere Form des Wissens abgewertet, wurde nur dann herangezogen, wenn sie in das Konzept der Sicherung des Macht- und Ideologiemonopols paßte. Um die Empirie - die soziale Wirklichkeit - der Ideologie ("Theorien") anzupassen, wurden nicht selten Untersuchungen und Befunde (wie das Beispiel zeigt) manipuliert, selektiert und gefälscht. Oft kam es auch zur Anpassung der Methoden an die Ziele der Ideologen.

So wurden etwa bei Befragungen manchmal nur positive, d.h die Ideologie bejahende Antwortvorgaben zugelassen. Oder das Interview wurde gleich als benotetes Erziehungsmittel eingesetzt. Beispielsweise schreibt Hans Roede in seinem Buch "Befrager und Befragte" (Berlin Ost 1968), daß das soziologische Interview erzieherisch im Sinne des Sozialismus wirken müsse (ebd., S. 19 f.).

*"Im Gegensatz zur bürgerlichen Soziologie* [gehe, D.V.] *die marxistische soziologische Forschung davon aus, daß das Interview nicht nur einen bestimmten, gegenwärtigen Sachverhalt, das heißt eine Tatsache, Meinung oder/und Motive 'photographiert' sondern daß es die Menschen auf ein zukünftiges Verhalten orientiert"* (ebd.).

Wissenschaft braucht zu ihrer Entfaltung freiheitlicheVerhältnisse. Die Freiheit der Information und der schöpferischen Arbeit ist für die Intelligenzschicht dem Wesen ihrer Tätigkeit sowie ihrer sozialen Funktion nach unerläßlich" (Sacharow 1974, S. 70). Vorrangig gilt das für die Geistes- bzw. die Gesellschaftswissenschaften.

In Abgrenzung von kommunistischer Ideologie (falsches Bewußtsein) sei nunmehr definiert:

Wissenschaft produziert Wissen. Unter Wissen verstehen wir durch bestimmte Verfahren gewonnene und gesicherte Annahmen (Theorie). Wissenschaft und Wissen sind ein Produkt geistiger Zusammenarbeit von entsprechend gebildeten Menschen, die nach den anerkannten Prinzipien wissenschaftlicher Arbeit wirken. Wissenschaftler bilden eine Gemeinschaft (mit Institutionen) - die "scientific community" -, deren Existenzgrundlage ein allgemeiner Konsens hinsichtlich der Regeln wissenschaftlicher Arbeit, ihrer Qualität und der Einhaltung spezifischer Normen bildet. Unabhängig von den verschiedenen Gegenstandsbereichen und Methoden der einzelnen Disziplinen verstehen wir Wissenschaft immer als Versuch hochqualifizierter Spezialisten, mittels bestimmter Methoden, Techniken, Regeln und Begriffssysteme stets nachprüfbar nach genau festgelegten Prinzipien ausgewählte Inhalte zu untersuchen, um so über Teilbereiche der Wirklichkeit systematisch geordnete und empirisch gestützte Erkenntnisse zu gewinnen.

Duden Ost und Duden West weichen praktisch nicht in ihrem Verständnis von Wissenschaft ab. Im "Handwörterbuch der deutschen Gegenwartssprache in zwei Bänden" (Berlin Ost 1984) steht u. a. unter wissenschaftlich (S. 1347): *"(der Methodik) der Wissenschaft, den Prinzipien der Exaktheit, Nachprüfbarkeit und logischen Schlüssigkeit entsprechend".* Im Westen bestimmt der »DUDEN. Das große Wörterbuch der deutschen Sprache in sechs Bänden«

(Mannheim u.a. 1981) gleichermaßen: Wissenschaftlichkeit (S. 2893) bedeutet, *"den Prinzipien der Wissenschaft entsprechende Art"*.

Wenn wir also *Wissenschaft* in Doktorarbeiten und Habilitationsschriften der DDR suchen, so messen wir mit gleicher Elle. Wissenschaftlich, Wissenschaft und Wissen wurden in der DDR - unabhängig von der Art ihrer unterschiedlichen Verwendung als unmittelbare Produktivkraft und ihrer Schwerpunktsetzung (Vernachlässigung der Grundlagenforschung in der DDR) - kaum anders als im Westen definiert.

Welchen wissenschaftlichen Standard schrieb nun die SED offiziell den in der DDR angenommenen Doktorarbeiten und Habilitationsschriften zu?

In der für die DDR einheitlich (von Sonderregelungen abgesehen) gültigen A- und B-Promotionsordnung steht hierzu (Verordnung über die akademischen Grade vom 06. November 1968):

§ 5 (2)

*"Grundlage für die Verleihung des Doktors eines Wissenschaftszweiges sind Forschungsergebnisse, die beitragen, das wissenschaftliche Höchstniveau zu entwickeln."*

§ 6 (2)

*"Grundlage für die Verleihung des Doktors der Wissenschaften sind Forschungsergebnisse, die das Höchstniveau in der Wissenschaft bestimmen."*

Im Januar 1969 befahl die SED dann eine neue Promotions- und eine neue Habilitationsordnung zu erstellen; beide wurden 1988 überarbeitet, kamen aber in dieser Neufassung in der Praxis nicht mehr zum Tragen. »Anordnung zur Verleihung des akademischen Grades Doktor eines Wissenschaftszweiges - Promotionsordnung A - vom 21. Januar 1969«:

§ 4 (2)

*"Der Kandidat hat mit der Arbeit den Nachweis zu erbringen, daß er wissenschaftliche Aufgaben, die den Erfordernissen der Entwicklung von Gesellschaft und Wissenschaft entsprechen, erfolgreich bearbeitet und mit hohem theoretischen Niveau gelöst hat sowie Wege für die praktische Anwendung der Ergebnisse bzw. ihre weitere wissenschaftliche Bearbeitung weisen kann. Die mit der Arbeit vorgelegten Forschungsergebnisse müssen dem neuesten Stand des Wissenschaftsgebietes entsprechen und die entscheidende in- und ausländische Literatur berücksichtigen"* (Hervorhebung D.V.).

»Anordnung zur Verleihung des akademischen Grades Doktor der Wissenschaften - Promotionsordnung B - vom 21. Januar 1969«:

§ 4 (2)

"Grundlage für die Verleihung sind Forschungsergebnisse, die dem Höchstniveau in der Wissenschaft entsprechen und die erkennen lassen, daß zur Mitbestimmung des internationalen Entwicklungsstandes von Wissenschaft und Technik die wissenschaftlichen Aufgaben mit hohem theoretischen Niveau gelöst wurden. *Die theoretischen und praktischen Möglichkeiten für die Anwendung der Forschungsergebnisse sind konzeptionell nachzuweisen*" (Hervorhebung durch D.V.).

Die SED formuliert hier höchste Ansprüche (schließlich wollte sie Prestige gewinnen); die Wirklichkeit war davon weit entfernt. In der Regel benutzten die von uns untersuchten Doktoranden und Habilitanden kaum themenrelevante westliche Literatur. Das hatte verschiedene Gründe: neben die einfache Nichtzugänglichkeit von Publikationen aus nichtsozialistischen Ländern traten Selbstzensor und Abschottung. Daher waren viele Doktoranden erkennbar nicht über den internationalen Forschungsstand ihres Fachgebietes informiert.

Wissenschaft braucht zu ihrer Entfaltung freiheitliche Verhältnisse. Vorrangig gilt das für die Geistes- bzw. die Gesellschaftswissenschaften. Ideologie unter dem Deckmantel von Wissenschaft ist nicht immer leicht zu erkennen. Unverzichtbare Kriterien von Wissenschaft sind für uns u.a.:

Nachvollziehbarkeit; Offenlegen der Methoden, aller Forschungsschritte und Quellen; anzustrebende Wertfreiheit (strenge Scheidung von Erfahrungswissen und Werturteil); ständig garantierte intersubjektive Überprüfbarkeit (Kontrolle durch andere Wissenschaftler); Kritikoffenheit; Berücksichtigung sämtlicher themenrelevanter Quellen (keinesfalls "unpassende" Literatur bzw. Textstellen unterdrücken bzw. weglassen); Anwendung der jeweils neuen und bewährten Forschungsmethoden; Methoden- und Meinungspluralismus; Theorieorientiertheit; Zusammenarbeit mit anderen Fachgebieten.

*Falsifikationsmöglichkeiten* und *intersubjektive Prüfbarkeit* (= Nachprüfbarkeit wissenschaftlicher Befunde und Methoden durch andere Personen unter den angegebenen Bedingungen) erstrecken sich gleichermaßen auf Ergebnisse empirischer Forschung wie auf die angewendeten Methoden.

Nach welchen Merkmalen trennten wir nun die Schriften in die beiden Kategorien "bestanden" versus "nicht bestanden"? Als "bestanden" klassifizierten wir Doktorarbeiten und Habilitationsschriften, die folgende Bedingungen erfüllten:

1. Die Schrift muß sich durch *neue wissenschaftliche Erkenntnisse* ausweisen, die zum Zeitpunkt der Abgabe auf ihrem engeren Gebiet *international wissenschaftlichen Höchststand* verkörpert; in keinem Fall darf sie unter dem allgemeinen Erkenntnisstand liegen. .

2. Die angewendeten Methoden, Techniken und Prüfverfahren müssen begründet sowie lückenlos und stets nachvollziehbar offengelegt sein und sollen wenigstens angenähert den jeweiligen Mindeststandards entsprechen. Bei empirischer Forschung müssen die vier *Hauptgütekriterien* der Messung - Validität (Gültigkeit), Reliabilität (Zuverlässigkeit, Verläßlichkeit), Objektivität (intersubjektive Prüfung) und Repräsentanz (Geltungsbereich) - nachgewiesen sein bzw. objektiv problematisiert werden.

3. Die gesamte *themenrelevante Literatur* - also nicht nur die der DDR! - muß wissenschaftlich angemessen verarbeitet werden. Willkürliche Auswahl und/oder "unterdrücken" mißliebiger Autoren/Textstellen bedeutet "durchgefallen".

4. Alle verwendeten Quellen müssen nachprüfbar offengelegt werden.

5. *Falsifikationsmöglichkeit* und *intersubjektive Prüfbarkeit* (= stets mögliche Nachprüfbarkeit der wissenschaftlichen Befunde und Methoden durch andere Personen unter den gegebenen Bedingungen) ist unabdingbar! Zwingend ist auch die strenge Scheidung von Erfahrungswissen und ideologischer Vorgabe.

6. Die Dissertation bzw. die Habilitationsschrift muß nach dem Ende DDR der "scientific community" und darüber hinaus jedem interessierten Bibliotheksbenutzer zugänglich sein (z. B. durch Fernleihe).

7. Es muß sich um eine selbständige Forschungsleistung handeln, die eindeutig der betreffenden Person zugeordnet werden kann.

Das von uns für solche Schriften als unverzichtbar angesehene Quantum von Wissenschaftlichkeit reicht in unserem Kriterienkatalog keineswegs über die Vorgaben der SED hinaus: Forschungsergebnisse, die "dem neuesten Stand des Wissenschaftsgebietes entsprechen und die entscheidende in- und ausländische Literatur berücksichtigen" (A) bzw. Forschungsleistungen, "die dem Höchstniveau in der Wissenschaft entsprechen" und dieses beeinflussen (B), müssen mehr oder weniger die von uns gesetzten Anforderungen erfüllen. Bleibt bereits eines von diesen sieben Kriterien absolut unerfüllt, so wurde der Doktortitel (A) oder die Venia legendi (B) zu Unrecht vergeben und muß u. E. aberkannt werden. Die betreffende Schrift fiel dann in die Kategorie "nicht bestanden". Wissenschaftliche Leistungen können dann nicht zum Doktorgrad bzw. zur Habilitation geführt haben.

## III. Untersuchungsgegenstand

Zunächst stellt sich die Frage nach dem Akademikerpotential in der DDR. Wieviele A- und B-Promotionen gab es in der DDR in welchen Fächern und zu welcher Zeit? Wie hoch ist der Anteil der geheimen, also von der DDR nicht ausgewiesenen Doktorarbeiten und Habilitationsschriften? Wieviele von den deklarierten Arbeiten hielt die SED vom internationalen Leihverkehr fern?

Genau können die Fragen selbst heute noch nicht beantwortet werden. Die SED hatte überall ihre Staatsgeheimnisse - Promotionen und Habilitationen bilden dabei ein besonderes Kapitel (Bleek/Mertens 1994 passim). Um die abgeschlossenen A- und B-Promotionen zu ermitteln, vergleichen wir deshalb verschiedene Quellen.

Tabelle 1 verdeutlicht die quantitative Entwicklung des wissenschaftlichen Personals an den Hochschulen der DDR. Daraus läßt sich auf die Zahl der Promotionen, Habilitationen und Absolventen schließen.

Tabelle 1: Bestand des Wissenschaftlichen Personals an den Universitäten und Hochschulen der DDR (ohne Ärzte und Zahnärzte in den medizinischen Bereichen)

| Jahr | Professoren | wiss. Mitarbeiter | insgesamt |
|---|---|---|---|
| 1951 | 1.395 | 1.879 | 3.274 |
| 1960 | 4.152 | 7.412 | 11.564 |
| 1970 | 4.621 | 16.598 | 21.219 |
| 1980 | 6.333 | 22.515 | 28.848 |
| 1985 | 7.180 | 23.151 | 30.331 |

Quelle: Günther et al. (1989, S. 198).

Offen bleibt, ob hier wirklich alle Institutionen dieser Art erfaßt sind: so z.B. die "Juristische Hochschule", die "Akademie für Gesellschaftswissenschaften", das "Institut für Internationale Politik und Wirtschaft", die "Militärakademie 'Friedrich Engels'", die "Hochschule des FDGB 'Fritz Heckert'". Es ist wahrscheinlich, daß zumindest einige dieser Schulen in den hier von Günther et al. (1989) herangezogenen Tabellen und Einzeldaten nicht enthalten sind. Günther et al. (1983/1989) - deren Schrift in der 3. Auflage erschien, und die wir mangels ergiebiger Daten mehrfach zitieren - sind über die Zahlen der A- und B-Promotionen recht gut informiert.

Indes: Die Autoren geben weder ihre Quellen an, noch sagen sie, ob und weshalb bestimmte Institutionen in ihrer Statistik fehlen. Im Gegenteil, mit ihrer Darstellung geben sie den Eindruck, als sei alles vollständig. Die Autoren verstoßen hier gegen ein Grundprinzip der Wissenschaft (Nachvollziehbarkeit). Wir sind deshalb bei unserem Ermittlungen gezwungen, verschiedene Wege zu gehen. Tabelle 2 zeigt die Zahl der Hochschulabsolventen in den einzelnen Fachgebieten in drei Zeitabschnitten.

Tabelle 2: Zahl der Hochschulabsolventen der DDR nach Wissenschaftszweigen (ohne Forschungsstudium)

| Fach | 1971-1975 | | 1976-1980 | | 1981-1985 | |
|---|---|---|---|---|---|---|
| | abs. | in % | abs. | in % | abs. | in % |
| Mathematik/ Naturwissenschaften | 13.779 | 8,8 | 9.071 | 6,6 | 6.776 | 5,5 |
| Techn. Wissensch. | 47.851 | 30,5 | 40.224 | 29,3 | 34.675 | 27,9 |
| Medizin | 8.781 | 5,6 | 8.048 | 5,8 | 10.378 | 8,3 |
| Agrarwissen. | 7.084 | 4,5 | 6.374 | 4,6 | 6.859 | 5.5 |
| Wirtschaftswiss. | 26.644 | 15,7 | 22.688 | 16,5 | 18.578 | 14,9 |
| Gesellschaftswiss. | 14.348 | 9,2 | 15.786 | 11,4 | 16.517 | 13,3 |
| Pädagogik/ Lehrer | 40.257 | 25,7 | 35.242 | 25,6 | 30.547 | 24,6 |
| Total | 156.744 | 100,0 | 137.433 | 100,0 | 124.327 | 100,0 |

Quelle: Günther et al. (1989, S. 189).

Ordnen wir die Absolventen der Jahre 1971 bis 1985 in zwei Gruppen, so entfallen auf die Naturwissenschaften 199.900 und auf die Gesellschaftswissenschaften 218.607 Personen; das sind 47,8 zu 52,2 %. Für den Zeitraum von 1951 bis 1985 errechnen sich 700.104 Hochschulabsolventen (Günther et al. 1989, S. 172/189); mehr als die Hälfte davon dürfte auf die Gesellschaftswissenschaften entfallen. Zunächst stellt sich die Frage, wieviele der Diplomanden in den verschiedenen Fachgebieten promovieren. Die Tabellen 3 und 4 geben darüber Einblick.

Tabelle 3: Anteil der abgeschlossenen Doktorprüfungen (Diss. A) an den Hochschulabschlüssen der DDR nach Wissenschaftsbereichen geordnet

| Wissenschaftsbereich | Diplomprüfungen 1967-1976 | | Doktorprüfungen A 1971-1980 |
|---|---|---|---|
| | abs. | | in % |
| Mathematik/Naturwissensch. | 22.135 | | 31,9 |
| Technische Wissenschaften | 76.006 | 130.896 | 9,2 |
| Medizin | 19.627 | (48,1 %) | 19,6 |
| Agrarwissenschaften | 13.128 | | 21,5 |
| Wirtschaftswissenschaften | 40.114 | 141.275 | 8,6 |
| Pädagogik | 77.452 | (51,9 %) | 4,2 |
| andere Gesellschaftswissensch. | 23.709 | | 18,0 |
| Total/Durchschnitt | 272.171 | | 11,6 |

Quelle: Errechnet nach Stat. Jb. der DDR (1977, S.342 f.);Günther et al. (1983, S. 188); Belitz-Demiriz/Voigt/Gries (1990, S. 222).

Die Prozentangaben (Tabelle 3) geben nur einen Annäherungswert, da wir die Zeit des Diplomabschlusses bei den Promovierten rekonstruieren mußten.

Bei einer durchschnittlich vierjährigen Dauer der Promotion wurden die Absolventenzahlen der Jahrgänge 1967 bis 1976 als Vergleichspopulation für die Promotionsjahrgänge 1971 bis 1980 herangezogen. Als zu niedrig erscheint die Angabe, daß lediglich 19,6 % der Mediziner in der DDR den Doktortitel erwarben, da die Promotion traditionell als der normale Studienabschluß für Mediziner gilt. Insgesamt promovierten (A) nach der vorliegenden Statistik 11,6 % der Studentenjahrgänge 1967 bis 1976.

Tabelle 4 zeigt, wie sich die A-Promovenden auf die Fachgebiete verteilen, und wie die Entwicklung über 15 Jahre hinweg verläuft. In dieser Zeit wurden 51.576 Dissertationen angenommen; im Durchschnitt sind das pro Jahr 3.438 A-Promotionen.

Tabelle 4: Erfolgreich abgeschlossene A-Promotionen
in der DDR aus ausgewählten Wissenschaftsgebieten

| Fachbereiche | 1971-1975 | | 1976-1980 | | 1981-1985 | |
|---|---|---|---|---|---|---|
| | abs. | in % | abs. | in % | abs. | in % |
| Promotionen A insgesamt darunter: | 15.988 | | 15.685 | | 19.903 | |
| Mathematik/Naturw. | 3.953 | 24,8 | 3.097 | 19,8 | 3.532 | 17,7 |
| Technische Wissensch. | 3.649 | 22,8 | 3.364 | 21,4 | 3.757 | 18,9 |
| Medizin | 1.059 | 6,6 | 2.785 | 17,8 | 5.505 | 27,7 |
| Agrarwissenschaften | 1.710 | 10,7 | 1.108 | 7,1 | 1.208 | 6,1 |
| Wirtschaftswissensch. | 1.984 | 12,4 | 1.450 | 9,2 | 1.417 | 7,1 |
| Pädagogik | 1.410 | 8,8 | 1.825 | 11,6 | 2.509 | 12,6 |
| übrige Gesellschaftswiss. | 2.223 | 13,9 | 2.056 | 13,1 | 1.975 | 9,9 |
| Jahresdurchschnitt | 3.197 | | 3.137 | | 3.980 | |

Quelle: Günther et al. (1989, S. 197); Jahresdurchschnitt errechnet.

Aufschlußreich ist ein Vergleich der Tabellen 2 und 4. Stellen wir die Gesamtsummen aus den Tabellen 2 und 4 gegenüber, so ergibt sich das folgende Bild (Tabelle 5).

Tabelle 5: Hochschulabsolventen und A-Promovenden
der DDR in den Jahren 1971 bis 1985

| Fächergruppe | Hochschulabsolventen | | Promovenden A | |
|---|---|---|---|---|
| | abs. | in % | abs. | in % |
| Naturwissenschaften | 199.900 | 47,8 | 34.727 | 67,3 |
| Gesellschaftswissenschaften | 218.607 | 52,2 | 16.849 | 32,7 |
| Total | 700.104 | 100,0 | 51.576 | 100,0 |

Quelle: Tabellen 2 und 4.

Ermittelten wir in Tabelle 3, bezogen auf die Hochschulabsolventen, einen Durchschnittswert von 11,6 % A-Promotionen (wir schätzen 12 %), so errechnen sich nach Tabelle 5 lediglich 7,4 %. Zu beachten sind allerdings die unterschiedlichen Jahre und die längere Promotionsdauer. Letztere Rechnung ist indes nur bedingt zulässig, da hier - im Gegensatz zur Tabelle 3 - Hochschulabsolventen und A-Promovenden nicht identisch sind.

Die Deutsche Bibliothek in Frankfurt/M. erhielt aus der DDR - wie Bleek (1984, S. 134 f.; Brief Pflug) herausfand - in den Jahren 1945 bis 1982 71.379 A- und B-Dissertationen (das sind im Jahresdurchschnitt 1.929); er geht davon aus, daß es sich hier um 70 % des Bestandes der Deutschen Bibliothek in Leipzig handelt. Rechnen wir die von uns unterstellten Geheimdissertationen (sie waren in Leipzig nicht erfaßt) und die 30 % von Leipzig nicht gelieferten Schriften hinzu, so ergeben sich für diese 37 Jahre etwa 107.000 Arbeiten, das sind im Jahresdurchschnitt 2.900 A- und B-Promotionen. Bleek (1984) unterschied nicht zwischen Dissertationen A und B; trotzdem können wir mit seinen Befunden unsere Daten stützen. Die Übereinstimmung (2.900) ist erstaunlich.

Folgen wir noch weiteren Quellen: Das "Jahresverzeichnis der deutschen Hochschulschriften" weist für die DDR von 1950 bis 1982 74.977 A-Promotionen aus; in der Bundesrepublik Deutschland wurden in den 32 Jahren

301.445 Doktorarbeiten angenommen. Daraus errechnet sich für die DDR ein Durchschnitt von 2.343 und für die Bundesrepublik von 9.420 angenommenen Dissertationen pro Jahr.

Nach Günther et al. (1989, S. 172/189) verzeichnete die DDR im Zeitraum von 1951 bis 1985 700.104 Hochschulabsolventen. Legen wir zu Grunde, daß etwa 12 % von ihnen promovierten, so errechnen sich für diese 35 Jahre 84.012 A-Promotionen - das entspricht einer Jahresquote von durchschnittlich 2.400 angenommenen Dissertationen.

Rechnen wir nun die von uns unterstellten 30 % Geheimarbeiten bei den Gesellschaftswissenschaften und die 10 % bei den Naturwissenschaften hinzu - siehe Tabelle 6 -, so kommen wir auf 101.654 Arbeiten, das sind im Durchschnitt pro Jahr 2.904 A- Promotionen. Damit dürften wir der Wirklichkeit schon recht nah sein.

Tabelle 6: A-Promotionen der DDR im Zeitraum von 1951 bis 1985

| Gruppe der Promovierten | bestandene Doktorprüfungen | |
|---|---|---|
| | abs. | in % |
| 12 % von 700.104 Hochschulabsolventen | 84.012 | 100,0 |
| darunter 55 % Gesellschaftswissenschaften hinzu kommen 30 % Geheimarbeiten aus den Gesellschaftswissenschaften | 46.207 } 60.069 13.862 (60.069) | 59,1 |
| darunter 45 % Naturwissenschaften hinzu kommen 10 % Geheimarbeiten aus den Naturwissenschaften | 37.805 } 41.585 3.780 (41.585) | 40,9 |
| Total | 101.654 | 100,0 |

Quelle: Errechnet und geschätzt u.a. auf der Grundlage von Günther et al. (1989, S. 172/189), Stat. Jb. der DDR, Belitz-Demiriz/Voigt/Gries (1990).

Wie verhält es sich nun mit den Habilitationen, den sogenannten B-Promotionen? Tabelle 7 spiegelt das Verhältnis von Promotionen zu Habilitationen über einen Zeitraum von 15 Jahren. Wegen noch schwächerer Leistungen dürfte der Anteil von Geheimschriften im Großbereich Gesellschaftswissenschaften bedeutend höher liegen als bei den A-Promotionen.

Tabelle 7: Erfolgreich abgeschlossene Promotions- und Habilitationsverfahren an Unversitäten und Hochschulen der DDR

| Jahr | Promotion A | | Promotion B | | Proportion B zu A |
|---|---|---|---|---|---|
| | abs. | w in % | abs. | w in % | |
| 1971 | 2.785 | 11,9 | 226 | 4,4 | 1 : 12,32 |
| 1975 | 3.496 | 21,0 | 324 | 5,6 | 1 : 10,79 |
| 1980 | 3.343 | 30,1 | 707 | 13,7 | 1 : 4,72 |
| 1981 | 3.301 | 31,6 | 648 | 13,3 | 1 : 5,09 |
| 1982 | 3.526 | 33,5 | 660 | 13,3 | 1 : 5,34 |
| 1983 | 4.081 | 33,4 | 735 | 10,3 | 1 : 5,55 |
| 1984 | 4.528 | 31,4 | 832 | 11,8 | 1 : 5,44 |
| 1985 | 4.467 | 32,8 | 852 | 13,2 | 1 : 5,24 |
| Total | 29.527 | 28,2 | 4.984 | 11,7 | 1 : 5,92 |

Quelle: Günther et al: (1989, S. 197); Proportion und total wurde von uns errechnet.

## IV. Ziel, Methode und Repräsentanz der Untersuchung

*Ziel* unserer Arbeit ist die Prüfung der wissenschaftlichen Qualität der genannten Schriften - ihre Einteilung in zwei Gruppen: "Bestanden nach dem übereinstimmenden Verständnis der scientific community" versus "wissenschaftliche Leistung nicht erkennbar".

Promotionen und Habilitationen setzen eine von der "scientific community" anerkannte und von ihr *kontrollierte* und *stets nachprüfbare* wissenschaftliche Leistung voraus; zumindest gilt dieser Anspruch für die westlichen Industriestaaten. In der DDR galten nominell dieselben Vorgaben wie im Westen; jedoch wurden diese in der Praxis anderen Kriterien untergeordnet: Wissenschaft war dort ein Werkzeug der SED-Führer zur Aufrechterhaltung ihres Machtmonopols. Wissenschaft erlaubte die SED nur dort, wo sie ihr Nutzen versprach (z.B. als unmittelbare Produktivkraft, als Instrument zur Beschaffung von Information, Gewinn und Prestige); nur dann durfte sie sich in einem bestimmten Rahmen entfalten (Bleek/Mertens 1994, S. 44 ff. und S. 54 ff.). Absolute Parteilichkeit für die SED war auch im Wissenschaftsbetrieb oberste Maxime, der die Objektivität je nach Lage weichen mußte.

Doktortitel, Habilitationen und Berufungen zum Professor benutzte die SED in erster Linie als Instrumente zur Steuerung der sozialen Mobilität (Auf- und Abstieg, Belohnungen, Besetzung der Führungsstellen mit zuverlässigen Genossen). Vor allem in den Rechts- und Gesellschaftswissenschaften wurde weniger Wissenschaft als vielmehr kommunistische Ideologie unter dem Deckmantel von "Wissenschaft" verbreitet - der Begriff Wissenschaft ist hier fehl am Platze.

Nachweisbar muß das sein an der entsprechenden "Qualität" der Arbeiten und an dem mehr oder weniger ausgeprägten Bemühen der SED, die Schriften der Kontrolle durch die wissenschaftliche Öffentlichkeit zu entziehen. Niederschlagen muß sich das auch in den Karriereverläufen und den weiteren Leistungen (z.B. Publikationen) der zu Unrecht Promovierten, Habilitierten und zu Professoren Berufenen.

In unserer Untersuchung wird deshalb geprüft, welche Dissertationen und Habilitationsschriften aus welchen Gründen nicht dem Mindeststandard von Wissenschaft entsprechen. Gemessen werden diese Arbeiten daran, was nach *internationalem Minimalkonsens* unter *Wissenschaft* zu verstehen ist. Es soll die Frage beantwortet werden: Bei welchen Promotionen, Habilitationen und Berufungen auf Professorenstellen war es *keine wissenschaftliche Leistung*, die zu solchen Karrieresprüngen führte?

Darüber hinaus verfolgen wir in bestimmten Fällen die Karriereverläufe und Leistungen von Titelträgern, bei denen sich über die wissenschaftliche Abstinenz hinaus noch andere Auffälligkeiten zeigen: so etwa nicht auffindbare Schriften, unkenntlich gemachte Autoren, spezifische Themen, Kollektivarbeiten, Gleichartigkeit von A- und B-Arbeiten.

Nachgegangen wird auch den Fragen:

- Wie entwickelte sich das Verhältnis von Wissenschaft und kommunistischer Ideologie im Zeitverlauf?

- An welchen Institutionen der DDR dominierte die marxistisch-leninistische Ideologie ganz besonders (z.B. an der "Juristischen Hochschule", dem "Institut für Marxismus-Leninismus beim ZK der SED", dem "Institut für Internationale Politik und Wirtschaft", der "Militärakademie Friedrich Engels"; an bestimmten Parteischulen, Akademien und Fakultäten)?

- Wie gestaltete sich das Verhältnis zwischen Wissenschaft und kommunistischer Ideologie in den verschiedenen Fachgebieten?

Um Mißverständnissen entgegenzuwirken, möchten wir allerdings mit Nachdruck darauf hinweisen, daß keinesfalls ein Pauschalurteil über *alle* A- und B-Promotionen in der DDR gefällt werden soll. Natürlich wurden auch an ostdeutschen Universitäten und Hochschulen fachlich ausgezeichnete Arbeiten geschrieben; allerdings hatten sich auch diese Dissertationen dem ideologisch vorgegebenen Rahmen einzufügen. Eine kritische Auseinandersetzung mit dem Marxismus und seinem Welt- und Wissenschaftsbild war z.B. etwa nicht möglich, auch nicht das Publizieren von Ergebnissen, die den ideologischen Vorgaben widersprachen. Ein Urteil in dieser Sache setzt immer eine genaue Prüfung des Einzelfalls voraus. Auch in der Bundesrepublik Deutschland gab und gibt es einen gewissen Prozentsatz von Hochschulschriften, die elementaren Wissenschaftsstandards nicht genügen. Allerdings werden die Dissertationen der westdeutschen Hochschulen nur in Ausnahmefällen geheimgehalten und stehen einem interessierten Publikum zu Lektüre und Kritik in ausreichender Anzahl zur Verfügung. Darüber hinaus ist zu bedenken, daß in der DDR keine Dissertation gegen den Willen der SED und ihrer Organisationen geschrieben werden konnte, sich hier also ein politischer Einfluß auf die wissenschaftliche Arbeit findet, der in demokratischen Gesellschaften keine Parallelen hat. Die SED bestimmte nicht nur, wer promovieren durfte, sie schrieb auch vor, welche Art von "Wissenschaft" zu praktizieren war und welches Thema wie bearbeitet werden durfte.

Zur *Methode* und der *Aussagekraft* der Untersuchung sei bemerkt: Alle erreichbaren in der DDR im Zeitraum von 1950 bis 1990 geschriebenen Doktorarbeiten und Habilitationsschriften aus bestimmten Fachgebieten und Institutionen werden von mehreren Wissenschaftlern an standardisierten Kriterien gemessen und in die Kategorien "Wissenschaft" - "keine Wissenschaft" eingeordnet. Die intersubjektive Überprüfung war mehrfach gegeben; im Zweifelsfall wurde die entsprechende Arbeit ausnahmslos der Klasse "Wissenschaft" zugeordnet. Außerdem wurde die verfügte Gesamtheit - Diss. A+B sowie sämtliche Publikationen - der Fächer Soziologie und Arbeitswissenschaft sowie ein Teil der anderen Gebiete (u.a. Pädagogik) hinsichtlich ihres Ideologiegehaltes analysiert und darüber publiziert (Belitz-Demiriz, Gries, Illner, Klussmann, Lutz, Meck, Mertens, Messing, Schwebig, Voigt seit 1971, Türschmann, Zimmermann).

Wie steht es um die *Repräsentanz* unserer laufenden Untersuchung?

Im Untersuchungszeitraum von 1950 bis 1990 - also in 41 Jahren - wurden in der DDR etwa 123.000 A- und 20.500 B-Dissertationen angenommen. Das ergibt eine Proportion von 1:6,1 (B zu A). Rund 60 % dieser Hochschulschriften entfallen dabei auf den von uns analysierten bzw. sich in Arbeit befindlichen gesellschaftswissenschaftlichen Bereich; das sind rund 73.800 A- und 12.000 B-Dissertationen. Von diesen Arbeiten wurden bisher von uns mehr als 50 % erfaßt. Zu 80 % analysiert wurden die Fachgebiete Soziologie (einschließlich der Zweigsoziologien); Marxismus-Leninismus/Gesellschaftswissenschaft, Politische Ökonomie etc.; Medizinsoziologie, Sozialmedizin, Arbeitswissenschaft und Jura. Das sind zusammen etwa 20.000 Schriften.

Totalerhebungen streben wir bei bestimmten Institutionen an - so bei der Juristischen Hochschule Potsdam und der Akademie für Gesellschaftswissenschaften beim ZK der SED in Ost-Berlin. Eine vollständige Erfassung planen wir auch bei den anderen gesellschaftswissenschaftlichen A- und B-Schriften; wenn das nicht möglich ist, treffen wir eine Auswahl nach dem Zufallsprinzip. Vorliegende Studie ist damit repräsentativ für die o.g. Fachgebiete. Verallgemeinerungen darüber hinaus bedürfen noch weiterer Prüfung.

Die *intersubjektive Prüfung* wurde und wird durch das Urteil dreier auf dem jeweiligen Fachgebiet ausgewiesener Wissenschaftler garantiert.

## V. Kommunistische Ideologie im Gewande von Wissenschaft - dargestellt an Beispielen aus unterschiedlichen Fachgebieten

Trotz ihrer doch sehr lückenhaften Bestandsaufnahme können wir aufgrund unserer angestrebten Totalerhebung Friedrichs et al. (1993) im folgenden zustimmen: *"Auffällig an den Arbeiten sind drei Punkte:*

*1. Fast alle Arbeiten müssen sich in ihren ersten Teilen auf Zitate sozialistischer Klassiker, häufig zusätzlich auch auf Parteitagsbeschlüsse stützen. Bis in die Mitte der 80er Jahre hinein kommt eine Abgrenzung gegen die 'bürgerliche' Soziologie in der BRD, seltener die in den USA hinzu. Diese Teile sind schlicht unlesbar, weil die Argumente nicht nachvollziehbar sind.*

2. *Die empirischen Arbeiten haben in der überwiegenden Zahl keine klar formulierten Hypothesen, selten klare Angaben zum methodischen Vorgehen, z.B. zu Ausfallquoten, zumeist eine einfache statistische Auswertung in Form bivariater Tabellen.*

3. *Als Folge der beiden genannten Punkte sind die Arbeiten nicht darauf gerichtet, wissenschaftliche Erkenntnisse zu erlangen und Sachverhalte zu erklären. Sie sind vielmehr sozialtechnologisch, weil Abweichungen der Wirklichkeit von parteipolitischen Zielen behandelt werden, um hieraus Aussagen für eine verbesserte politische Praxis zu gewinnen"* (ebd., S. VIII).

Wir fügen noch hinzu:

4. Die in den Dissertationen angegebene Literatur wurde beim weitaus größten Teil der Arbeiten nicht nach wissenschaftlichen Grundsätzen herangezogen; dies geschah vielmehr fast immer nach den Vorgaben der SED (wissenschaftliche Standards waren außer Kraft gesetzt). Es war zu beweisen, was die Parteiführer für wahr erklärten.

5. Bei zahlreichen empirischen Arbeiten ist die Grundgesamtheit der Untersuchung nicht angegeben; es wird nur mit Prozentzahlen gearbeitet, deren Bezugsgrößen nicht erkennbar sind.

Die SED sah im Wissenschaftler (vor allem auch im Soziologen) ihren Beauftragten und Parteiarbeiter; seine Aufgaben und die der wissenschaftlichen Forschung resultierten aus der strategischen Zielstellung der Parteitage. So heißt es etwa im Bericht zum ersten DDR-Soziologenkongreß:

*"Spitzenleistungen der soziologischen Forschung zeichnen sich dadurch aus, daß ihre Aussagen und Ergebnisse die ideologischen und politischen Hauptkräfte des Klassengegners treffen und durch überzeugende und sprachlich verständliche Darlegung dazu beitragen, die Initiative der Arbeiter und aller Werktätigen zur Lösung der Schwerpunktaufgaben des sozialistischen Aufbaus umfassend zu entfalten."*

Die Realisierung dieses Zieles erfordere, daß die Wissenschaftler immer

*"von den gesicherten Erkenntnissen des dialektischen und historischen Materialismus und der marxistisch-leninistischen politischen Ökonomie"* ausgingen, *"daß sie offen, parteilich, aktiv und bewußt am politisch-ideologischen Kampf der SED teilnehmen sowie ständig die Erfahrungen und Erkenntnisse der Sowjetsoziologie auswerten"* (ebd., S. 12; alle Quellen bei Voigt 1975 und 1986).

Bis zum Jahre 1989 änderte sich an diesen Zielsetzungen nichts Wesentliches (eine Promotionsordnungsänderung aus dem Jahre 1988 variierte nur Detailfragen und kam zudem - bedingt durch den politischen Umbruch - kaum noch zum Tragen; Bleek/Mertens, S. 36 f.); das Hauptziel der SED-Gesellschaftswissenschaft blieb immer die Entwicklung sozialistischen Bewußtseins. Schon seit dem Jahre 1960 versuchte die SED ihren Einfluß auf die Jugend mit den Mitteln der empirischen Soziologie und Sozialpsychologie auszuweiten. Der Leipziger Jugendforscher Walter Friedrich (1967, S. 174 ff.) sagte sehr offen, um was es dabei ging: Die von der Partei gewünschte Erziehung geschehe in Mikrogruppen. Dabei solle sich der Pädagoge "auf die Prestigeschüler der Gruppen orientieren". Sie gelte es schnell zu erkennen, um sie dann "besonders zu beeinflussen", zu ihnen "ein gutes persönliches Verhältnis" herzustellen und auf diese Weise sie für sich zu gewinnen und somit zu Propagandisten für "seine" Ideologie zu machen (ebd., S. 177). Prestige und Vertrauen bezeichnet Friedrich (ebd., S. 174) als die Voraussetzungen eines guten Erziehers ("Normvermittlers"); wörtlich erklärt er:

*"Vertrauensvolle Beziehungen schließen Sympathie ein und erhöhen die Identifizierungsbereitschaft. Gerade für das Schüler-Lehrer-Verhältnis gilt: Die Sympathie ist eine Brücke für die Ideologie! Jugendlichen neigen besonders dazu, die weltanschaulich-politischen Anschauungen der ihnen sympathischen Menschen zu übernehmen. Das sind vielfach unbewußt verlaufende 'Identifizierungsprozesse'"* (ebd.).

Friedrich bevorzugt offensichtlich subtile Mittel zur Beeinflussung; er nennt es "Gesinnungsbildung für Schüler". im Westen hieße das - vorsichtig ausgedrückt - Manipulation.

Ein typisches Beispiel für die Verschleierung einer mäßigen wissenschaftlichen Leistung ist die als „Nur für den Dienstgebrauch" klassifizierte Dissertation B von Horst Bein (1985). Wie dem Vorwort zu entnehmen ist, bestand die Arbeit *"in ihrem ersten Hauptteil aus zwei Broschüren und zwei Lehrbuchkapiteln, die der Doktorand in den Jahren 1966, 1968 und 1982"* (ebd. S. 1) bereits veröffentlicht hatte. Auch im zweiten Hauptteil der Dissertation waren keine neuen, unpublizierten Erkenntnisse enthalten. Denn die dort aufgeführten Anschauungsmaterialien und Ermittlungsverfahren waren bereits *"in den Jahren 1977, 1980, 1981 und 1982"* (ebd.) von dem Doktoranden publiziert worden. Angesichts des hohen Lebensalters (58 Jahre) handelte es sich offenkundig um eine Honorierung früherer Arbeitsleistungen. Ein Hinweis warum, ungeachtet dieses augenscheinlich nicht gegebenen Fortschritts für die Wissenschaft, trotzdem der akademische Grad des »Doktor scientiae iuris« verliehen wurde, enthält die zweite Seite des Vorwortes. Bein hatte an den vorbereitenden Arbeiten zu verschiedenen Gesetzen seit den frühen sechziger Jahren mitgewirkt: Das *"Hauptanliegen des Doktoranden war es dabei, die Forderungen der Partei der Arbeiterklasse ... realisieren zu helfen"* (ebd., S. 2).

Oder nehmen wir das Beispiel Schicht- und Nachtarbeit. Entgegen den Erkenntnissen aus eigenen Untersuchungen stellten die auf diesem Forschungsgebiet führenden Soziologen Behauptungen auf, die allein den Wünschen der SED-Führung entgegenkamen.

*"Die Schichtarbeit beeinflußt die Führung des Familienhaushaltes vorwiegend positiv ... Schichtarbeiter lesen mehr schöngeistige Literatur als Nicht-Schichtarbeiter ...*

*Die Auswirkungen der Schichtarbeit auf die Gestaltung der Freizeit sind insgesamt gesehen unerheblich"* (Jugel/Spangenberg/Stollberg 1978, S. 72).

*"Vorschläge für die Betreuung der Kinder:*

*Die Kinderbetreuung kann aber auch von Verwandten und Bekannten oder auch im Rahmen der Nachbarschaftshilfe einschließlich eventuell möglicher Patenschaften innerhalb des Arbeitskollektivs übernommen werden. Bieten sich keine familiären Lösungen für die Betreuung der Kinder während der zweiten und dritten Schicht an, so wäre zu prüfen, inwieweit vorhandene Wocheneinrichtungen am Wohnort für die Betreuung der Kinder besser genutzt werden können"* (Tietze/Hoffmann 1977, S. 301).

Nicht minder dienstbeflissen als ein Großteil der Soziologen - aber mit zum Teil weitaus folgenschwereren Konsequenzen - dienten bestimmte Kader aus dem medizinischen Bereich der SED. Auch diese Tatsache soll mit einigen Beispielen aus dem Bereich der Schicht- und Nachtarbeit belegt werden (alle Quellen bei Voigt "Schichtarbeit und Sozialsystem" 1986).

*"Das uneingeschränkte 'ja' zur Mehrschichtarbeit bildet sich bei den weiblichen Beschäftigten im Verlaufe eines Anpassungsprozesses von mehreren Jahren heraus"* (Karig 1981, S. 105).

*"Die Schichtarbeiter selbst - besonders die langjährigen - führen weitaus weniger Bedingungen als nachteilig an, da ihnen eine Anpassung an den Zeitrhythmus der Schichtarbeit überwiegend gelungen ist. Für sie wäre ganz im Gegenteil ein Übergang zur sogenannten Normalschicht ähnlich schwierig wie dem Tagarbeiter der Übergang zur Schichtarbeit, da ein völlig neuer Anpassungsprozeß notwendig werden würde"* (Rosenkranz 1975, S. 80 f.).

*"Im Gegensatz zu der verbreiteten Meinung, daß die Schicht- und Nachtarbeit ungesund sei, überrascht, wie wenig objektive medizinische Beweise dafür vorliegen"* (Quaas 1971, S. 56).

*"Da die Umkehrung der Periodik der physiologischen Funktionen nicht mit der Schichtarbeit vollzogen wird, bezeichnet man die Nachtarbeit in der kapitalistischen Literatur als 'un'menschliche Arbeitsform und einen erzwungenen Kompromiß zwischen ökonomischem Zwang und zivilisatorischen Lebens-*

*bedingungen. Nur im Sozialismus wird es möglich sein, durch die Gestaltung eines komplexen Schichtsystems solche Bedingungen zu schaffen, daß keine negativen Rückwirkungen der Nachtarbeit auftreten"* (Lukas 1971, S. 17).

*"Von chronobiologischen Untersuchungen läßt sich ableiten, daß der Wechsel von einer zur anderen Schicht in regelmäßiger Zeitfolge nach einer individuell unterschiedlichen Umstellungsphase bei gesunden Menschen zur Anpassung an einen solchen Zeitrhythmus führt.... Der biologische Komplex läßt sich also durch bewußte Handlungen beeinflussen und somit auch beherrschen"* (Hecht 1977, S. 303).

*"Die Zurückdrängung unbegründeter Vorbehalte gegen die Schichtarbeit aus gesundheitlichen Motiven ist eine wichtige Aufgabe und das Schichtarbeiterproblem somit primär ein ideologisches Problem.... Jene Arbeiter, welche die Schichtarbeit ablehnten und sie als Streß betrachteten, wiesen häufiger nervöse Störungen auf als solche, die die Mehrschichtarbeit als eine normale Angelegenheit ansahen. Auf einen Nenner gebracht: Aversion gegen und Angst vor der Schichtarbeit können die Gesundheit der Schichtarbeiter in bestimmter Weise beeinflussen. Folglich ist die erste Grundvoraussetzung, bei den Werktätigen positive Einstellungen und Überzeugungen für die Schichtarbeit herauszuarbeiten"* (Hecht 1977, S. 303).

*"Den noch immer verbreiteten Auffassungen, daß Schichtarbeit einen nachhaltigen Einfluß auf Gesundheit und Leistungsvermögen habe, können wir in Übereinstimmung mit Ergebnissen vieler anderer Untersucher nach unseren derzeitigen Ergebnissen nicht das Wort reden"* (Seibt et al. 1979, S. 759).

*"Der gesellschaftliche Fortschritt gegenüber der unter kapitalistischen Verhältnissen praktizierten Schichtarbeit besteht nicht nur darin, daß bei der Einführung der Mehrschichtarbeit großer Wert darauf gelegt wird, daß die Werktätigen den ökonomischen Nutzen und die gesellschaftliche Notwendigkeit der von ihnen geleisteten Schichtarbeit erkennen und positiv bewerten, sondern auch darin, daß die Schichtarbeiter auf die Gestaltung der Arbeits- und Lebensbedingungen wirksam Einfluß nehmen können"* (Dunskus et al. 1978, S. 128).

*"In der Literatur der kapitalistischen Länder finden sich Hinweise, daß sich der Gesundheitszustand von Schichtarbeitern mit zunehmender Anzahl der Arbeitsjahre und zunehmendem Lebensalter verschlechtere.... Doch geben fortschrittliche Arbeitsmediziner dieser Länder selbst zu, daß solche Erscheinungen im wesentlichen auf die völlig unzureichende Gesundheitsfürsorge gegenüber diesen Arbeitern zurückzuführen sind. In unserem sozialistischen Land wirken staatliche und gesellschaftliche Leitungsgremien in den Kombinaten und Betrieben gemeinsam mit den verantwortlichen Kadern in den Einrichtungen des Betriebsgesundheitswesens und in den zuständigen Territorialorga-*

*nen dafür, daß Werktätige, die Mehr-Schicht-Arbeit leisten, dies unter niveauvollen Arbeits- und Lebensbedingungen tun. Auf diese Weise ist Mehr-Schicht-Arbeit ohne gesundheitliches Risiko für die Werktätigen, wirkt sich unter sozialistischen Produktionsverhältnissen nicht negativ hinsichtlich der Erkrankungshäufigkeit, nicht krankenstandserhöhend aus"* (Wullrich 1982, S. 170).

*"'Von manchem wird durchgängige Schichtarbeit mies gemacht. Von wegen Nachtschlaf wäre der gesündeste, und Mittwoch frei ist eben nicht Sonntag. Meistens sind das die, die es noch nie probiert haben und deshalb auch manchen Vorteil eines freien Tages in der Woche oder der Freizeit tagsüber nicht kennen. Ich habe früher im Zementwerk Rüdersdorf gearbeitet. Da war Rollende Woche normal'"* (zit. bei Resch 1983, S. 265).

*"Schichtarbeiter weisen keinen schlechteren Gesundheitszustand als vergleichbare Tagarbeiter sowie keine kürzere Lebenserwartung auf. Ein gelegentlich diskutiertes gehäuftes Auftreten von Herz-Kreislauf-Krankheiten und nervlichen Störungen ist unwahrscheinlich und konnte nicht nachgewiesen werden. Häufig beklagte Störungen des Wohlbefindens bei Schichtarbeitern betreffen den Magen-Darm-Trakt, wobei gehäufte Erkrankungen vor allem dann nicht nachgewiesen werden konnten, wenn die Schichtarbeiter langjährig und regelmäßig betriebsärztlich betreut wurden"* (Seibt 1983, S. 262 f.).

Wiederum wird die Wahrheit wissentlich verschleiert, verfälscht und umgekehrt. Quaas, Seibt und Hecht nahmen in der DDR hohe medizinische Stellungen ein, verantwortungsvolle Ämter und Positionen; so war Quaas der führende Arbeitsphysiologe seines Landes.

Die SED-Mediziner schreckten nicht davor zurück, Nachtarbeit als der Gesundheit dienlich hinzustellen. So faßten Seibt/Hilpmann/Friedrichsen (1983, S. 206) das Ergebnis ihrer Untersuchung "Zur auralen Wirkung des hörschädigenden Lärms bei Schichtarbeit" wie folgt zusammen:

*"Tagarbeiter zeigten im Vergleich zu Werktätigen mit Nachtarbeit Befundhäufungen im Bereich mittlerer und schwerer Befunde der Lärmschädigung. Die geringsten 'mittleren prozentualen Hörverluste' liegen bei Werktätigen im Dreischichtsystem vor. Diese Ergebnisse weisen entgegen der Ausgangshypothese auf eine geringere Schadwirkung des nachts auf das Hörorgan einwirkenden arbeitsbedingten Lärms hin."*

Das Ergebnis konnte nicht anders ausfallen. Nachts ist der Lärm nun einmal weniger stark als am Tage; aber auf der Grundlage solcher nicht hinreichend erklärter Befunde entsteht der Eindruck, Nachtarbeit sei nicht nur unschädlich, sondern sogar der Gesundheit dienlich. Auch der Befund, daß die Unfallhäufigkeit im Nachtdienst geringer sei als bei Tagarbeit, läßt nicht den Schluß zu, Arbeit bei Nacht sei gesundheitsfreundlich. Die SED-Mediziner führten solche

Ergebnisse einfach kommentarlos auf und weckten so den Eindruck einer gesundheitsfördernden Wirkung von Nachtarbeit. In Wirklichkeit ist das Gegenteil der Fall.

Schwebig (1985, S. 194) faßte als Hauptaspekte seiner treffenden Studie über den "betrieblichen Gesundheits- und Arbeitsschutz in der DDR - Anspruch und Wirklichkeit" zusammen:

*"Der Gesundheits- und Arbeitsschutz ist in der DDR ein Instrument der Parteiführung, das erstrangig dem Erhalt des Machtmonopols der SED-Spitze und in zweiter Linie der Steigerung der Produktion dient. Die Erhaltung der Gesundheit und der Schutz vor Arbeitsgefährdungen sind immer den beiden vorgenannten Zielen untergeordnet."*

Was Schwebig hier als Quintessenz seiner sorgfältigen Untersuchung schreibt, gilt auch für andere Bereiche der DDR-Medizin, auch dann, wenn sie nicht offensichtlich ein Instrument der DDR-Führer war. Zahlreiche Mediziner ertrugen diese ideologische Indienstnahme nur schwer; die Tatsache, daß sie häufiger ihrem Gewissen als den Parteivorgaben folgten, mag mit ein Grund dafür sein, daß in dieser Berufsgruppe die Zahl der Flüchtlinge aus der DDR am höchsten lag.

Völlig unerforscht blieb bisher die Rolle der Medizin im Ministerium für Staatssicherheit (MfS). Doch läßt sich bereits zum gegenwärtigen Zeitpunkt sagen, daß auch Mediziner hauptamtlich dem MfS dienten und ihre Forschungen auf die Wünsche und Bedürfnisse dieses Ministeriums ausrichteten. So wurde etwa im Jahre 1977 eine Kollektivdissertation von fünf Promovenden mit dem Thema »Die Aufgaben der medizinischen Dienste in den Organen des Ministeriums für Staatssicherheit zur Gewährleistung der medizinischen Sicherstellung im Verteidigungszustand unter besonderer Berücksichtigung der Bedingungen eines Raketenkernwaffenkrieges« geschrieben und mit "magna cum laude" benotet. Zwei der Promovenden, darunter der Obermedizinalrat und Medizinprofessor Kempe erhielten den Titel Dr. sc. jur. (Habilitation = Promotion B) zugesprochen, die übrigen drei erwarben den Dr. jur. (für eine militärmedizinische Arbeit).

Ein weiteres Beispiel: Im Jahre 1991 versuchte das MfS - von langer Hand vorbereitet - die Bundesbürger Wolfgang Welsch, seine Frau und seine Tochter während eines Urlaubs in Israel mit Thallium zu vergiften. Welsch hatte mehrfach Fluchthilfe geleistet. Der Attentäter - IMF.(Inoffizieller Mitarbeiter mit Feindberührung) Peter Haack (inzwischen inhaftiert) - wurde von dem MfS-Generalmajor Heinz Fiedler als Supervisor angeleitet. Fiedler promovierte an der Juristischen Hochschule Potsdam-Eiche im Jahre 1975 mit dem Thema »Organisierung der Vorbeugung, Aufklärung und Verhinderung des ungesetzlichen Verlassens der DDR und der Bekämpfung des staatsfeindlichen Menschenhandels« (Kollektivdissertation: sechs Dr. jur mit summa sowie zwei Dr. sc. jur.). Auch an diesem Mordversuch dürften Mediziner beteiligt gewesen sein. Fiedler nahm sich im Dezember 1993 in der Untersuchungshaft das Leben.

Verhängnisvoll war auch die aktive Rolle der Medizin bei der Wismut-AG (Uranbergbau) und beim Zwangsdoping im Kinder- und Jugendsport. Tausende von Menschen dürften beim Uranabbau für die Sowjetunion und durch die unsachgemäße Aufbereitung und Lagerung verstrahlt und daran qualvoll zugrunde gegangen sein. Die Rolle der Medizin bei der Wismut-AG und beim Doping ist ein trauriges Kapitel deutscher Medizingeschichte - wohl erst nach größerem Abstand wird es sich schreiben lassen.

Das Machtmonopol der kommunistischen Führer schließt immer auch das Ideologiemonopol ein; die marxistisch-leninistische Weltanschauung wird zum "objektiven Gesetz" erhoben, es ist unantastbar und unfehlbar. Die Parteiideologie wird durch Wissenschaft legitimiert, hat aber mit Wissenschaft nichts zu tun. Sehen wir abschließend, wie mehrere Wissenschaftsdisziplinen (Medizin, Psychologie, Soziologie, Psychologie, Ökonomie) bei dem gleichen Forschungsgegenstand - wiederum am leicht objektivierbaren Beispiel der Schichtarbeit - zu geradezu konträren Ergebnissen gelangen.

**Synopse:** Darstellung und Bewertung der Nacht- und Schichtarbeit in den Publikationen der beiden Deutschland (Quelle: Voigt "Schichtarbeit und Sozialsystem", Bochum 1986, S. 206 f.)

*Bundesrepublik Deutschland*

1. Schichtarbeit ist das Gegenteil von Normalarbeitszeit, sie bedeutet einen schwerwiegenden Eingriff in den persönlichen Freiraum der Betroffenen.

2. Die Forschung über Nacht- und Schichtarbeit ist unabhängig, steht auf einem hohen wissenschaftlichen Niveau und ist auf die Humanisierung der Arbeit gerichtet. Ihre Ergebnisse sind der Öffentlichkeit voll zugänglich und unterliegen keiner Selektion. In der arbeitsphysiologischen (z. B. Rhythmusphysiologie) und arbeitsmedizinischen Grundlagen- und angewandten Forschung leistet. die Bundesrepublik Deutschland wichtige Beiträge zum internationalen Erkenntnisfortschritt. Schlaf, Freizeit, Leistungsfähigkeit sowie körperliches und soziales Befinden hängen entscheidend von der Organisation der Arbeitszeit ab. Arbeit, zeitverschoben zur Circadianperiodik, birgt vielfältige Risiken. Die Leistungsbereitschaft des Menschen hängt von der Circadianrhythmik ab.

*DDR*

1. Schichtarbeit ist ein Normalzustand und soll sich zu einer selbstverständlichen Massenerscheinung entwickeln. Im Sozialismus hat der Schichtdienst keine negativen Auswirkungen auf die Betroffenen.

2. Es ist zwischen unveröffentlichten bzw. internen und publizierten Schriften zu unterscheiden.

2.1 Die Forschung über Schichtarbeit beschränkt sich auf unveröffentlichte Doktorarbeiten sowie auf vertrauliche Berichte; ihre Befunde stimmen weitgehend mit dem westlichen Erkenntnisstand überein.

2.2 Die Publikationen sind fast ausschließlich dem Ziel der SED untergeordnet, Schichtarbeit als eine "normale Massenerscheinung" durchzusetzen. Der westliche Erkenntnisstand und die Befunde aus den eigenen Geheimuntersuchungen über die gesundheitlichen und sozialen Risiken, die sich aus Nacht- und Schichtarbeit ergeben, werden in der Regel verschwiegen, verdreht, einseitig ausgewählt, aus dem Zusammenhang herausgelöst und falsch interpretiert.

3. Arbeit zu unnormaler Zeit ist ein Risikofaktor für die Gesundheit und das soziale Leben. Das Zusammenwirken gesundheitlicher und sozialer Risikofaktoren führt zu einer besonders hohen Beanspruchung und einer erheblichen Schadensgefahr. Der biologische Rhythmus des Menschen (Circadianperiodik) läßt sich ohne Verschiebung der Zeitgeber nicht umstellen.

4. Schichtarbeit stört das Familienleben und den Sozialisationsprozeß, verkürzt die soziale Perspektive, birgt die Gefahr sozialer Isolierung und des Abbaus der Persönlichkeit: läßt die individuelle Rollenstruktur verkümmern, reduziert die Qualität der Freizeit, vermindert die Außenkontakte sowie die Bildungsmöglichkeiten und senkt die Chancen des sozialen Lebens (u.a. Neuloh 1964).

5. Schichtdienstleistende unterliegen einer höheren Arbeits- und Umweltbelastung und sind in der Wahrnehmung ihrer Interessen beeinträchtigt.

6. Arbeit zu konstant ungewöhnlicher oder wechselnder Zeit senkt und sichert die Lebensqualität zugleich und verursacht damit Zielkonflikte. Fehlender Schlaf und entgangene bzw. gestörte soziale Kontakte sind durch Geld nicht aufzuwiegen.

3. Schicht- und Nachtarbeit ist im Gegensatz zur kapitalistischen Gesellschaft unter sozialistischen Produktionsverhältnissen kein Risikofaktor für die Gesundheit und das soziale Leben des Betroffenen. Mehrschichtarbeit ist primär ein "ideologisches Problem", der "biologische Komplex" läßt sich beherrschen (u.a. Hecht 1977).

4. Schichtarbeit erhöht die Freizeit und das Einkommen, bindet die Werktätigen fester an ihre Arbeitskollektive, entwickelt die kommunistische Arbeitsdisziplin, steigert den Einfluß der Partei auf die Erziehung der Kinder und Jugendlichen, fördert "fortschrittliche" Familienbeziehungen (u.a. Gleichberechtigung der Frau und Selbständigkeit der Kinder) und sozialistische Erziehungsprozesse; führt zur bevorzugten Zuteilung von Wohnungen, Ferien- und Erholungsplätzen, von Mangelwaren sowie regelmäßiger medizinischer Betreuung.

5. Schichtdienstleistende sind keiner höheren Arbeits- und Umweltbelastung ausgesetzt. Ihnen werden als "Avantgarde der Produktion" (Rauch 1971) besondere Vergünstigungen gewährt.

6. Die unter "kapitalistischen" Produktionsverhältnissen beobachteten negativen Auswirkungen von Nacht- und Schichtarbeit treffen für die "sozialistische" Gesellschaft nicht zu bzw. sind dort durch Vergünstigungen voll kompensierbar.

| | |
|---|---|
| 7. Die Schichtarbeiterbevölkerung bildet immer eine Auslese. Bei Untersuchungen über die gesundheitlichen Auswirkungen von Nacht- und Schichtarbeit sind die "Aussteiger" mit einzubeziehen. | 7. Die Tatsache, daß es sich bei den Nacht- und Schichtdienstleistenden um eine Auslese handelt - Kranke, Anfällige und Undisponierte scheiden ständig aus diesem Arbeitszeitregime aus - und deshalb der Gesundheitszustand dieser Auswahl entsprechender Interpretation bedarf, wird in der Regel verschwiegen. Die aus Nacht- und Schichtdienst Ausgeschiedenen bleiben in den Untersuchungen unberücksichtigt. |
| 8. Nachtarbeit bleibt "immer ein pathologischer Vorgang ... etwas Unmenschliches, ein erzwungener Kompromiß an zivilisatorischen Lebensbedingungen" - sie sollte "nur in dringenden Notfällen zugelassen sein" (Rutenfranz 1967). | 8. Mehrschichtarbeit ist ein im Sozialismus bei möglichst vielen Werktätigen durchzusetzender Normalzustand; sie ist die Voraussetzung für den Aufbau der kommunistischen Gesellschaftsordnung. |
| 9. Die Arbeitszeit muß sich zukünftig am biologischen Rhythmus des Menschen orientieren. Technik und Maschinen haben sich nach den Menschen zu richten und nicht umgekehrt. | 9. Im Mittelpunkt aller Überlegungen und Bemühungen der SED steht die Anpassung des Menschen an die Schicht- und Nachtarbeit an technologische "Zwänge", an die Maschinen und Anlagen (u.a. QUAAS 1971). |
| 10. Arbeiterinnen dürfen nicht in der Zeit von 20 bis 06 Uhr beschäftigt werden. Nacht-, Schicht- und Sonntagsarbeit sollte auf das unerläßliche Minimum eingeschränkt werden. | 10. Schichtarbeit ist die Arbeitsform der Zukunft; sie wird ständig zunehmen und ist für den Aufbau des Sozialismus eine "zwingende Notwendigkeit". |

Die "Einsicht in die Notwendigkeit" der Nacht- und Schichtarbeit - sie ist auch Gradmesser des sozialistischen Bewußtseins gilt es bereits in der Lehrzeit zu wecken und regelmäßig zu trainieren (u.a. Piksa/Sasse 1977, Tietze/Hoffmann 1985). "Mehrschichtarbeit ist erkannte Notwendigkeit" (Friedrich 1976).

Um die Inhalte und vor allem das ideologische Gedankengut, die in A- und B-Dissertationen der DDR "transportiert" wurden, durchschaubar zu machen, werden im folgenden Promotionsarbeiten aus unterschiedlichen Fachgebieten zitiert und vorgestellt. Besonders sei darauf hingewiesen, daß es sich bei den erwähnten Arbeiten nicht um eine Negativauswahl handelt, sondern um den allgegenwärtigen Durchschnitt. Auch die Zitate sind keinesfalls dem obligatorischen "Lob-des-Sozialismus-Kapitel" der jeweiligen Dissertationen entnommen, sondern durchziehen stets die gesamte Arbeit. Obwohl einige Doktoranden durchaus im bescheidenem Rahmen wissenschaftliche Methoden der Datenerhebung etc. angewendet haben, entsprechen die Arbeiten nicht wissenschaftlichen Ansprüchen im gemeinten Sinne.

Oberstleutnant Walter Seidler/Hauptmann Edmund Schmidt: »Die Rolle der Übereinstimmung zwischen gesellschaftlichen Interessen und den Interessen der Individuen als Triebkraft der Tätigkeit inoffizieller Mitarbeiter des MfS. Die Notwendigkeit der systematischen Entwicklung dieser Triebkraft in der inoffiziellen Zusammenarbeit und die Aufgaben der Mitarbeiter des MfS, diese Triebkraft im Kampf gegen die Feinde des Sozialismus zur vollen Wirkung zu bringen.« (Jur. Diss. 1968, Juristische Hochschule Potsdam-Eiche, 2 Bände; Geheime Verschlußsache - GVS):

*"Wenn wir ... davon ausgehen, daß der Kampf gegen die Feinde des Sozialismus, der Kampf um die Sicherung des sozialistischen Aufbaus eine gesamtgesellschaftliche Aufgabe ist, so liegen diesem Kampf letztlich keine anderen Interessen als Triebkräfte zugrunde als jene, die den gesamtgesellschaftlichen Fortschritt überhaupt bewirken"* (S. 83).

*"Es geht bei der Entfaltung und dem Wirksamwerden der Triebkräfte in der konspirativen Tätigkeit zunächst um die Übereinstimmung der individuellen Interessen der inoffiziellen Mitarbeiter mit dem gesellschaftlichen Interesse am allseitigen und zuverlässigen Schutz unserer Staats- und Gesellschaftsordnung vor allen Angriffen des Feindes"* (ebd.).

*"In jeder Diensteinheit, in jedem unserer Betriebe, in jedem Arbeitskollektiv, in jedem Arbeiterbereich gibt es innerhalb der zwischenmenschlichen Beziehungen solche der Über- und Unterordnung. Das Prinzip des sozialistischen Zentralismus schließt diese Beziehungen ein. Es ist deshalb nicht sehr verwunderlich, daß die Auffassung noch verbreitet ist, der Sozialismus verlange die Unterordnung der persönlichen Interessen unter die gesellschaftlichen Interessen, der Sozialismus sei überhaupt durch die Unterordnung des Individuums unter die Gesellschaft gekennzeichnet. Manche Werktätige haben die Vorstellung, daß der einzelne im sozialistischen Kollektiv in mehr oder weniger großem Umfang auf seine persönlichen Interessen verzichten müsse. Diese Vorstellungen kommen praktisch der bürgerlichen Propaganda von der Vernichtung der Persönlichkeit, von der Einschränkung der persönlichen Freiheit in der sozialistischen Gesellschaft entgegen. Bürgerliche Ideologen knüpfen*

*direkt an solche Auffassungen an, um das Wesen der sozialistischen Ordnung zu verfälschen"* (S. 88).

*"In den Fällen, wo die Werktätigen beziehungsweise die inoffiziellen Mitarbeiter bereits ein hohes sozialistisches Bewußtsein besitzen, stellt die Zurückstellung bestimmter individueller Interessen schon kein großes Problem mehr dar und wird kaum zu Konflikten führen. Unsere Untersuchungen beweisen sogar, daß die Zurückstellung bestimmter individueller Interessen durch die Zusammenarbeit mit dem Ministerium für Staatssicherheit bei dem größten Teil der inoffiziellen Mitarbeiter gar keine Bedeutung mehr besitzt. ... Anders ist das in den Fällen, wo das sozialistische Bewußtsein fehlt oder nur sehr gering entwickelt ist. ... Diese fehlerhaften Auffassungen über die Unterordnung unter die gesellschaftlichen Interessen sind auch ein Grund dafür, warum manche Bürger nur sehr zögernd bereit sind, mit dem Ministerium für Staatssicherheit zusammenzuarbeiten"* (S. 95 f.).

*"Die konsequente Durchsetzung und Erfüllung der Hauptaufgaben des Ministeriums für Staatssicherheit bedingt, daß der Kampf des Ministeriums für Staatssicherheit gegen den konspirativ tätigen Klassenfeind vom Ministerium für Staatssicherheit selbst mit konspirativen Mitteln und Methoden geführt wird, und zwar mit solchen konspirativen Mitteln und Methoden, die der Konspiration des Feindes in jeder Phase des Kampfes überlegen sind. Einer der wesentlichen Faktoren, die unsere Überlegenheit über den Feind begründen, ist schon die Tatsache, daß wir im wesentlichen mit Personen zusammenarbeiten, bei denen die Übereinstimmung ihrer individuellen mit den gesellschaftlichen Interessen bereits bestimmende Triebkraft ihres Handelns ist beziehungsweise immer mehr wird, beziehungsweise daß in der Zusammenarbeit auf die Herstellung dieser Übereinstimmung Einfluß genommen wird"* (S. 97 f.).

*"Die konspirative Tätigkeit des Ministeriums für Staatssicherheit wird vor allem durch folgende wesentliche Merkmale gekennzeichnet:*

*1. Die strenge Geheimhaltung und ständige Wahrung der Konspiration bei allen vom Ministerium für Staatssicherheit geplanten, durchzusetzenden und durchgeführten politisch-operativen Maßnahmen, die der Bekämpfung des in der Konspiration tätigen Klassenfeindes dienen, sowohl nach außen als auch innerhalb des Ministeriums für Staatssicherheit;*

*2. Die konspirative Zusammenarbeit mit inoffiziellen Mitarbeitern aller Kategorien und anderen Quellen als Hauptbestandteil der politisch-operativen Arbeit des Ministeriums für Staatssicherheit.*

*3. Die Arbeit mit operativen Legenden, Kombinationen und Decknamen;*

*4. Die konspirativen Zusammenkünfte mit den inoffiziellen Mitarbeitern und anderen Quellen in konspirativen Wohnungen und Objekten;*

*5. Der fast ausschließlich individuell erfolgende Prozeß der politisch-ideologischen Erziehung und politisch-operativen Qualifizierung der inoffiziellen Mitarbeiter und anderer Quellen in der konspirativen Zusammenarbeit"* (S. 99).

*"Die objektiven gesellschaftlichen Erfordernisse auf dem Gebiet des konspirativen Klassenkampfes machen es notwendig, auch dann bestimmte Aufträge des Ministeriums für Staatssicherheit durchzuführen, wenn von den inoffiziellen Mitarbeitern diese noch nicht als auch in ihrem individuellen Interesse liegend erkannt sind, beziehungsweise besondere Anforderungen an die Opferbereitschaft, an die Disziplin, an die Einordnung der individuellen in die gesellschaftlichen Interessen und an das Vertrauen der inoffiziellen Mitarbeiter zum Ministerium für Staatssicherheit gestellt werden"* (S. 103).

*"Eine logische Folge des weiteren Fortschritts und der weiteren Festigung und Stärkung unserer sozialistischen Staats- und Gesellschaftsordnung auf allen Gebieten des gesellschaftlichen Lebens sowie der ständigen, zielgerichteten, differenzierten erzieherischen Einflußnahme der Mitarbeiter unseres Organs auf die inoffiziellen Mitarbeiter im Prozeß der Zusammenarbeit ist auch, daß bei einem nicht unerheblichen Teil unserer inoffiziellen Mitarbeiter zwangsläufig das Interesse erwächst, Mitglied der Sozialistischen Einheitspartei Deutschlands zu werden, um auch in der Öffentlichkeit, also im Wohngebiet, im Betrieb, im Arbeitskollektiv, in Arbeitsgemeinschaften, im Bekannten- und Verwandtenkreis und so weiter ihre progressive Einstellung zeigen zu können. ... Die Kompliziertheit dieser Problematik zeigt sich nun darin, daß es zu Konflikten bei diesen inoffiziellen Mitarbeitern dann kommen kann, wenn die konkreten Bedingungen der operativen Arbeit einen offiziellen Parteieintritt nicht zulassen beziehungsweise eine vorübergehende Zurückstellung dieses Interesses erfordern"* (S. 106).

*"Mit dem Sieg der sozialistischen Produktionsverhältnisse in der DDR wurde der Klassenantagonismus überwunden, vollzogen sich grundlegende gesellschaftliche Veränderungen, die auch neue, in der Ausbeuterordnung unbekannte Triebkräfte der gesellschaftlichen Entwicklung hervorbrachten"* (Ebd., II, S. 2).

*"Bürgerliche Ideologen versuchen ... das Problem so darzustellen, als ob die Interessen allein eine Erscheinung der bürgerlichen Gesellschaft seien. Mit der Aufhebung des privatkapitalistischen Eigentums werde das Interesse verschwinden 'alle Tätigkeit aufhören und eine allgemeine Faulheit einreißen'"* (Ebd., II, S. 5).

*"Der Mensch ist gesellschaftlich determiniert. Aus dieser gesellschaftlichen Determiniertheit des Menschen ergibt sich auch die gesellschaftliche Determiniertheit seiner Interessen. In den Interessen offenbaren sich letztlich immer*

*bestimmte gesellschaftliche Verhältnisse. Daraus erklärt sich auch, daß mit der grundlegenden Veränderung gesellschaftlicher Verhältnisse sich grundlegende Veränderungen in den Interessen der Menschen vollziehen"* (Ebd., II, S. 7).

*"Ging es der Arbeiterklasse im Kapitalismus bei der Sicherung ihrer Existenzmittel in erster Linie darum, diese im Klassenkampf gegen die Profit- und Machtinteressen der Bourgeoisie durchzusetzen, die Klasseninteressen des Proletariats gegen die Klasseninteressen der Bourgeoisie zu stellen und auf diese Weise um den gesellschaftlichen Fortschritt zu kämpfen, so geht es der Arbeiterklasse im Sozialismus um die Entfaltung aller Fähigkeiten der Menschen sowohl in der gesellschaftlichen Produktion, bei der Meisterung der wissenschaftlich-technischen Revolution, als auch auf allen anderen Gebieten des menschlichen Daseins, weil nur so die Lebenslage aller Werktätigen verbessert und der historische Fortschritt durchgesetzt werden kann"* (Ebd., II, S. 10).

*"Es schließt ... völlig solche für die Arbeiterklasse im Kapitalismus kennzeichnenden Interessen aus, wie z.B. Streiks durchzuführen, mit den eigenen Arbeitsleistungen die Produktion zurückhalten, die Arbeitskraft so teuer wie möglich verkaufen usw. (Letzteres zeigt schon die objektive Unmöglichkeit eines solchen Interesses, da im Sozialismus niemand mehr seine Arbeitskraft verkaufen kann)"* (Ebd., II, S. 12).

Oberstleutnant Dr. [Günter] Klein/Major [Manfred] Linthe/Major [Gerd] Schulze: »Die politisch-operative Sicherung der Reise- und Auslandskader für nichtsozialistische Staaten und Westberlin« (Jur. Diss. 1985; Juristische Hochschule Potsdam-Eiche, Vertrauliche Verschlußsache - VVS):

*"Im Ergebnis dieser Koordinierung wurde der Hochschule des MfS die Verantwortung für die Erarbeitung eines entscheidungsgerechten Entwurfs einer Durchführungsbestimmung zur politisch-operativen Sicherung des Dienstreiseverkehrs als Bestandteil einer neuen Dienstanweisung über die politisch-operative Sicherung des Reiseverkehrs von Bürgern der DDR nach nichtsozialistischen Staaten und Westberlin übertragen"* (S. 6, ).

*"Seit der Beendigung der Alleinherrschaft des Imperialismus in der Welt durch den Sieg der Oktoberrevolution im damaligen Rußland, sind alle Beziehungen zwischen sozialistischen und kapitalistischen Staaten vom Klassenkampf zwischen Sozialismus und Kapitalismus in Weltmaßstab geprägt. Bestandteil dieses Klassenkampfes sind auch die vielfältigen Angriffe feindlicher und anderer imperialistischer Kräfte auf jene Personen, die die sozialistischen Staaten im nichtsozialistischen Ausland offiziell vertreten. Diese Angriffe reichen von Versuchen der verschiedenartigsten negativen Beeinflussung dieser*

*Personen, über Versuche ihres subversiven Mißbrauchs bis zu Angriffen auf ihr Leben und ihre Gesundheit.*

*Aus diesem Grunde besteht seit dem ersten offiziellen Auftreten von Vertretern der Sowjetmacht im kapitalistischen Ausland die Notwendigkeit, diese Kader besonders zu schützen und zu sichern sowie zu gewährleisten, daß die Gesandten der Arbeiter-und-Bauern-Macht ihr Land und ihren Staat auch unter diesen Bedingungen würdig vertreten.*

*Zur würdigen Vertretung des Sozialistischen Staates im nichtsozialistischen Ausland gehört in erster Linie, daß sich seine Gesandten durch ihr gesamtes Auftreten in jeder Phase ihres Auslandsaufenthaltes zu ihrem Staat und der von ihm verfolgten Politik bekennen, bei der Erfüllung ihrer Aufgaben den höchsten Nutzeffekt anstreben und allen Versuchen ihrer Beeinflussung durch die kapitalistischen Kontrahenten und das kapitalistische System insgesamt widerstehen"* (S. 9).

*"... ergibt sich die Zielstellung der politisch operativen Sicherung der Reise- und Auslandskader. Sie besteht zusammengefaßt darin, zu gewährleisten, daß:*

*- nur solche Personen als Reise- und Auslandskader für nichtsozialistische Staaten und Westberlin ausgewählt und eingesetzt werden, die den mit diesem Einsatz verbundenen sicherheitspolitischen Anforderungen gerecht werden,*

*- alle Aktivitäten der imperialistischen Geheimdienste und anderer feindlicher Kräfte zum Subversiven Mißbrauch von Reise- und Auslandskadern rechtzeitig erkannt und die damit angestrebten Wirkungen vorbeugend verhindert werden,*

*- Auswirkungen der Beeinflussung der Reise- und Auslandskader durch den Feind und andere Kräfte und Einrichtungen des imperialistischen Systems sowie operativ relevante Veränderungen von Persönlichkeitsmerkmalen, die ihre weitere sicherheitspolitische Eignung in Frage stellen, vorbeugend verhindert bzw. rechtzeitig erkannt und geeignete schadensverhütende Maßnahmen eingeleitet werden"* (S. 16).

*"Die wesentliche Voraussetzung ... ist die Vermittlung eines realen Feindbildes. Dabei sollte von folgenden Grundsätzen ausgegangen werden:*

*a) Bei der zielgerichteten und differenzierten Einflußnahme auf die Anerziehung und Ausprägung eines Feindbildes hat die Gewährleistung der Konspiration und Geheimhaltung das Primat. Aus diesem Grund geht es nicht um die Vermittlung eines detaillierten, alle Kenntnisse des MfS offenbarenden Feindbildes. Die Kader müssen lediglich das wissen, was sie zur Lösung ihrer Aufgaben und zum Schutz ihrer Person benötigen.*

*b) Das Feindbild muß ein ausgewogenes Maß von generellen und grundsätzlichen Aussagen über das aggressive Wesen des Imperialismus und ganz spezifische Seiten seiner subversiven Pläne und Zielstellungen, konkret bezogen auf die Angriffe gegen die Reise- und Auslandskader und die von ihnen vertretenen Institutionen, beinhalten. Die Einheit von allgemeinen und spezifischen Kenntnissen ist zu gewährleisten.*

*c) Die Feindbildvermittlung ist nicht nur als ein Prozeß der Wissens- und Kenntnisvermittlung einzuordnen. Ihre Wirksamkeit wird auch wesentlich von emotionalen Gesichtspunkten beeinflußt, d.h., das Zielgerichtete und differenzierte Ansprechen und Nutzen der Emotionen der Reise- und Auslandskader ist ein entscheidendes Moment in diesem Prozeß"* (S. 52).

*"Von besonderer Bedeutung auch für die ständige Aktualisierung und Vervollkommnung der Aufklärungsergebnisse zu allen Reise- und Auslandskadern ist der Einsatz solcher IM, die ebenfalls Reise- und Auslandskader sind. Der differenzierte Einsatz dieser IM zur ständigen Aktualisierung und Vervollkommnung der Aufklärungsergebnisse zu Reise- und Auslandskadern ist besonders während gemeinsamer Reisen, entsprechend ihren Möglichkeiten, auf die Erarbeitung [von] Informationen auszurichten"* (S. 126).

*"Eine Aufgabe aller Reisekader-IM besteht darin, unter Nutzung aller Möglichkeiten, die ihnen der durch ihren dienstlichen Auftrag bestimmte Verhaltensspielraum bietet, Informationen zu ihren dienstlichen Kontaktpartnern sowie über alle operativ relevanten Personen und Sachverhalte, mit denen sie darüber hinaus im Operationsgebiet konfrontiert werden, zu erarbeiten"* (S. 186).

Oberstleutnant [Horst] Felber: »Psychologische Grundsätze der Zusammenarbeit mit inoffiziellen Mitarbeitern, die im Auftrage des Ministeriums für Staatssicherheit außerhalb des Territoriums der Deutschen Demokratischen Republik in direkter Konfrontation mit den feindlichen Geheimdiensten in der äußeren Spionageabwehr tätig sind« (Jur. Diss. 1970; Geheime Verschlußsache - GVS).

*"Die anläßlich des 20. Jahrestages der Bildung des MfS aus allen Kreisen und Schichten der Bevölkerung der DDR übermittelten Grüße und Geschenke beweisen erneut die tiefe Verbundenheit unserer Organe mit den Werktätigen und zeugen vom festen Vertrauen, von der Achtung und Liebe unserer Menschen zu ihrer Sicherheitsorganen.*

*Die entscheidende Voraussetzung für die erreichten Erfolge war die zielstrebige und klare Führung des MfS durch unsere marxistisch-leninistische Kampfpartei"* (S. I).

*"Die 12. Tagung unseres Zentralkomitees stellt unserer Partei und allen Werktätigen neue große Aufgaben bei der weiteren allseitigen Stärkung der DDR und in der Klassenauseinandersetzung mit dem aggressiven westdeutschen Imperialismus, der uns in der gegenwärtigen Etappe des Kampfes auch in Gestalt der neuen Bonner Regierung* [SPD-Regierung 1970 (!)] *mit raffinierteren und gefährlicheren Mitteln und Methoden gegenübersteht. Der Feind zentralisiert, koordiniert und intensiviert die verbrecherische Tätigkeit seiner Geheimdienste, Agentenzentralen und anderer volksfeindlicher Organisationen"* (S. II).

*"Nicht wenige in der kapitalistischen Umwelt lebenden Menschen sind bereits so in das System integriert, daß ihnen oft selbst nicht bewußt wird, daß sie bereits Träger der manipulierten Meinung sind. Die aktive ideologische Beeinflussung erfolgt in allen Lebensbereichen, während der Arbeit und Freizeit, bei Schulbesuchen, in der Armee, vermittels der Massenmedien, Radio, Film, Fernsehen, Zeitungen, Illustrierte, Groschenromane, durch Bücher und auch durch den Umgang und das Gespräch mit anderen Menschen. Gezielte Verrohung und Sex sind hierbei wesentliche inhaltliche Bestandteile. Es wirkt ein ganzes System der permanenten Manipulierung, deren letztliches Ziel nicht nur die Verdummung und Verblendung durch Kitsch, Schund und Dekadenz ist. Das ist nur ein Mittel zum Zweck, eine Begleiterscheinung oder Voraussetzung für das eigentliche Ziel. Es geht um die Gewinnung der Menschen für die abenteuerliche Politik der imperialistischen Globalstrategie, der Alleinvertretungsanmaßung, des Revanchismus und des Antikommunismus. Hierfür ist unseren Feinden jedes Mittel recht! Das geschieht auch unter Mißbrauch soziologischer und psychologischer Erkenntnisse. Der Feind stützt sich dabei auch auf neue Methoden soziologischer sowie gruppen- und massenpsychologischer Untersuchungen und Untersuchungsergebnisse und stimmt seine Maßnahmen geschickt auf die Denk- und Verhaltensweisen sowie auf die Lebensgewohnheiten einzelner Menschengruppen ab. Sie gaukeln der Bevölkerung eine neue Art Gemeinschaftsdemagogie vor, züchten Nationalismus und Neonazismus und versuchen ein Feindbild zu schaffen, zu dem auch die DDR gehört. Sie versuchen Glauben (!) zu machen, daß in der westlichen Welt Freiheit und Demokratie herrsche, in den Ländern des Sozialismus jedoch 'Diktatur und Totalitarismus'. Sie wollen erreichen, daß ihre Bevölkerung dem Feind gegenüber die Anwendung eines jeden Mittels und einer jeden Methode rechtfertigt, selbst die Brutalität, den Mord und den Terror"* (S. 6 f.).

Oberstleutnant Dr. [Gerhard] Steiniger/Oberstleutnant [Klaus-Jürgen] Andrä: »Zur rechtlichen Ausgestaltung des Vollzugs der Untersuchungs- und Strafhaft in der BRD und den daraus resultierenden Möglichkeiten einer wirksamen Betreuung von inhaftierten bzw. strafgefangenen IM durch die Ständige

Vertretung der DDR in der BRD« (Jur. Diss. 1985; Juristische Hochschule Potsdam Eiche, Geheime Verschlußsache - GVS):

*"Die spezifische Betreuung unterscheidet sich ... von der diplomatisch-konsularischen Interessenwahrnehmung für andere DDR-Bürger dadurch, indem mit der Gewährung von Schutz, Hilfe und Unterstützung vor allem spezifische, aus dem Wesen der Kundschaftertätigkeit resultierende Ziele und Interessen zu realisieren sind. Das betrifft im ganz besonderen Maße die auf die Bedingungen der direkten Konfrontation mit dem Feind ausgerichtete Einflußnahme auf den IM mit dem Ziel, der umfassenden Geheimhaltung seines operativen Wissens, aber auch die Vermittlung des Gefühls der tiefen Verbundenheit der Zentrale mit dem IM auch unter den neuen Kampfbedingungen, die Schaffung aller unter diesen Umständen möglichen Erleichterungen für den IM u.a.m.*

*Dieser spezifische Charakter der diplomatisch-konsularischen Interessenwahrnehmung für inhaftierte bzw. strafgefangene IM (DDR) bedingt, daß als Betreuer spezielle Kader eingesetzt werden, die als Mitglieder der Konsularabteilung der Ständigen Vertretung der DDR in der BRD im Auftrag und unter Leitung der Zentrale tätig werden.*

*Das wiederum erfordert, daß die spezifische Seite dieser diplomatisch-konsularischen Interessenwahrnehmung sowohl gegenüber dem Gegner und seinen Sicherheits-, Polizei- und Justizorganen als auch gegenüber den übrigen Mitgliedern der Ständigen Vertretung der DDR in der BRD sowie allen anderen Außenstehenden konspiriert werden muß. Das betrifft insbesondere solche Fakten wie:*

*- die Tatsache, daß der Betreute IM ist, unabhängig davon, ob dies dem Gegner bekannt ist oder sein könnte,*

*- alle mit der Kundschaftertätigkeit des IM zusammenhängende Details,*

*- die Tatsache, daß die Betreuung von der Zentrale geleitet wird sowie*

*- die spezifische Funktion des Betreuers und sein Einsatz im Auftrage der Zentrale.*

*Die strikte Gewährleistung der Konspiration ist auch deshalb ein unumgängliches Erfordernis, weil - wie die Erfahrungen der operativen Praxis zeigen - die feindlichen Organe ständig bestrebt sind, in die Konspiration des MfS einzudringen sowie nachrichtendienstlich relevante Fakten über die Person des Betreuers, seine Verbindungen und Aufgaben in Erfahrung zu bringen"* (S. 11 f.).

*"Die politisch-moralische Berechtigung der spezifischen Betreuung ergibt sich aber nicht nur aus dem besonderen subjektiven Anspruch des IM auf Schutz, Hilfe und Unterstützung sondern auch aus dem Wesen sozialistischer*

*Kundschaftertätigkeit selbst. Die sozialistische Kundschaftertätigkeit ist ein objektiv notwendiger Bestandteil des Kampfes der internationalen Arbeiterklasse und ihrer Verbündeten zur Entlarvung der aggressiven und fortschrittsfeindlichen Pläne und Absichten des Imperialismus. Die Kundschafter sozialistischer Staaten leisten im Geiste des proletarischen Internationalismus und der antiimperialistischen Solidarität einen wichtigen und unerläßlichen Beitrag zur Sicherung des Friedens, zum Schutz und Erstarken des realen Sozialismus als revolutionäre Hauptkraft unserer Epoche sowie zur Vereitelung der Angriffe des Imperialismus auf die nationalen und sozialen Befreiungsbewegungen unserer Epoche"* (S. 14)

*"Da die sozialistische Aufklärungsarbeit weder der Vorbereitung von Kriegen dient noch auf die Durchführung subversiver Angriffe auf die Staats- und Gesellschaftsordnung anderer Staaten gerichtet ist, sondern die Verhinderung von Kriegen und subversiven Aktivitäten zum Ziel hat, steht die Tätigkeit sozialistischer Kundschafter auch nicht im Widerspruch zu grundlegenden Anforderungen, die das demokratische Völkerrecht an das friedliche Zusammenleben der Staaten stellt. ... Völkerrechtswidrig ist die nachrichtendienstliche Beschaffung von Geheimnissen anderer Staaten aber z.B. immer dann, wenn sie nachweislich auf die Vorbereitung und Durchführung von Angriffskriegen und subversiven Umsturzversuchen in anderen Staaten gerichtet ist.*

*Im Gegensatz zu Strafverfahren gegen Kundschafter sozialistischer Staaten im Operationsgebiet sind in Strafverfahren gegen Spione imperialistischer Geheimdienste sowohl in sozialistischen als auch in national befreiten Staaten diese Merkmale völkerrechtswidriger Handlungen wiederholt nachgewiesen worden"* (S. 15 f.; es werden weder Beispiele noch Belege oder Quellen angeführt, D.V.).

Christel Lehmann: »Die Entwicklung von Kindern aus desorganisierten Familien« (Med. Diss., Humboldt-Universität Berlin Ost 1969).

Die Arbeit beschäftigt sich auf empirisch unzureichendem Niveau (17 Probandenfamilien wurden untersucht, obwohl mindestens 44 den Untersuchungsanforderungen entsprechende Familien von der Autorin eruiert wurden; S. 9), mit dem Schicksal von Kindern aus "dissozialen" Familien aus drei ländlichen Gemeinden Brandenburgs. Die Ergebnisse selbst sind weder überraschend noch aussagekräftig noch etwa auf die ganze DDR übertragbar; ideologische, unwissenschaftliche und unbelegte Äußerungen finden sich dagegen an vielen Stellen der Untersuchung.

Die Literaturliste umfaßt 77 Titel, darunter auch einige englische und französische Veröffentlichungen, was für eine DDR-Dissertation eher selten ist. Bei der angeführten westdeutschen Literatur fällt auf, daß Lehmann sich auf zur Zeit der Abfassung ihrer Arbeit schon ältere Schriften bezieht, die sich vor allem mit körperlichen und seelischen Schäden von Kindern in der direkten Nachkriegszeit beschäftigen. Auf theoretische Aspekte der angeführten Literatur greift die Autorin allerdings kaum zurück; es geht ihr vielmehr um die Heranziehung von Vergleichszahlen und ähnlichem. Mit wissenschaftlichen Theorien zum Verwahrlosungsproblem setzt sie sich nicht auseinander, entwickelt auch selbst keinen neuen Denkansatz.

*"Die Anzahl der Kinder und Jugendlichen, die durch ungünstige soziale Verhältnisse benachteiligt sind, ist in der DDR von Jahr zu Jahr geringer geworden. Die großzügige Jugendpolitik unseres sozialistischen Staates hat Früchte getragen. ... Jedoch respektiert eine kleine Gruppe von Familien die für die Lebensordnung notwendigen Normen, wie sie in unserer sozialistischen Verfassung dargelegt sind, nicht, sondern stellt sich bewußt oder unbewußt gegen die Gesellschaft. Es sind dies die sogenannten dissozialen Familien. ...* Die große Aufgabe des Aufbaus des Sozialismus läßt ein Abseitsstehen von ganzen Familien, die zum Teil durch Wort und Tat noch andere Mitglieder der Gesellschaft negativ beeinflussen, nicht zu. *Da der Kinderreichtum des dissozialen Familien zum überwiegenden Teil recht groß ist, ergibt sich eine sehr dringliche und dankbare Aufgabe, nämlich* diesen Kindern eine optimale Entwicklung ohne den Hemmschuh einer funktionsuntüchtigen Familie zu ermöglichen" (S. 1 f.; Hervorhebungen D.V.).

*"Wenn bekannt ist, daß es sich bei der Graviden um eine Frau aus einer sozial schlecht gestellten Familie handelt, wird mit besonderem Nachdruck versucht, sie von der Notwendigkeit einer Interruptio zu überzeugen"* (S. 22).

*"Es wird sichtbar, daß sich die Leiter der Betriebe, der staatlichen Organe und Einrichtungen und die Vorstände der Genossenschaften ihrer Aufgabe, Verletzungen der sozialistischen Gesetzlichkeit und Disziplin nicht zu dulden, immer mehr bewußt werden"* (S. 39).

*"Die komplexe Triebhaftigkeit und häufig wechselnder Geschlechtsverkehr überschneiden sich. Es mag in gewissem Umfange für einige kapitalistische Länder mit fehlender Gleichberechtigung der Frauen zutreffen, daß die Promiskuität bei berufslosen, sozial schlechtgestellten Frauen als einzig möglicher Broterwerb dient. In der DDR jedoch, in der die Gleichberechtigung der Frau durchgesetzt wurde, keine Arbeitslosigkeit herrscht und die Entlohnung nach Leistungen und Qualifizierungsgrad, nicht nach dem Geschlecht erfolgt, wird eine Promiskuität in jedem Falle triebbedingt sein"* (S. 58).

*"Im Prozeß der Vergesellschaftung der Produktionsmittel und der damit verbundenen Beseitigung der privatkapitalistischen Aneignung der Produktion wurde in der DDR dem Verbrechen der wesentliche Nährboden entzogen. Die*

*Kriminalität ist somit in den Hintergrund getreten und ist kaum je materieller Natur. Besonders bei den Jugendlichen finden sich fast ausschließlich Bagatelldelikte, die aus Sensationsgier und Langeweile, auch unter schlechtem Einfluß Älterer, verübt wurden"* (S. 59).

*"Die schwere Asozialität, die für alle Länder charakteristisch ist, in denen der Kapitalismus verschiedenster Prägung herrscht und hier Teil seiner Gesetzmäßigkeit ist, gibt es in der DDR nicht mehr. Im Sozialismus ist auf Grund der Produktionsverhältnisse der schweren Asozialität jeder Nährboden entzogen. Trotzdem findet man aber auch bei uns dissoziale Erscheinungen. Dabei handelt es sich aber eher um desorganisierte, funktionsuntüchtige Familien, deren Lage nicht hoffnungslos ist, sondern die bei entsprechender Hilfe vollwertige Mitglieder der Gesellschaft werden können"* (S. 118).

Es sei angesichts der hier angeführten Zitate noch einmal darauf hingewiesen, daß es sich um einen Text aus den späten 60er, nicht etwa aus den 30er Jahren handelt, wie Hinweise auf Triebhaftigkeit, hohe Kinderzahl der "Minderwertigen" oder die positive Darstellung staatlich forcierter Abtreibungen und der Bespitzelung durch Vorgesetzte suggerieren könnten. Hinzuzufügen wäre noch, daß die Autorin die von ihr häufig angeführte "schwere Asozialität" im Kapitalismus nirgendwo näher beschreibt oder gar zu Vergleichen heranzieht, daß aber auch die Dissozialität von DDR-Familien nur unzureichend definiert wird. Als ein Kennzeichen gilt neben Diebstahl oder dem sexuellen Mißbrauch von Kindern eben auch versuchte "Republikflucht" (immerhin 6 Fälle in den 17 untersuchten Familien). Empirisch untermauerte Aussagen, die über den sehr kleinen Kreis der Probanden hinausweisen, liefert die Untersuchung nicht. Vielmehr läßt sich aus Lehmanns Aussagen schließen, daß die Autorin trotz ihrer Kritik an westlichem "reaktionären" Wissenschaftsverständnis der althergebrachten These anhängt, jeder trage selbst die Schuld an seinem eigenen Unglück, in der DDR noch weit mehr als in "kapitalistischen" Staaten, da im Sozialismus der Staat dem Bürger alle Möglichkeiten zu einem glücklichen Leben biete. Wer diese Chancen nicht nutzt, ist nicht nur dumm, sondern stellt sich bewußt gegen seinen Staat, was einem Verbrechen gleichkommt.

Der praktische Teil der Arbeit, die eigentliche Untersuchung also, ist annehmbar. Es handelt sich aber nicht um eine wissenschaftliche Leistung auf dem Niveau, das auch nach DDR-Bestimmungen Grundlage für eine Dissertation ist.

Heinz Krüger: »Beziehungen zwischen einigen Merkmalen des Sozialverhaltens von Schülern und der erzieherischen Situation innerhalb des Elternhauses« (Phil. Diss., Friedrich-Schiller-Universität Jena 1966; Nicht für den Austausch).

Krüger untersuchte Schüler aus den 6. und 7. Klassen von 15 Polytechnischen Oberschulen der Stadt Erfurt im Hinblick auf ihr Sozialverhalten und konzentrierte sich dabei besonders auf negativ und positiv auffallende Schüler, die er zwei Vergleichsgruppen - A (negativ) und B (positiv) - zu je 100 Probanden zuordnete. Dabei entspricht das Verhalten der B-Schüler dem sozialistischen Ideal.

*"Sie sind nicht nur in der Lage, sich in das Kollektiv einzugliedern, feste Bindungen zur Gemeinschaft und zu einzelnen Menschen einzugehen, sondern auch fähig und bereit, führende Aufgaben zu übernehmen. In der Regel gehören diese Schüler daher zum positiven Kern des Klassenkollektivs, werden von ihren Klassenkameraden anerkannt und oft als Interessenvertreter der Klasse vorgeschlagen und anerkannt."* (S. 67).

Nebenher gewinnt Krüger Einblicke in die Elternhäuser der untersuchten Kinder und kommt dabei auch zu Schlußfolgerungen, die sich eindeutig auf dem Gebiet der Bespitzelung und der Denunziation bewegen. Westliche Autoren werden angeführt, ihre Arbeiten aber fast durchweg negativ eingeschätzt. Eine Ausnahme bilden für Krüger einige amerikanische Autoren, denen er ein unbewußt marxistisches Gedankengut zuschreibt (S. 14).

*"Im Kapitalismus bzw. Imperialismus stehen sich Individuum und Gesellschaft mehr oder weniger feindlich gegenüber, weil sich die Interessen der herrschenden Klasse nicht mit den Interessen der breiten Masse des Volkes decken. Erst in der sozialistischen Gesellschaftsordnung ist eine ideale Integration von Einzelpersönlichkeit und Gesellschaft objektiv möglich. ... Auf diese Weise gewährleisten harmonische Beziehungen zwischen Persönlichkeit und Gesellschaft die harmonische Entwicklung und ein hohes Entwicklungsthema sämtlicher Persönlichkeitsbereiche. Eine derartige Entwicklung der Gesamtpersönlichkeit liegt nicht nur im Interesse des Individuums, sondern vor allem auch im Interesse der sozialistischen Gesellschaft. ... Es ist daher notwendig, den Entwicklungsprozeß der Kinder, Jugendlichen und Erwachsenen mit Hilfe adäquater Methoden und Maßnahmen zu beeinflussen"* (S. 5 f.).

*"Solange das Bürgertum eine aufstrebende Klasse darstellt, ist es durchaus progressiv. Beim Übergang zum Imperialismus wird es dagegen konservativ bzw. reaktionär und wissenschaftsfeindlich. Im Bereich der Psychologie äußert sich diese Tendenz u.a. im Kampf gegen sämtliche materialistischen Ansätze"* (S. 8).

*"Der Anteil der Arbeiterkinder an der negativen Extremgruppe ist recht hoch. ... Bei der Interpretation dieser Ergebnisse müssen die Entwicklungsten-*

*denzen unserer sozialistischen Gesellschaftsordnung berücksichtigt werden.* Ein großer Teil der heutigen Angehörigen der Intelligenz entstammt der Arbeiterklasse. *Entsprechend der Struktur der studentischen Jugend hinsichtlich ihrer sozialen Herkunft wird sich der Anteil von Angehörigen der Arbeiterklasse an der Intelligenz ständig weiter erhöhen.* Die 'Arbeiter' repräsentieren also nicht mehr die Arbeiterklasse. Unter diesen Arbeitern befinden sich auch diejenigen, die nicht bereit oder in der Lage sind, die großzügigen Förderungsmaßnahmen unseres Staates zu nutzen" (S. 106; Hervorhebungen D.V.).

"*Allgemein ergibt sich aus den Ergebnissen der Untersuchung, daß die Eltern der positiven Gruppe häufiger eine eindeutig wissenschaftliche (marxistische) Weltanschauung und eine positive Einstellung zu unserem sozialistischen Staat aufweisen als die der negativen Gruppe.* Dabei muß berücksichtigt werden, daß zu den Eltern der positiven Gruppe eine auffällig große Anzahl von Staatsanwälten, Offizieren der NVA und der VP, Lehrern, höheren Parteifunktionären, Angestellten des Staatsapparates, Fachschuldozenten und gehobenen Angestellten der Industriebetriebe gehören, von denen eine progressive weltanschaulich-politische Grundhaltung erwartet werden kann. Dieser Personenkreis ist außerdem vorwiegend aus der Arbeiterklasse hervorgegangen" (S. 111 f.; Hervorhebung D.V.).

Die Literaturliste umfaßt 102 Titel, wobei es sich bei der neueren Literatur fast ausschließlich um DDR-Veröffentlichungen handelt (bei vielen Aufsätzen fehlt der Erscheinungsort). Wie bei vielen anderen DDR-Dissertationen fällt auf, daß die angegebene Literatur kaum wissenschaftlich genutzt wurde und keinen wirklichen Eingang in die Dissertation gefunden hat. Die Literaturlisten wirken wie ein Zugeständnis an die Konvention wissenschaftlicher Veröffentlichungen ohne wirklich eigene Bedeutung.

Gabriele Scheibe: »Zur Entwicklung des Kinder- und Jugendgesundheitsschutzes in der Deutschen Demokratischen Republik« (Med. Diss., Humboldt-Universität Berlin-Ost 1979).

Die Doktorandin erklärt zwar, die Entwicklung des Kinder- und Jugendgesundheitsschutzes in der DDR wissenschaftlich zu untersuchen, doch erfüllt die Arbeit in keiner Weise den hier gestellten Anspruch. Es handelt sich vielmehr um eine ermüdende Aneinanderreihung von völlig unkritischem Sozialismuslob und seitenlangen Zitaten der "Klassiker des Marxismus-Leninismus". Einige recht interessante Quellen ("Brigadetagebücher") führt die Autorin zwar an, sie werden aber nicht in wissenschaftlichem Sinne ausgewertet; die Auswahl der (wenigen) Zitate bleibt für den Leser undurchschaubar.

"Erst im sozialistischen Staat kann das Streben vieler fortschrittlicher Ärzte der Vergangenheit verwirklicht werden, nicht nur Krankheiten zu heilen oder zu lindern, sondern wesentliche Krankheitsbedingungen, die aus den gesellschaftlichen Verhältnissen der Ausbeutergesellschaft resultieren, zu beseitigen, weil der sozialistische Staat den Schutz der Gesundheit zu einer staatlichen und gesellschaftlichen Aufgabe macht" (S. 1).

"Im Imperialismus zeigt sich der Widerspruch der sozialen Verantwortung der herrschenden Klasse für die Gesundheit aller Gesellschaftsmitglieder in der unterschiedlichen medizinischen Betreuung und demzufolge unterschiedlichem Gesundheitszustand zwischen Ausbeuter und Ausgebeutetem. Erst der Sozialismus schafft ein neues Grundverhältnis der Menschen zueinander. Die sozialistisch-kommunistische Gesellschaftsformation strebt die Selbstschöpfung des Menschen an, der seine Fähigkeiten und Fertigkeiten gemeinsam mit allen frei entwickeln kann, sie in gemeinsamer Arbeit zum Wohl aller nutzt und in dieser Gemeinsamkeit Freude findet" (S. 6).

Über den von ihr häufig in einem fast weihevollen Tonfall erwähnten Cottbuser Arzt Dr. Wenzke schreibt die Autorin an einer Stelle:

"Für seine mit der ihm eigenen Vitalität geprägten Jahrzehnte langen Arbeit als Kreis- und Bezirksjugendarzt und Abgeordneter des Bezirkstages wurde er durch unseren Arbeiter- und Bauernstaat mit den höchsten Auszeichnungen geehrt. Er war Verdienter Arzt des Volkes, Träger des Vaterländischen Verdienstordens, der Verdienstmedaille, der Theodor-Neubert-Medaille, des Ehrenzeichens der NDPD und des DRK, der Ehrennadel der Nationalen Front und mehrmals Träger der Medaille für ausgezeichnete Leistungen" (S. 25).

Wenzke wird auch wörtlich zitiert.

"In der analytischen Betrachtung darüber, woher die Mitarbeiter des Gesundheitswesens der DDR, speziell aus Cottbus, die zunehmende Kraft hernahmen, auf ihren Arbeitsplätzen höchstwirksam zu werden, stellte Dr. Wenzke verallgemeinernd fest: 'daß die Antwort so lautet: weil unter Führung der Arbeiterklasse und ihrer Partei immer mehr Bürger die Deutsche Demokratische Republik als ihren Staat, als die Zukunft für ein wiedervereinigtes Deutschland ansehend und deshalb zutiefst diesen Staat durch bewußte Taten unterstützen. Wir können - und das möchte ich hier ausdrücklich sagen - voller Genugtuung feststellen, daß sich unter diesen Bürgern in zunehmendem Maße die Angehörigen des Gesundheitswesens und insbesondere auch die Angehörigen der medizinischen Intelligenz befinden. Wir erkennen immer besser und nicht zuletzt seit dem 13.8.1961, welche Mitverantwortung auch wir für unseren Staat und für das Glück aller seiner Bürger tragen'" (S. 51 f.).

Aussagen wie diese sind letztlich nichts anderes als ideologische Worthülsen, deren Aussagewert gleich null ist (es sei denn, es ginge darum, den Sprecher als Phrasenlieferanten zu entlarven). In einer wissenschaftlichen Arbeit sind solche Darstellungen fehl am Platze.

*"In Cottbus bestand ein gut eingespieltes und festes Kollektiv. Auf dessen Grundlage, geschaffen durch die Bedingungen des Sozialismus, waren nur die Erfolge im Kampf um die Gesundheitsentwicklung der Kinder und Jugendlichen auch über die Stadt Cottbus hinaus in der gesamten DDR möglich. ... In dem Cottbuser Einzugsbereich wurde nach Beendigung des Krieges seit 1945 hart um die Gesunderhaltung und Steigerung der Gesundheit und Leistungsfähigkeit der heranwachsenden Generation gerungen. ... In dieser so verzweifelten Situation bedurfte es nicht allein Mut und Optimismus, sondern eines klaren weltanschaulichen Standpunktes, um den Gesundheitsschutz für die gesamte Bevölkerung neu aufbauen"* (S. 25 f.; Hervorhebung D.V.).

*"Als Kontrollorgan des ZK der SED und des Ministerrates der DDR erfüllt die ABI (Arbeiter und Bauern-Inspektion; D.V.) die Aufgabe, mit Hilfe einer breiten, umfassenden Volkskontrolle die tatsächliche Durchführung der Beschlüsse und Direktiven der Partei der Arbeiterklasse, der Gesetze der Volkskammer, der Erlasse des Staatsrates und der Verordnungen und Beschlüsse des Ministerrates zu organisieren. Ihre Tätigkeit dient somit der Staatsdisziplin und der Wahrung der sozialistischen Gesetzlichkeit. Mit der ABI wurde das demokratischte Kontrollorgan geschaffen, das je in Deutschland existierte"* (S. 54; Hervorhebung durch D.V.).

*"Über die Arbeit der beiden Zentralgestalten im Leben eines jeden Menschen berief sich Müller auf der Bezirksjugendärztetagung in Leipzig auf Karl Marx, der dazu sagte: 'Die Arbeit von Arzt und Schulmeister schaffen nicht unmittelbar den Fonds, aus dem sie bezahlt werden, obgleich ihre Arbeiten in die Produktionskosten dieses Fonds eingehen, der überhaupt alle Werte schafft, nämlich die Produktionskosten des Arbeitsvermögens'"* (S. 62).

Das 56 Titel umfassende Literaturverzeichnis (in dem auch Marx und Lenin vertreten sind) enthält praktisch nur DDR-Titel, darunter auch eine Reihe von Dokumenten, die der Öffentlichkeit nicht zugänglich sind, dazu Verordnungen, Gesetzestexte etc. Der Jugendgesundheitsschutz in nichtsozialistischen Ländern wird mit keinem Wort erwähnt, so daß der Eindruck entsteht, als gäbe es derlei Einrichtungen nur im kommunistischen Machtbereich.

Neben allem anderen ermüdet die Arbeit durch gebetsmühlenartige Wiederholungen sozialistischer Sentenzen und eine Art der Darstellung des durchgängig glorifizierten Dr. Wenzke, die so selbst in einer Laudatio oder einer Grabrede peinlich wäre. Über den Jugendgesundheitsschutz der DDR (ein gewiß nicht uninteressantes Thema) erfährt der Leser eigentlich nur, daß er herrlich und wunderbar ist, ständig mit übermenschlichen Kräften weiterentwickelt wird und ausschließlich unter sozialistischen Bedingungen ersonnen und ermöglicht werden kann. Einen wissenschaftlichen Wert gleich welcher Art hat die Arbeit nicht.

Otto Mayer: »Erscheinungsbild, Täterperson und einige Ursachenaspekte sowie die Bekämpfung vorsätzlicher Tötungen von Neugeborenen und Säuglingen« (Jur. Diss., Karl-Marx-Universität Leipzig 1969).

Mayer beschäftigt sich in seiner Arbeit mit dem uralten Problem der Kindestötung, und er ist auf seine Weise durchaus engagiert, bezieht er doch auch Fragen der Latenz und der Prophylaxe mit ein. Da er sich in seiner Untersuchung teilweise auf empirische Daten aus der DDR stützt - die Fallzahlen sind klein, aber Kindestötung ist in allen modernen Industriestaaten ein eher seltenes Delikt - könnte die Arbeit durchaus mit Gewinn zu lesen sein, wäre dem Autor die Herausstellung des Sozialismus als kriminalitätsverhindernde Herrschaftsform nicht letztlich wichtiger als sein eigentliches wissenschaftliches Anliegen.

*"Dem Kampf gegen die Kriminalität in der DDR wird durch die Partei- und Staatsführung stets große Bedeutung beigemessen, gehört sie doch zu den negativsten Erscheinungen, mit denen sich die sozialistische Gesellschaftsordnung im Kampf zur Zurückdrängung und Überwindung der Überreste der kapitalistischen Gesellschaftsordnung auseinandersetzen muß. ... So bedingten der Sieg der sozialistischen Produktionsverhältnisse in der DDR und der Übergang zum umfassenden Aufbau des Sozialismus auch neue Voraussetzungen und Maßstäbe für den Kampf gegen die Kriminalität. Die volle Durchsetzung sozialistischer Gesetzmäßigkeiten schafft neue objektive und subjektive Möglichkeiten, die Kriminalität wirksamer und damit auf einer höheren Stufe bekämpfen zu können. ... Heute bestimmt bereits zunehmend die neue gesellschaftliche Moral, deren Grundprinzip die Verantwortung des einzelnen für das Ganze und der Gesellschaft für den einzelnen ist, das Denken und Handel der Menschen in der DDR"* (S. I f.; Hervorhebung D.V.).

*"Auszugehen ist davon, daß die objektiven und subjektiven Gesetzmäßigkeiten des Sozialismus Voraussetzungen schaffen, die die Begehung einer Straftat allgemein hemmen. Begangene Straftaten werden durch die Aktivität gesellschaftlicher Kräfte und die Qualität und Intensität der Ermittlungstätigkeit schnell aufgedeckt und aufgeklärt, was auch an der hohen Aufklärungsquote vieler Kriminalbereiche beweisbar ist. Anders dagegen im staatsmonopolistischen Westdeutschland, wo die Kriminalpolizei ihre Kräfte für die Verfolgung von fortschrittlichen Kräften aufbraucht, wodurch kaum noch große Potenzen*

übrig bleiben, zielstrebig und systematisch die allgemeine Kriminalität wirksam zu bekämpfen" (S. 5; Hervorhebung D.V.).

Zu beachten ist in diesem Zusammenhang zum einen, daß Mayer die Bereiche mit hoher Aufklärungsdichte in der DDR nicht aufzählt; vermutlich handelt es sich um die gleichen Deliktgruppen - etwa Mord und Totschlag -, bei denen die Aufklärungsquote auch in Westdeutschland stets bei über 90 % lag. Ein Beweis für die Überlegenheit des Sozialismus ist das nicht. Zum anderen ist es sicher nicht ganz unrichtig, daß der Sozialismus bestimmte Arten der Kriminalität hemmt, beispielsweise alle Deliktarten, die grenzüberschreitend sind oder sich nur in Staaten mit konvertierbarer Währung "lohnen". Das aber spricht keinesfalls für eine moralische Überlegenheit des DDR-Systems. Harte Strafen und unmenschliche Haftbedingungen mögen einen zweifelhaften Abschreckungscharakter haben; ein Staat, der sich weder an die eigenen Rechtsnormen noch an die allgemeinen Menschenrechte hält, hat es leichter, Gesetzesbrecher dingfest zu machen als eine Demokratie. Von all dem ist bei Mayer bezeichnenderweise nie die Rede.

*"Die Wirksamkeit der Vorzüge der von Ausbeutung befreiten sozialistischen Gesellschaftsordnung in der DDR wird erneut auch an der Entwicklung dieser Kriminalität* [gemeint ist die Kindestötung; D.V.] *bewiesen. Wenn vergleichsweise die Entwicklung im staatsmonopolistischen Westdeutschland betrachtet wird, wo der Trend der Mord- und Totschlagskriminalität sich diametral entwickelt hat, erkennt man die Auswirkungen der brutalen, menschenverachtenden Lebensweise dieser Gesellschaftsordnung. ... Im Gegenteil* [zu den Verhältnissen in der DDR; D.V.] *muß infolge der dekadenten Lebensweise, insbesondere bei den Ausschweifungen im Bereich des sexuellen Lebens, mit einer hohen Zahl von Tötungen an Neugeborenen und Säuglingen gerechnet werden"* (S. 9 f.).

An anderer Stelle geht jedoch aus Mayers eigenem Datenmaterial hervor, daß auch in der DDR die absoluten Zahlen bei den Verurteilungen wegen Mord und Totschlag zunahmen. Mayer führt das auf bessere Aufklärung zurück, nicht auf einen wirklichen Anstieg der Taten, doch kann er nicht belegen, daß es sich in Westdeutschland anders verhielt. Zwar hat die DDR (immer nach Mayer) deutlich weniger einschlägige Delikte vorzuweisen (sie hatte ja auch nur weniger als ein Drittel der Einwohnerzahl der Bundesrepublik Deutschland und eine abweichend geschichtete Alterspyramide, zwei Tatsachen, auf die jeder Hinweis fehlt), doch die Tendenz ist in beiden Staaten steigend. Es zeigt sich also eine Parallelität der Entwicklung und durchaus kein "diametraler" Gegensatz.

*"Zusammenfassend ist somit anhand der gegebenen Übersicht über die Tötungsarten von vorsätzlichen Tötungen an Neugeborenen und Säuglingen fest-*

zustellen, daß im Verhältnis zu gleichgelagerten Delikten kapitalistischer Länder in der DDR die Zahl der durch Gewalt oder mit brutalen Mitteln durchgeführten Tötungen gering ist. Dieser Umstand kann jedoch nicht nur allein auf die Tatsache zurückgeführt werden, daß Frauen als Täterinnen die Gewaltanwendung oder brutale Mittel der Tötung verabscheuen, sondern ist nur im Zusammenhang mit der Existenz sozialistischer Lebensbedingungen in der DDR und der allgemeinen Wirkung geltender sozialistischer Prinzipien des Zusammenlebens und der Achtung der Menschenwürde zu verstehen" (S. 32).*

*"Bei den Tätern vorsätzlicher Tötungen von Neugeborenen und Säuglingen lagen Einstellungen zugrunde, die entweder krass im Widerspruch zu den sozialistischen Lebensbedingungen standen oder stark von kleinbürgerlichem Charakter bestimmt waren, die so konserviert und fest wurzelten, daß die Täter die sozialistische Umwelt nicht erfassen und voll begreifen konnten. Sie lösten demzufolge ihre Konflikte auf die ihren Einstellungen entsprechende Weise"* (S. 84).

*"Infolge ihrer mehr oder weniger indifferenten Haltung zu den Problemen der sozialistischen Entwicklung - meistens waren sie zwar gesellschaftlich organisiert, jedoch vorwiegend mit formellem Charakter - unterlagen sie sehr solchen kleinbürgerlichen Einstellungen und Vorurteilen. Dies umso ausgeprägter, als davon ausgegangen werden muß, daß die Mehrzahl der Täter Frauen waren, die infolge der langen geschichtlichen Unfreiheit eher geneigt sind, solchen Einstellungen und Vorurteilen zu unterliegen"* (S. 87).

*"In dem Maße, wie es durch die sozialistische Gesellschaft in ihrer Gesamtheit und durch die mit dem konkreten Kampf gegen die Kriminalität beauftragten staatlichen Organe gelingt, jedem Täter die Ausweglosigkeit seiner Tat infolge der sofortigen Aufdeckung bewußt zu machen, in dem Maße wird eine echte Garantie der Verhütung der Kriminalität gegeben"* (S. 111).

Mayer führt in seiner Literaturliste 59 Titel an, davon ausdrücklich 3 westdeutsche (bei mindestens einer weiteren westdeutschen Arbeit, dem grundlegenden Aufsatz Holzer 1960, fehlen neben diesem Hinweis auch der Erscheinungsort, das Erscheinungsjahr sowie die Seitenangaben) und einen russischen. In Anbetracht des Umfanges, den der Doktorand der kapitalistischen Dekadenz und dem Versagen westdeutscher Ermittlungsmethoden widmet, sind drei Quellen (darunter ein Lehrbuch für Strafrecht) für seine Schlußfolgerungen nicht ausreichend. Ein Teil der Literatur ist mit dem Hinweis "zitiert in" versehen, ein weiterer als "nicht veröffentlicht" ausgewiesen, entzieht sich also jeder kritischen Würdigung seines Inhalts und seines Wertes.

Siegfried Melchert: »Staatspolitische Erziehung der westdeutschen Turn- und Sportjugend (1949-1965)« (Diss., Friedrich-Schiller-Universität Jena 1965).

Die Arbeit umfaßt insgesamt 233 Seiten laufenden Text und 141 Seiten Anhang (Literatur, Anmerkungen, Dokumente, Tabellen, Abbildungen, diverse Verzeichnisse) und genügt rein formal durchaus den Ansprüchen, die an eine Dissertation gestellt werden müssen. (Damit stellt Melcherts Arbeit eher eine positive Ausnahme dar).

Allerdings wird beim Lesen rasch klar, daß Melchert sich bei seiner Darstellung strikt an die politischen Vorgaben der SED, wie sie zur damaligen Zeit (1965!) gerade maßgeblich waren, hielt. So etwa heißt der Punkt 4.4.2 (ein Unterpunkt von 4.4. "Der Mißbrauch des Leistungssports für die staatspolitische Erziehung") "Die antinationale Zielsetzung des westdeutschen Leistungssports". Wenige Jahre später, als die DDR offiziell die deutsche Zweistaatlichkeit "auf ewige Zeiten" propagierte, wäre dieser Anklagepunkt sicher nicht aufgelistet worden.

Es handelt sich auf jeden Fall um eine fleißige und umfangreiche Leistung, aber sie ist nicht wissenschaftlich im gemeinten Sinne, weil sie ausschließlich etwas zu beweisen hat, was für Themensteller und Doktoranden aus ideologischen Gründen von vornherein feststeht. Die beklagte "Ausnutzung" des westdeutschen Sports durch Politiker für deren mediokre Ziele wird nicht etwa auf dem Wege empirischer Analyse herausgefunden - sie steht für Melchert schon vor Beginn seiner Untersuchung zweifelsfrei und ungeprüft fest und muß nur noch dargestellt und "belegt" werden.

*"Diese Untersuchung soll dazu beitragen, die Bestrebungen des staatsmonopolistischen Kapitalimus zur politisch-ideologischen und moralischen Beeinflussung der westdeutschen Turn- und Sportjugend aufzudecken und somit ein kleiner Beitrag zur marxistischen Erforschung der Zeitgeschichte und eine aktuelle Hilfe für die Orientierung der demokratischen und friedliebenden Kräfte im deutschen Sport sein"* (S. 1).

Ständig ergeht der Doktorand sich in als demagogisch zu bezeichnender Schwarz-Weiß-Malerei. Auf der einen (westdeutschen) Seite stehen für ihn die militaristischen Kriegstreiber, auf der anderen steht das friedliebende demokratische Deutschland. Die Aufgabe, welche seine Studie zu leisten hat, findet sich nahezu auf jeder Seite wieder. Es sollen *"die klassenpolitischen Ursachen und Ziele und die Hinterhältigkeit imperialistischer Jugenderziehung"* (S. 8) erkannt werden. Melchert will "aufdecken" (S. 1), "entlarven" (S. 3), "nachweisen" (S. 8), "beweiskräftiges Material" (S. 14) vorlegen, "Tatbestände" (S. 18) nachweisen, die "Beweisführung" (S. 21) antreten und die *"politische Zielsetzung bloßlegen"* (S. 20).

*"Unsere Ergebnisse helfen nachzuweisen, wer den Frieden in Deutschland und der Welt und das Leben der Jugend und des Volkes gefährdet. Sie können dazu beitragen, der Jugend und allen friedliebenden Kräften in ihrem Bemühen, ihre Zukunft und den Frieden zu sichern, eine Orientierung zu geben"* (S. 8).

Zwar wird der Anspruch formuliert, *"auf Methoden und philosophische Wurzeln zu kommen, ohne sie bereits in jedem Falle vertiefend zu interpretieren"* (S. 19 f.); Melchert will angeblich *"nur in den Grenzen Verallgemeinerungen und Behauptungen aufstellen, wo wir sie durch Ergebnisse unserer Forschung und durch erkannte Gesetzmäßigkeiten der gesellschaftlichen Entwicklung belegen können"* (S. 9), jedoch werden in der Einleitung bereits Ergebnisse präsentiert und unhaltbare, unbelegte Aussagen getroffen. Als eklatantes Beispiel seien hier die unqualifizierten Äußerungen zum Bildungsbegriff auf Seite 12 genannt.

*"In diesem Zusammenhang den Begriff 'Bildung' ... aufzunehmen, wäre falsch, da es sich mehr um ideologische Ausrichtung und Irreführung als um Bildung handelt. Wie wir bei unseren Untersuchungen feststellen mußten, sind die Schulungsinhalte den Erziehungszielen untergeordnet, zum Teil sogar bis zur Verkehrung der Wahrheit in ihr Gegenteil."*

Und aus diesem Grunde - so Melchert -

*"legen wir uns hier in Übereinstimmung mit unseren Untersuchungsergebnissen auf den Terminus 'Erziehung' fest, worunter wir die gesamte, also auch und gerade die negative, das heißt die von reaktionären Kräften ausgehende und zum Nachteil und Mißbrauch der Jugend führende politisch-ideologische und moralische Beeinflussung verstehen."*

Melchert übersieht - bewußt oder unbewußt -, daß Wissenschaft auf Hypothesenbildung beruht, daß diese Hypothesen belegt werden können oder verworfen werden müssen, daß bei einer wissenschaftlichen Untersuchung allein die Kriterien "falsch" und "richtig" zur Anwendung kommen dürfen und nicht etwa "gut" oder "schlecht" (im Sinne von "passend" und "unpassend" zu bestimmten - ideologischen - Vorgaben).

Welches ist nun das Ziel von Melcherts Untersuchung? Es geht ihm nach eigenen Worten um nichts Geringes, nämlich um die Verhinderung des Dritten Weltkrieges. Auch dies ist wiederum keine wissenschaftliche Zielsetzung, sondern eine ideologische Vorgabe.

*"In maßgeblichen Untersuchungen [Melchert versteht darunter SED-Programme; D.V.] ist nachgewiesen worden, daß der Frieden in Europa 20 Jahre nach der Zerschlagung des Hitlerfaschismus immer noch nicht gesichert, sondern durch revanchistisch-militaristische Kräfte in Westdeutschland erneut*

*gefährdet ist. Angesichts der Gefahr, daß ein dritter von deutschem Boden ausgehender Weltkrieg beim gegenwärtigen Entwicklungsstand der Vernichtungsmaschinerie die biologische Existenz unseres Volkes auslöschen könnte, ist es die moralische Pflicht eines jeden friedliebenden Deutschen, entsprechend seinen Möglichkeiten, zur Aufdeckung der Gefahrenquellen und zur Sicherung des Friedens beizutragen. Aus diesem Anlaß und der Erkenntnis, daß das Monopolkapital auf die Unterdrückung der Volksmassen angewiesen ist, um herrschen zu können, ergibt sich aus den Lehren der Geschichte der deutschen Arbeiterbewegung für alle fortschrittlichen Kräfte in Deutschland und besonders für die Gesellschaftswissenschaftler der DDR die Aufgabe, die reaktionäre imperialistische Ideologie und die politische Irreführung des Volkes in Westdeutschland zu entlarven, wie dies im Programm der Sozialistischen Einheitspartei Deutschlands gefordert wird"* (S. 3).

Zitate wie das hier angeführte finden sich noch häufig im Verlaufe der Arbeit. Melchert geht dabei von einer klassischen (völlig unwissenschaftlichen) manichäischen Weltsicht aus: die DDR ist das Reich des Lichts, das sich (immer nach Melcherts Aussagen) auch durch absolute Ehrlichkeit seinen Bürgern gegenüber auszeichnet, während das finstere Reich "Westdeutschland" dadurch gekennzeichnet ist, daß im Geheimen Ränke und Intrigen gegen das Volk und für die Interessen des "Monopolkapitalismus" gesponnen werden. Ein Instrument dieser Verschwörung ist für Melchert dabei der Jugendsport.

*"Das bedeutet für die konkrete Situation des westdeutschen Staates, in dem die Übelstände noch weit über das Maß der Notwendigkeit hinausgehen, daß der staatsmonopolistische Kapitalismus die Irreführung des Volkes und besonders der Jugend braucht, um die Widersprüche zu verschleiern, ihren offenen Ausbruch zu verhindern und dadurch die Lebensdauer des antidemokratischen Herrschaftssystems zu verlängern. ... Würden die Jugendlichen in Westdeutschland ihre eigenen Interessen und deren Bedrohung durch die antidemokratische und revanchistische Politik voll erkennen und unerschrocken für die eigenen Interessen eintreten, so würden sie zwangsläufig zu einer Gefahr für den Anachronismus des westdeutschen Staates, was jedoch nicht Schuld der Jugend, sondern der reaktionären Gesellschaftsordnung ist. Andererseits sind die Jugendlichen in ihrem Drang nach Verselbständigung und Anerkennung, in ihrer 'Orientierungsbemühung und Prägungsbereitschaft' am leichtesten und nachhaltigsten für alle als vaterländisch, gemeinschaftsdienlich und gut ausgegebenen Ideale zu begeistern und somit unter Mißbrauch ihrer Unerfahrenheit, ihres guten Willens und ihrer positiven Eigenschaften wie Mut und Kühnheit für den staatsmonopolistischen Kapitalismus einzuspannen"* (S. 6).

Vom Sport und von der Sportpolitik ist bei Melchert zum ersten Mal auf Seite 7 die Rede, und er stellt hier richtig fest, daß der Sport gern fälschlich als "unpolitisch" bezeichnet wird. Dabei verkennt der Autor allerdings völlig, daß die Entwicklung des Sports in der Weimarer Republik den Ausschlag für einen nach 1945 angelegten parteipolitisch neutralen, ethnisch getrennten und konfessionsungebundenen Sport bildete. Historisch falsch ist Melcherts Darstellung der Reorganisation des Sports nach dem zweiten Weltkrieg:

*"Diese Basis wurde durch die Politik einiger einflußreicher Sportführer so organisiert und vorbereitet, daß sie für eine politische Erziehung im Sinne der herrschenden Klasse sehr günstig genutzt werden konnte. Ein erster grundlegender Schritt hierzu war die Gründung einheitlicher Fachverbände, Leistungsgremien und Vereine, wodurch viele ehemalige proletarische Turn- und Sportgruppen unter den Einfluß vorwiegend bürgerlicher Leistungsgremien gerieten. ... Bei der Neubildung einheitlicher Vereine und Leistungsgremien der Kreise und Länder im westdeutschen Sport wurden die proletarischen Kräfte ohne vorherige Auseinandersetzung über die Grundfragen der vergangenen und künftigen Politik auf kaltem Wege gleichgeschaltet"* (S. 32 f.).

Bei der Reorganisation des Sports handelte es sich nicht um einen durch die (west-)deutschen Sportfunktionäre gesteuerten Prozeß, sondern um klar definierte Alliiertenpolitik. Darüber hinaus waren die ehemaligen Arbeitersportler stark an der Entwicklung eines neuen Sportsystems beteiligt.

Es war durchaus nicht so, daß nun gerade das "imperialistische Westdeutschland" den Sport als Politikum erkannte und ausnutzte. Dem stand schon die Tatsache entgegen, daß es in der föderalistischen Bundesrepublik gar keine zentrale Stelle gab, von der aus alle Sporttreibenden im Hinblick auf ein bestimmtes - politisches - Ziel hätten gelenkt werden können. Davon allerdings ist bei Melchert nie die Rede. Überhaupt ist das "Westdeutschland", das er zu untersuchen vorgibt, ein Staat, den es so, wie er ihn beschreibt, nie gegeben hat. Auch diese Feststellung spricht gegen die Wissenschaftlichkeit seiner Dissertation.

Wie sehen die "imperialistischen Organisationsformen" aus, denen die westdeutsche Sportjugend unterworfen ist (wobei Melchert zu erwähnen vergißt, daß die Teilnahme an den hier gerügten Veranstaltungen in der Bundesrepublik stets freiwillig war). Im einzelnen erwähnt er: Kriegsgräberpflege; Besuche in Kasernen; Auslandsfahrten; Studienreisen in "kapitalistische" Länder; Zonengrenzfahrten; Berlinfahrten; politische Vorträge; Sportfeste; Traditionspflege; Lektüre von Schriften der Turn- und Sportbewegung. Daß einige dieser Aktivitäten der SED mißfielen, ist verständlich, doch ihre grundsätzliche Verwerflichkeit kann Melchert durch seine einfache Auflistung nicht klarmachen. Es sei denn, er setzt voraus, daß jede Handlung und auch jede Unterlassung in einem "kapitalistischen" Staat ohne Nachfrage und ohne nähere Untersuchung ihres Inhalts und ihrer Ziele zumindest dubiosen, weit öfter jedoch verbrecherischen Zwecken dient. Mit wissenschaftlichem Denken hat eine solche Überzeugung aber nicht das geringste zu tun.

Daß Melcherts Unterstellungen - etwa der, eine bestimmte politische Erziehung sei in der Bundesrepublik von Staats wegen angeordnet worden (S. 12) - durchweg die Belege fehlen, wirft ein bezeichnendes Licht auf die Gesamtarbeit. Melchert bedient sich hier eines klassischen Kunstgriffs der Demagogie: er nimmt einen beliebigen auch in der Bundesrepublik gebräuchlichen pädagogischen Begriff, erklärt (ohne Beweis) diesen als zur Verschleierung der wahren Inhalte benutzt, die er nun (ebenfalls ohne Beweise) möglichst negativ darstellt und "staatspolitische Erziehung" nennt. Auch diese Haltung läßt sich mit wissenschaftlicher Forschung nicht vereinbaren.

Der methodische Ansatz der Untersuchung erscheint ebenfalls schwach. Melchert gesteht ein (S. 13), daß er keine jugendlichen Sportler aus der Bundesrepublik oder aus Westberlin befragt oder beobachtet hat. Empirische Belege zur Wirkung der von ihm gemutmaßten "staatspolitischen Erziehung" gibt es daher nicht. Allerdings scheint Wissenschaftlichkeit im objektiven Sinne auch nicht die Aufgabe eines Doktoranden in der DDR gewesen zu sein. Melchert sagt es selbst:

"*Sie* [gemeint sind wissenschaftliche Untersuchungen; D.V.] *erfordern von den Historikern ein Höchstmaß an wissenschaftlicher Selbstdisziplin und objektiver Parteilichkeit* [was immer bedeutete "im Sinne der SED"; D.V.]" (S. 13).

Welche Quellen hat Melchert nun seiner Untersuchung zu Grunde gelegt? Die Aufstellung mag überraschen. An ersten Stelle stehen nämlich die "Werke der Klassiker des Wissenschaftlichen Sozialismus" (S. 14), dann folgen die "Dokumente der Kommunistischen Partei Deutschlands", diejenigen der "Sozialistischen Einheitspartei Deutschlands", des "Nationalrats der Nationalen Front des demokratischen Deutschlands" und der "internationalen Arbeiterbewegung" (ebd.). Es ist klar, daß gewisse Schriften in DDR-Dissertationen einfach erwähnt werden mußten, aber unter den Quellenwerken einer Untersuchung der "staatspolitischen Erziehung" im westdeutschen Jugendsport sind sie fehl am Platze.

An sechster Stelle seiner Aufzählung läßt Melchert sich zum ersten Mal auf Sportquellen ein, aber es handelt sich hier um "Material" aus der sozialistischen Tages- und Sportpresse, dessen Wert durchaus angezweifelt werden darf. Erst auf Platz sieben folgen Schriften aus dem "Bereich der westdeutschen Körperkultur" (ebd.). Nach welchen Gesichtspunkten diese Schriften und ihre Autoren ausgewählt wurden, geht aus dem Text nicht hervor. Wichtiger erscheinen Melchert andere Werke:

*"Zum Verständnis der auftauchenden Probleme waren außer den obengenannten Dokumenten grundlegende marxistische Werke, wie 'Menschenerziehung in Westdeutschland' von W. Dorst, 'Psychologische Kriegsführung' von G. Zazwoka, 'Geschichtsschreibung kontra Geschichte' von G. Lorzek und H. Syrbe, 'Gegen die Philosophie des Verfalls', 'Der Anti-Kommunismus als politische Hauptdoktrin des deutschen Imperialismus' von L. Stern u.a. eine bedeutende Hilfe."* (S. 16).

Wissenschaftlich sind diese Schriften ohne Wert. Vom Sport, vor allem vom Jugendsport, um den es in Melcherts Arbeit ja vorrangig geht, wird immer nur sporadisch gesprochen, stets in Form von unbelegten Anklagen, die meist darin gipfeln, daß die beklagte Einrichtung "faschistisch" sei oder in "HJ-Nachfolge" stehe: *"Das Vorbild, die Sportjugend einer eigenen Leitung zu unterstellen, ist im faschistischen HJ-Sport zu finden"* (S. 33).

So folgt Seite auf Seite, ohne daß Melchert wirkliche Belege oder gar Beweise für seine Ansicht angibt. Er verfährt vielmehr nach folgender Methode der "Theoriebildung":

1. These: Westdeutschland ist eine künstliche Bildung reaktionärer, faschistischer Kräfte und des Monopolkapitals (was immer das sei, Melchert erklärt es nicht).

2. These: Alle nicht verbotenen Gruppen in Westdeutschland (auch Sportvereine) müssen diesen Kräften genehm oder gleich ihre Instrumente sein.

3. These: Es gibt diese Gruppen (etwa Sportvereine).

*Schlußfolgerung*: Das Vorhandensein von Sportvereinen in Westdeutschland ist der Beweis dafür, daß diese Gruppen allein und ausschließlich reaktionären Zielen dienen.

Bei dieser Art der "Beweisführung" darf man nicht aus den Augen verlieren, daß sie Teil einer wissenschaftlichen Arbeit ist, die zum *Erwerb eines Doktortitels* geführt hat. Melchert verstößt in dieser Schrift in allen heranziehbaren Kriterien eindeutig gegen die grundlegenden Prinzipien wissenschaftlicher Arbeit. Er folgt ausschließlich den (zum damaligen Zeitpunkt gültigen) Vorgaben der SED-Ideologie. Im Text werden *falsche* und *unbelegte* Behauptungen verbreitet (ganz abgesehen davon, daß die Quellen willkürlich ausgewählt wurden!). Trotz des interessanten Themas, des eifrigen, wenn auch "einäugigen" Quellenstudiums und trotz Melcherts nicht zu leugnender Begabung ist der wissenschaftliche Wert seiner "Untersuchung" gleich Null. Hier wurde (durchaus gekonnt) eine ideologische Propagandaschrift voller unklarer Definitionen, falscher Bezüge, herbeigeschwindelter "Beweise", Halbwahrheiten und offensichtlicher Lügen verfaßt. Milder kann man den Tatbestand nicht ausdrücken.

## VI. Zusammenfassung bisheriger Ergebnisse und Hypothesen

1. Wissenschaft war in der DDR ein Instrument der SED-Führer zur Aufrechterhaltung ihres Machtmonopols. Die Gesellschaftswissenschaften - Jura eingeschlossen - produzierten, von Ausnahmefällen abgesehen, ideologische Texte im Sinne des Marxismus-Leninismus unter dem Deckmantel von Wissenschaft.

Den Wert wissenschaftlicher Arbeit maß die SED ausschließlich am von ihr eingeschätzten Nutzen für den Erhalt ihres Machtmonopols. Wissenschaft durfte nur ausgeübt werden, wenn das der SED-Führung konkrete Vorteile versprach; z.B. als unmittelbare Produktivkraft, als Mittel für Spitzenleistungen im Sport, als Instrument für Spionage, Kriegsvorbereitung, Informationsbeschaffung, Niederhaltung und Gängelung der Bevölkerung, zur Prognose, zum Prestigegewinn etc. Parteilichkeit für die SED und deren Politik war auch im Wissenschaftsbetrieb die Maxime.

2. Daraus folgt: Je wichtiger der SED der Forschungsbereich für die Sicherung ihres Machtmonopols erschien, desto größer war ihr Aufwand, um die Proportion kommunistische Ideologie versus Wissenschaft in ihrem Sinne zu gestalten. Da die politische Macht der SED-Führer während der ganzen Zeit ihrer Herrschaft gefährdet war (permanent bedroht insofern, als ihr Machtmonopol von den sowjetischen Genossen abhing und der freie Westen der Bevölkerung als Lebensalternative allgegenwärtig war), gestaltete sich das Verhältnis von kommunistischer Ideologie und Wissenschaft stets unter dem Primat der SED-Ideologie. Der Prozeß der Instrumentalisierung von Wissenschaft zum Zweck der Systemstabilisierung läßt sich an den als wissenschaftliche Leistungen ausgegeben Publikationen sehr klar erkennen.

3. Je höher der angestrebte akademische Abschluß war, desto mehr beeinflußte die SED (auch über das MfS) das Studium und die weitere akademische Karriere (Prüfungen, soziale Mobilität, Auswahl).

4. Je niedriger das wissenschaftliche Niveau der Doktorarbeiten (A + B) war, um so strenger war deren Geheimhaltung. In einer Reihe von abgeschlossenen Promotionsverfahren - also solchen, die zu Doktorgraden führten - wurden die Dissertationen nie geschrieben. Ihre Themen stehen nur in den Beschlußakten der SED und ihrer Institutionen.

5. Je größer die Geheimhaltung der Doktorarbeiten (A + B), um so konspirativer und der Hochschulöffentlichkeit entzogen gestalteten sich die mündlichen "Prüfungen". Mindestens 15 % aller Dissertationen und Habilitationsschriften dürften in der DDR geheimgehalten worden sein (u.a. nicht im Jahresverzeichnis der Hochschulschriften angezeigt); z.B. waren sämtliche Arbeiten der Sektion Kriminalistik der Humboldt-Universität geheim.

6. Bei in der DDR Studierenden aus Entwicklungsländern, die das MfS als potentielle Führungskader einstufte, kam es zu Promotionen, bei denen die Doktorarbeiten von SED-Spezialisten angefertigt wurden. Die Obskurität mancher Dissertationen von ausländischen Promovenden wird durch eine Anordnung des »Rates für akademische Grade« im Ministerium für Hoch- und Fachschulwesen an die Wissenschaftlichen Räte aktenkundig: Danach galt für alle syrischen

*"Aspiranten, die auf der Grundlage des kommerziellen Vertrages SAR 600 in der DDR weilen und keinen Nachweis als Magister vorweisen können, aufgrund individueller Studienpläne niveauangleichende Studien durchführen. Diese werden von den Hochschulen als Voraussetzung zur Eröffnung des Promotionsverfahrens A anerkannt werden, ohne daß ein Diplomabschluß auf der Grundlage der AO über das Diplomverfahren vom 26.1.1978 gefordert wird".*

7. Bei einer Vielzahl von Kollektiv-Dissertationen und -Habilitationsschriften wird in der DDR der Anteil des einzelnen Kandidaten nicht definiert. Bereits damit wird gegen einen Grundsatz verstoßen, der an westlichen Hochschulen zur Zurückweisung einer einfachen Proseminararbeit führen würde und bei einer Studienabschlußarbeit undenkbar ist.

8. Je höher das Bildungsniveau der Eltern von Promovierten, um so ideologieferner sind Studienfach und Thema, und um so höher ist der wissenschaftliche Standard der Dissertationen.

9. Je enger in der DDR ein Fach an die kommunistische Ideologie gebunden war, um so niedriger wurde es von der Bevölkerung bewertet. Das gilt besonders für die Gebiete: Jura, Gesellschaftswissenschaften (Marxismus-Leninismus, Dialektischer und Historischer Materialismus, Politische Ökonomie), Pädagogik, Soziologie, Journalistik, Geschichte, Psychologie.

10. Je ideologieträchtiger das Fachgebiet und je ausgeprägter die thematische Nähe der A- und B-Promotion, um so niedriger ist tendenziell der Standard der Doktorarbeiten.

Die wenigsten wissenschaftlich relevanten Befunde und Ergebnisse finden wir in Rechtswissenschaft, Gesellschaftswissenschaft, Pädagogik, Soziologie, Ökonomie, Journalistik, Geschichte und Psychologie.

11. Aufgrund unserer bisherigen Befunde ist zu erwarten, daß mehr als drei Viertel der vorliegenden DDR-Doktorarbeiten aus den im Punkt 9 aufgeführten Fachgebieten nicht den Mindeststandards entsprechen, die an eine wissenschaftliche Arbeit einfacher Art zu stellen sind.

## Literatur

Belitz-Demiriz, H./D. Voigt/S. Gries: Die Sozialstruktur der promovierten Intelligenz in der DDR und in der Bundesrepublik Deutschland 1950-1982. (2 Bde.). Bochum 1990.

Bein, H.: Das Ermittlungsverfahren im Strafprozeß der DDR (nebst Anhang strafverfahrensrechtlicher Vorgänge, Tenorierungen, Tabellen und Dokumente). Diss. B Humboldt Universität Berlin (Ost) 1985.

Berg, H. von: Marxismus-Leninismus. Das Elend der halb deutschen, halb russischen Ideologie, Köln 1986.

Berg, H. von: Vorbeugende Unterwerfung. Politik im realen Sozialismus, München 1988.

Bleek, W.: Dissertationen aus der DDR - Verborgene Quellen der DDR Forschung? In: Gesellschaft der DDR. Hrsg. von D. Voigt. Berlin 1984, S. 117-145.

Bleek, W./L. Mertens: Geheimgehaltene Dissertationen in der DDR. In: Zeitschrift für Bibliothekswesen und Bibliographie, 39. Jg. (1992), H. 4, Frankfurt/M., S. 315-326.

Bleek, W./L. Mertens: Verborgene Quellen in der Humboldt-Universität. Geheimgehaltene DDR-Dissertationen. In: Deutschland Archiv, 25. Jg. (1992)), H. 11, Köln, S. 1181-1190.

Gries, S./S. Meck: Das Erbe der sozialistischen Moral. Überlegungen und Untersuchungen zum Rechtsbewußtsein in der ehemaligen DDR. In: Umgestaltung und Erneuerung im vereinigten Deutschland. Hrsg. von D. Voigt und L. Mertens, Berlin 1993, S. 29-60.

Illner, W.: Promotion in der DDR. Von der Förderung des wissenschaftlichen Nachwuchses zur Elitenbildung. Diss. Ruhr-Universität Bochum 1993.

Lutz, W.: Ideologie und Wissenschaft in der Sportsoziologie der DDR. Eine Untersuchung über die politische Instrumentalisierung einer Zweigsoziologie im real existierenden Sozialismus. Bochum 1988.

Mertens, L.: A State Secret - Dissertations in German Democratic Republic. In: Journal of Documentation, 50. Jg. (1994), H. 1, Belfast, S. 1-10.

Mertens, L.: Eine stolze Bilanz oder vielleicht doch "Leichen im Keller"? Ein kritischer Beitrag zur Sektion Kriminalistik der Berliner Humboldt-Universität. In: Kriminalistik, 48. Jg. (1994), H. 2, Heidelberg, S. 120-122.

Sacharow, Andrej D.: Stellungnahme, Wien-München-Zürich 1974.

Schwebig, E.: Der betriebliche Gesundheits- und Arbeitsschutz in der DDR. Frankfurt a. M. u.a. 1985.

Schuller, W.: Zwei Nationen - zwei Wissenschaften? Eindrücke vom Wiederaufbau der Wissenschaftsorganisationen in den neuen Bundesländern. In: Deutschland Archiv, 27. Jg. (1994), H. 5, Köln, S. 470-477.

Voigt, D.: Soziologie in der DDR. Eine exemplarische Untersuchung. Köln 1975.

Voigt, D. (Hg.): Die Gesellschaft der DDR. Untersuchungen zu ausgewählten Bereichen. Berlin 1984.

Voigt, D.: Schichtarbeit und Sozialsystem. Zur Darstellung, Entwicklung und Bewertung der Arbeitszeitorganisation in der Bundesrepublik Deutschland und der DDR. Bochum 1986.

Voigt, D. (Hg.): Elite in Wissenschaft und Politik. Empirische Untersuchungen und theoretische Ansätze. Berlin 1987.

*Lothar Mertens*

# WISSENSCHAFT ALS DIENSTGEHEIMNIS

## Die geheimen DDR-Dissertationen

## I. Vorbemerkung

Bereits der ideologische Schöpfer des Sozialismus, Karl Marx, war im Jahre 1842 angesichts eines die Pressefreiheit einschränkenden Zensurgesetzes zu der Erkenntnis gekommen: *"Die Censur macht jede verbotene Schrift, sei sie schlecht oder gut, zu einer außerordentlichen Schrift"*.[1] Doch die Marx-Rezeption in der DDR-Staats- und Parteiführung war bekanntermaßen einseitig ausgerichtet und so gehörten Tausende von Doktorarbeiten, die an den ostdeutschen Hochschulen angenommen wurden, als "außerordentliche Schriften" zu den Staatsgeheimnissen der DDR. Bisher konnten über Umfang und Inhalte dieser sekretierten Dissertationen nur Vermutungen angestellt werden.[2] Nach der Wende im Herbst 1989 und der deutschen Vereinigung im Oktober 1990 konnte jedoch auch dieser Geheimnisbereich erschlossen werden.

Im Rahmen eines von der Deutschen Forschungsgemeinschaft unterstützten Projektes wurde untersucht, welche Dissertationen vom SED-Regime als geheimhaltungswürdig eingestuft wurden.[3] Dabei interessierten insbesondere die Themen und Promotionsinstitutionen, aber auch die unterschiedlichen Geheimhaltungsstufen und ihre eventuellen Löschungen. Materialgrundlage waren die Karteikarten der Dienstkataloge im »Sachgebiet für spezielle Forschungsliteratur« der Deutschen Bücherei Leipzig und in der Hochschulschriftenstelle der Ost-Berliner Universitätsbibliothek. Darüberhinaus wurden durch persönliche Besuche und schriftliche Anfragen die Bestände der übrigen ostdeutschen Hochschulbibliotheken und Hochschularchive einbezogen.[4]

---

[1] So Karl Marx in: Rheinische Zeitung, Nr. 135 vom 15. Mai 1842 (auch in: Karl Marx/ Friedrich Engels: Gesamtausgabe, Bd. 1. Berlin (Ost) 1975, S. 152).

[2] Siehe Wilhelm Bleek: Dissertationen aus der DDR - Verborgene Quellen der DDR-Forschung? In: Die Gesellschaft der DDR. Hrsg. von Dieter Voigt. Berlin 1984, S. 117-145.

[3] Siehe ausführlich: Wilhelm Bleek/Lothar Mertens: DDR-Dissertationen. Promotionspraxis und Geheimhaltung von Doktorarbeiten im SED-Staat. Opladen 1994.

[4] Bibliographie der geheimen DDR-Dissertationen/Bibliography of Secret Dissertations in the German Democratic Republic. München 1994.

Tabelle 1: Geheimgehaltene Dissertationen nach Promotionsgrad

| Jahr | Diss. A abs. | Diss. B abs. | Diss.A/B abs. |
|---|---|---|---|
| 60erJ. | 341 | 25 | 366 |
| 1970 | 116 | 6 | 122 |
| 1971 | 178 | 13 | 191 |
| 1972 | 186 | 14 | 200 |
| 1973 | 198 | 14 | 212 |
| 1974 | 209 | 11 | 220 |
| 1975 | 241 | 15 | 256 |
| 1976 | 268 | 38 | 306 |
| 1977 | 291 | 33 | 324 |
| 1978 | 316 | 38 | 354 |
| 1979 | 385 | 75 | 460 |
| 1980 | 391 | 83 | 474 |
| 1981 | 384 | 69 | 453 |
| 1982 | 431 | 93 | 524 |
| 1983 | 523 | 101 | 624 |
| 1984 | 609 | 112 | 721 |
| 1985 | 662 | 154 | 816 |
| 1986 | 632 | 141 | 773 |
| 1987 | 438 | 93 | 531 |
| 1988 | 184 | 55 | 239 |
| 1989 | 172 | 65 | 237 |
| 1990 | 148 | 16 | 164 |
| Insges. | 7.303 | 1.264 | 8.567 |

## II. Rechtsgrundlage

In der DDR wurden bereits seit Anfang der sechziger Jahre einzelne Dissertationen separiert und der normalen Benutzung entzogen. Durch die »Anordnung zum Schutz der Dienstgeheimnisse vom 6.12.1971« des Ministers für Hoch- und Fachschulwesen wurde diese Praxis zu Beginn der siebziger Jahre kodifiziert. Die »Anweisung über die Archivierung von Hoch- und Fachschulschriften mit Dienstgeheimnissen vom 4. Oktober 1977« verfügte schließlich eine zentrale Sammlung und Aufbewahrung dieser Dissertationen in der Deutschen Bücherei Leipzig. Die Benutzung dieser Doktorarbeiten war selbst für wissenschaftliche Zwecke nur sehr bedingt möglich, da aufgrund einer internen Weisung des Ministeriums für Hoch- und Fachschulwesen an die Deutsche Bücherei vom 4. Oktober 1977 eine Aufnahme in die normalen Bibliothekskataloge und Bibliographien der Deutschen Bücherei unterbleiben mußte, d.h. diese Dissertationen durften nicht in der »Deutschen Nationalbibliographie, Reihe C: Dissertationen und Habilitationen« (DN, C) sowie den »Jahresverzeichnissen der Hochschulschriften« (JVH) angezeigt werden. Die zu archivierenden Hochschulschriften mußten deshalb in gesonderten Katalogen erfaßt werden. Interessierten Benutzern durfte immer nur derjenige Teil des Kataloges zur Einsichtnahme zugänglich gemacht werden, der für das zu bearbeitende Thema relevant war. DDR-Bürger mußten für die Nutzung eine Genehmigung beim Generaldirektor der Deutschen Bücherei Leipzig beantragen, Bürger anderer Staaten (einschließlich der Bundesrepublik Deutschland) eine Benutzungserlaubnis durch den Minister für Hoch- und Fachschulwesen erlangen.[5] Die Zugangsbücher der Deutschen Bücherei, in der die als »Vertrauliche Dienstsache« (VD) eingestuften Dissertationen inventarisiert wurden, mußten ihrerseits als »VD«[6] behandelt werden.[7]

Ungeachtet der in der »Anweisung über die Archivierung von Hoch- und Fachschulschriften mit Dienstgeheimnissen vom 4. Oktober 1977« ministeriell festgelegten Abgabepflicht[8] der Hochschulschriften "spätestens 4 Wochen nach Herstellung" dauerte es häufig mehrere Jahre, bis die Hochschulen der DDR diese Dissertationen an die zentrale Sammelstelle »Sachgebiet für spezielle Forschungsliteratur« der Deutschen Bücherei Leipzig weitergeleitet hatten. Diese nachlässige und zögerliche Abgabe produzierte auch Kuriosa. Energische Rückfragen und nachdrückliche Erinnerungen an ihre Abgabeverpflichtung durch die Leipziger Sammelstelle lösten die verschiedenen Hochschulbibliotheken häufig unfreiwillig selbst dadurch aus, daß sie in Briefen an die Deutsche Bücherei für zahlreiche Dissertationen eine Löschung bzw. Absenkung der VD- oder NfD-Vermerke verfügten und es sich dann herausstellte, daß diese Doktorarbeiten entgegen den Richtlinien noch immer nicht nach Leipzig abgegeben worden waren.[9]

---

5  § 5 der Anweisung über die Archivierung vom 4. 10.1977.
6  Zugangsbuch, Nr. 1, Jgg. 1978-1982; VD IA-191/78/1/1-96; Zugangsbuch, Nr. 2, Jgg. 1982-1987; VD IA-191/78/1/97-193; Zugangsbuch, Nr. 3, Jgg. 1987-1988; VD IA-191/78/1/194-214.
7  Punkt 3 der "Weisung des Ministers an die Deutsche Bücherei" vom 4.10.1977.
8  § 3 der Anweisung über die Archivierung vom 4. 10.1977.
9  Vgl. die Schreiben der Bibliothek der TH Ilmenau vom 9.10.86, 23.12.86 und 28.9.87; der TH Leipzig vom 25.9.86 und der Akademie für Landwirtschaftswiss. vom 2.9.87.

Durch einen Beschluß des Ministerrates der DDR vom 15. Januar 1987 über die »Grundsätze zum Schutz der Staatsgeheimnisse der DDR« wurde eine Pflichtüberprüfung des Geheimhaltungsgrades bei allen noch gesperrten Dissertationen angeordnet. Infolge dieses Beschlusses wurden bis September 1988 zahlreiche zuvor sekretierte Dissertationen wieder öffentlich zugänglich, außerdem reduzierte sich drastisch die Zahl von neuen Dissertationen, die eine Klassifizierung erhielten.

Die über den Geheimhaltungsstufen »NfD« und »VD« rangierenden Einordnungsgruppen führten dazu, daß diese Dissertationen nicht einmal mehr in den Sondermagazinen der Hochschulbibliotheken verwahrt und auch nicht an die Deutsche Bücherei nach Leipzig verschickt werden durften,[10] sondern in den Panzerschränken der zentralen Verschlußsachen-Dienststellen der Promotionsinstitutionen aufbewahrt werden mußten. Bei der Stufe »Vertrauliche Verschlußsache« (VVS) hatte lediglich ein überaus eingeschränkter Kreis von Sektionsdirektoren und ausgewählten Professoren das Recht zur Einsichtnahme, während die »Geheimen Verschlußsachen« (GVS) nur von einigen, wenigen auserwählten Führungskadern eingesehen werden durften. Derart hoch klassifizierte Dissertationen durften gleichfalls nicht in den Bibliographien angezeigt werden.

## III. Anteil der gesperrten Dissertationen an der Gesamtzahl

In den »Jahresverzeichnissen der Hochschulschriften« (JVH) wurden für die Jahre 1978 bis 1987 insgesamt 34.383 Arbeiten angezeigt, die an den Akademien, Universitäten und Hochschulen in der DDR als Dissertationen (A und B) angenommen worden waren. Mindestens weitere 7.409 Dissertationen durften im gleichen Zeitraum aus Geheimhaltungsgründen nicht in der »Deutschen Nationalbibliographie, Reihe C« bzw. der JVH aufgeführt werden. Daraus folgt, daß in den Jahren 1978-1987 insgesamt 41.792 Doktorarbeiten in der DDR angefertigt wurden.[11] Der prozentuale Anteil der sekretierten

---

10   Siehe dazu ausführlich: Wilhelm Bleek/Lothar Mertens: Geheimgehaltene Dissertationen in der DDR. In: Zeitschrift für Bibliothekswesen und Bibliographie, 39. Jg. (1992), H. 4, Frankfurt/M., S. 315-326; S. 315 f.

11   Bei beiden Angaben ist zu berücksichtigen, daß das Jahr der Registrierung nicht identisch ist mit dem Promotionsjahr der einzelnen Arbeit. Sowohl für die Jahresverzeichnisse der Hochschulschriften als auch für die VD-Zugangsbücher der Deutschen Bücherei Leipzig ist eine 12-18monatige Verzögerung in der Verzeichnung zu beachten, die zu-

Doktorarbeiten betrug somit 17,7 %, d.h. jede sechste Dissertation in diesem Zeitraum wurde als geheim eingestuft.

Tabelle 2: Anteil der geheimen DDR-Dissertationen A und B an der Gesamtzahl der an den Universitäten und wiss. Hochschulen verteidigten Promotionen 1978-1987

| Jahr | DDR-Diss. Gesamt abs. | davon in JVH angezeigt abs. | Geheime NfD/ VD abs. | Geheime VVS/ GVS abs. | Geheime Diss. insges. in % |
|---|---|---|---|---|---|
| 1978 | 3.397 | 2.961 | 408 | 28 | 12,8 |
| 1979 | 3.817 | 3.031 | 736 | 50 | 20,6 |
| 1980 | 3.662 | 2.981 | 625 | 56 | 18,6 |
| 1981 | 3.835 | 3.224 | 549 | 62 | 15,9 |
| 1982 | 3.913 | 3.095 | 768 | 50 | 20,9 |
| 1983 | 4.357 | 3.757 | 553 | 47 | 13,8 |
| 1984 | 4.447 | 3.669 | 714 | 64 | 17,5 |
| 1985 | 4.912 | 4.199 | 662 | 51 | 14,5 |
| 1986 | 5.121 | 3.922 | 1.146 | 53 | 23,4 |
| 1987 | 4.331 | 3.544 | 703 | 84 | 18,2 |
| Insges. | 41.792 | 34.383 | 6.864 | 545 | 17,7 |

---

meist durch die verspätete Titelnennung/Pflichtexemplarabgabe der jeweiligen Hochschule verursacht wurde.

## IV. Geheimhaltungsgefälle zwischen Promotionsorten

Eine Zuordnung der geheimgehaltenen Dissertationen zu den Promotionsinstitutionen zeigt beträchtliche Unterschiede zwischen den verschiedenen Akademien, Universitäten und Hochschulen auf. Dies gilt sowohl für die absolute Ziffer der geheimen Dissertationen an den einzelnen Institutionen als auch für deren prozentualen Anteil an der Gesamtzahl der Promotionen der jeweiligen Einrichtung. Bei 2.778 von 2.869 als »Vertrauliche Dienstsache« eingestuften Dissertationen (= 96,8 %) ist im Zugangsbuch der Deutschen Bücherei der Promotionsort mit verzeichnet. Die Gesamtzahl der VD-Klassifikationen für die einzelnen Institutionen in den Jahren 1978 bis 1987 wird in der folgenden Übersicht in Relation zur Zahl der in den »Jahresverzeichnissen der Hochschulschriften« angezeigten Arbeiten gestellt.

Tabelle 3: Geheime Dissertationen im Verhältnis zu den im JVH angezeigten Doktorarbeiten an Universitäten und wiss. Hochschulen

| Institution | Dissertationen klass. | | | | | | |
|---|---|---|---|---|---|---|---|
| | Gesamt zahl | in JVH angez. | davon klassifiziert als Diss. zu | | | | |
| | | | NfD | VD | VVS | GVS | Gesamt |
| | abs. | abs. | abs. | abs. | abs. | abs. | in % |
| Akademie d. Wissensch. | 1.535 | 1.326 | 103 | 105 | 1 | - | 13,6 |
| Akademie d. Landwirt. | 637 | 377 | 40 | 220 | - | - | 40,8 |
| Humboldt-Univ. Berlin | 6.049 | 4.981 | 557 | 411 | 95 | 5 | 17,7 |
| Univ. Greifswald | 1.283 | 1.123 | - | 79 | 59 | 22 | 12,5 |
| Univ. Halle | 2.842 | 2.556 | 2 | 241 | 43 | - | 10,1 |
| Univ. Jena | 1.993 | 1.804 | 78 | 99 | 12 | - | 9,5 |
| Univ. Leipzig | 4.062 | 3.722 | 96 | 200 | 44 | - | 8,4 |
| Univ. Rostock | 2.015 | 1.875 | 14 | 115 | 11 | - | 6,9 |
| Hochschule f. Ökonomie | 848 | 440 | 9 | 236 | 149 | 14 | 48,1 |
| Bergakad. Freiberg | 984 | 599 | 176 | 152 | 57 | - | 39,1 |
| TU Dresden | 3.294 | 3.052 | 183 | 49 | 10 | - | 7,3 |
| HfVw Dresden | 629 | 426 | 132 | 38 | 22 | 11 | 32,3 |
| TH Ilmenau | 795 | 588 | 95 | 95 | 17 | - | 26,0 |
| TU Karl-Marx-Stadt | 1.329 | 1.029 | 75 | 221 | 2 | 2 | 22,6 |
| TH Leuna-Merseburg | 1.005 | 512 | 364 | 127 | 2 | - | 49,1 |
| TU Magdeburg | 859 | 751 | 57 | 38 | 13 | - | 12,6 |

Sehr rigoros wurde die Geheimerklärung von Doktorarbeiten an der Hochschule für Ökonomie »Bruno Leuschner« in Ost-Berlin betrieben, wobei das Mißverhältnis zwischen in den im JVH angezeigten Doktorarbeiten und den geheimen Dissertationen an dieser Hochschule in den Jahren 1978-80 besonders eklatant war.[12]

Relativ hoch lag der Anteil von als »VVS« und »GVS« eingestuften Dissertationen an der Ernst-Moritz-Arndt-Universität und vor allem an der Hochschule für Ökonomie.[13] Während in Greifswald die Doktorarbeiten aus der Fakultät für Militärmedizin[14] entsprechend klassifiziert wurden,[15] waren es an der Ost-Berliner Wirtschaftshochschule Dissertationen, in denen Datenmaterial aus der Zentralen Plankommission, der Staatlichen Zentralverwaltung für Statistik[16] oder einzelnen - meist Rüstungsgüter - produzierenden Kombinaten verwendet worden war. Alle als »Geheime Verschlußsache« gesperrten Arbeiten wurden an der Sektion Militärökonomie angenommen,[17] die ein weitgehend abgeschottetes Eigenleben führte. Diese Abkapselung gilt auch für die Sektion Militärisches Transport- und Nachrichtenwesen der Hochschule für Verkehrswesen »Friedrich List«,[18] wo nahezu alle VVS/GVS-Dissertationen dieser Dresdner Hochschule verteidigt wurden.

Trotz der allgemeinen Tendenz zur Einheitlichkeit in der DDR, findet sich in den Promotionsverfahren eine eigentümliche Vielfalt der Ausführungen. Beispielsweise konnten bei Gemeinschaftsarbeiten, den sogenannten Kollektiv-Dissertationen, die einzelnen Mitglieder der Gruppe nicht nur unterschiedliche Doktorgrade A und B, sondern auch unterschiedliche Fachbezeichnungen erwerben. So erhielt einer der beiden Autoren bei einer gesellschaftswissenschaftlichen Dissertation an der Bergakademie Freiberg den Titel des

---

12   Im Jahre 1978 standen 50 angezeigten 57 geheime Dissertationen gegenüber, 1979 war das Verhältnis 37:49 und im Jahre 1980 sogar 29:44.

13   Die vor zwei Jahren (Anm. 10, S. 318, Anm. 13) noch gemutmaßte Zahl von 200 VVS-Dissertationen wird allein durch diese beiden Hochschulen schon überschritten.

14   Nach der Gründung der Militärmedizinischen Akademie Bad Saarow erfolgte eine Abstufung zur Militärmedizinischen Sektion.

15   Z.B.: Laudin, Dr. Kurt: Der Schnellnachweis und militärisch bedeutsame Eigenschaften künstlich erzeugter aerodisperser Mikroorganismen - ein Beitrag zur unspezifischen Aufklärung von biologischen Kampfmittel-Aerosolen. Diss. B Universität Greifswald, Militärmed. Sekt. 1984.

16   Z.B.: Brautzsch, Hans-Ulrich: Holz im volkswirtschaftlichen Wachstumsprozeß. Diss. A Hochschule f. Ökonomie, Berlin (Ost) 1984.

17   Z.B.: Drechsel, Dr. Eberhard: Zu einigen Grundproblemen der wirtschaftlichen Mobilmachung und ihrer Vorbereitung und Planung in der DDR. Diss. B, Hochschule f. Ökonomie, Berlin (Ost) 1980.

18   Krautz, Paul: Die voraussichtlichen Folgen des ersten massierten Kernwaffenschlages in einer Eisenbahnpionierbrigade sowie die Maßnahmen zur Beseitigung der Folgen. Diss. A Hochschule f. Verkehrswesen, Dresden 1983.

»Dr. phil.«, der andere hingegen den des »Dr. oec.« für die gleiche, gemeinsam angefertigte Arbeit.[19] Auch war es möglich, daß eine Kollektiv-Dissertation von zwei Fakultäten angenommen wurde und die Verfasser deshalb ebenfalls völlig unterschiedliche Doktortitel erlangten, wie es bei einer Hallenser Promotion B geschah.[20] Im Gegensatz zur Forderung der Promotionsordnung nach Kennzeichnung des individuellen Beitrags der einzelnen Autoren ist in zahlreichen Kollektiv-Dissertationen nicht erkennbar, welche Passagen die verschiedenen Verfasser angefertigt haben.[21]

Auffallend ist daneben, daß bei den westdeutschen Habilitationen nur sehr bedingt vergleichbaren Promotionen B die Zahl der Kollektiv-Dissertationen mit drei und mehr Verfassern signifikant abnimmt. Der Wunsch zur Betonung der eigenen Leistung scheint bei den »Doktoren der Wissenschaften« wesentlich deutlicher ausgeprägt gewesen zu sein als bei den »Doktoren eines Wissenschaftszweiges«, wo prozentual doppelt soviele Gemeinschaftsarbeiten von zwei oder drei Verfassern eingereicht wurden.

Die Höherstufung einer Dissertation A zur Dissertation B war gleichfalls eine bedenkliche Opportunität des DDR-Promotionsrechtes, besonders wenn es sich um hochgeheime VVS- oder GVS-Arbeiten handelte.[22] Für manches Promotionsverfahren[23] sind in den Hochschularchiven keine Promotionsunter-

---

[19] Kellner, Andreas/Wittenbecher, Volker: Zur Entwicklung der Produktivkräfte im VEB Schachtbau Nordhausen als Bergbauspezial- und Montagebetrieb von 1963 bis 1976 unter besonderer Berücksichtigung der Rolle des wissenschaftlich-technischen Fortschritts. Diss. A Bergakademie Freiberg 1981.

[20] Rudolph, Harry/Ecke, Arthur: Untersuchungen zur Wirksamkeit der Gesundheitserziehung, dargestellt an Ergebnissen prophylaktischer Kuren. Diss B Martin-Luther-Univ. Halle-Wittenberg 1985. Während Dr. med. Rudolph in der Medizinischen Fakultät den »Dr. sc. med.« erhielt, war es bei Dr. paed. Ecke in der Philosophischen Fakultät der »Dr. sc. paed.«

[21] Rübensam, A./Bockholdt, K.: Weiterentwicklung der Welksilageproduktion durch Breitablage-Breitaufnahme und prozeßoptimierte Organisation. Diss. A/B Akademie der Landwirtschaftswissenschaften der DDR, Berlin (Ost) 1987. In dieser Untersuchung ist nicht erkennbar, welcher Autor welches Kapitel verfaßt hat. Für diese Studie erhält Rübensam den Titel des »Dr. sc. agr.« und Bockholdt den Grad des »Dr. agr.«

[22] Fröbel, Jörg: Theoretische und praktische Fragen der Proportionalität in Industriekombinaten; Berlin (Ost), Hochschule für Ökonomie, Diss. B 1982 [GVS];

Weber, Mathias: Ausarbeitung der Grundlagen und experimentellen Erprobung eines entscheidungsvorbereitenden Systems für die Bewertung und Auswahl von Neuerungsprozessen (Projekten); Berlin (Ost), Hochschule für Ökonomie, Diss. B 1982 [VVS].

[23] Günther, Hans; Enders, Rainer: Die Entwicklung der sozialen und ökonomischen Struktur der DDR und ihrer Bezirke und die sich daraus ergebenden Konsequenzen für die Landesverteidigung; Berlin (Ost), Hochschule für Ökonomie, Diss. A 1984 [GVS].

lagen mehr vorhanden: weder eine Dissertationsschrift, noch die Gutachten oder das Protokoll der Verteidigung. In den Archivakten ist lediglich durch einen Brief oder eine Aktennotiz erkennbar, daß dieses Promotionsverfahren stattgefunden hat und danach *alle* Unterlagen den beiden externen Prüflingen übergeben wurden.[24]

Tabelle 4: Zahl der Promovenden nach Promotionsart an Universitäten und wissenschaftlichen Hochschulen

| Zahl der Promovenden | Diss. A | Diss. B |
| --- | --- | --- |
| | in % | in % |
| 1 | 85,8 | 92,2 |
| 2 | 12,5 | 7,2 |
| 3 | 1,4 | 0,6 |
| 4 | 0,3 | - |
| Insgesamt | 100 | 100 |

Sehr fragwürdig[25] und juristisch sicher nicht unbedenklich war auch die bewußte Falschangabe des Dissertationstitels auf der Promotionsurkunde, wie etwa bei den folgenden Arbeiten:

Gottschling, Ulf: Beitrag zur schnelleren Wirksamkeit von Forschungs- und Entwicklungsergebnissen bei der Überleitung militärischer Erzeugnisse im Industriebereich Elektrotechnik/Elektronik der Deutschen Demokratischen Republik, untersucht und dargestellt am Beispiel des VEB Robotron-Meßelektronik »Otto Schön« Dresden; Berlin (Ost), Hochschule für Ökonomie, Diss. A 1983 [VVS].

---

24  Archiv der Fachhochschule für Technik und Wirtschaft, Berlin; Akte 17649; Siehe den handschriftlichen Vermerk auf dem Brief des Rektors der Hochschule für Ökonomie an den Abteilungsdirektor der Militärökonomie vom 16. Juli 1984.

25  Zur Fragwürdigkeit von Promotionen in der DDR im allgemeinen siehe auch den hier abgedruckten Beitrag von Dieter Voigt.

In der Promotionsurkunde lautete das Thema: "Beitrag zur schnelleren Wirksamkeit von Forschungs- und Entwicklungsergebnissen bei der Überleitung in die Serienfertigung".

Lohse, Detlef: Der militärische Erzeugnisfortschritt und seine militärökonomischen Konsequenzen; Berlin (Ost), Hochschule für Ökonomie, Diss. A 1987 [GVS].

In der Promotionsurkunde hieß es: "Zu Problemen der ökonomischen Sicherstellung der Landesverteidigung der DDR".

Opitz, Wolfgang; Schirmer, Gerd: Die Organisation der industriellen Instandsetzung von Waffensystemen in der Volkswirtschaft; Berlin (Ost), Hochschule für Ökonomie, Diss. A 1973 [GVS].

In der Promotionsurkunde steht hingegen: "Die Organisation der industriellen Instandsetzung von *speziellen technischen Systemen* in der Volkswirtschaft" (Hervorhebung, L.M.) um die militärische Komponente zu verschleiern!

Besonders prekär war es allerdings für die Doktoranden, wenn ihre langjährigen wissenschaftlichen Forschungen durch die Ablehnung der Arbeit durch parteihörige Hochschulkader quasi über Nacht wertlos wurden. Ein dramatisches Beispiel dafür ist der VIII. Parteitag der SED im Juni 1971. Die dort vollzogene personelle Ablösung von Walter Ulbricht zu Erich Honecker bedingte auch einen wirtschafts- als auch sprachpolitischen Wechsel. Statt des gesellschaftlichen "Systems des Sozialismus" wurde nun die "Einheit von Wirtschafts- und Sozialpolitik" als Hauptaufgabe der SED akzentuiert. Die drei folgenden Titel aus dem Jahre 1971 haben dem ersten Augenschein nach (hier auch optisch hervorgehobene) Gemeinsamkeiten:

"Die Einbeziehung der örtlichen Versorgungswirtschaft unter besonderer Berücksichtigung des Handwerks, der Betriebe mit staatlicher Beteiligung und der Privatbetriebe in die *Systemregelungen* der kommenden Jahre".

"Der ökonomische Inhalt und die neuen Formen der internationalen Spezialisierung und Kooperation, die sich aus den Entwicklungstendenzen des entwickelten *gesellschaftlichen Systems des Sozialismus* der DDR ergeben".

"Die *Weiterentwicklung des Systems* der politisch-territorialen Leitung und Planung der Außenwirtschaftsbeziehungen der Deutschen Demokratischen Republik mit den kapitalistischen Industrieländern unter besonderer Berücksichtigung des Anlagenimports".

Jedoch erlangte nur der Verfasser der erstgenannten Arbeit an der Ost-Berliner Hochschule für Ökonomie den begehrten Doktortitel, denn er verteidigte seine Dissertation noch vor dem VIII. Parteitag der SED, während die beiden anderen Arbeiten hingegen im Spätsommer 1971 abgelehnt und die Verfasser aus ihrer Aspirantur entlassen wurden.[26] Deshalb wurde seit Anfang der siebziger Jahre, besonders im wirtschaftswissenschaftlichen Bereich, versucht, möglichst alle anstehenden Promotionsverfahren noch vor dem jeweiligen Parteitag abzuschließen, da politische Richtungswechsel nicht vorhersehbar waren.

Aus dieser präventiven Vorsicht heraus ist auch das hektische Promotionstreiben in der Nachwendezeit bis zur Vereinigung im Oktober 1990 zu erklären, wo an vielen vor der Auflösung stehenden Institutionen, wie etwa der Ost-Berliner »Akademie für Gesellschaftswissenschaften beim ZK der SED«, noch rasch und "vorfristig" Aspiranten und Doktoranden im Eilverfahren promoviert wurden.

## V. Gutachter

Die hochschul- und sektionsinterne Klassifikation der Doktorarbeiten kann in vielen Fällen nicht nur auf ihren geheimhaltungsbedürftigen wissenschaftlichen Inhalt, sondern wohl auch auf die Person der Betreuer sowie der Gutachter und die besondere Politik der Hochschulleitung in der Frage der Geheimhaltung von Dissertationen zurückgeführt werden. Eine besondere Rolle für die Geheimhaltungspraxis spielte die promovierende Sektion der jeweiligen Hochschule. Dabei wurde die Sekretierungsentscheidung der Sektionsleitung sicherlich durch den angestrebten wissenschaftlichen Grad, Promotion A oder B, beeinflußt.

Die Entscheidung, ob eine Dissertation zu sekretieren war oder nicht, wurde wesentlich von den Betreuern und Gutachtern mitbestimmt. Der Prüfling mußte von sich aus eine Geheimhaltung beantragen, wenn er entsprechendes klassifiziertes Material verwendet hatte, bei Industrieforschungen hatten auch die beteiligten Kombinate das Recht, eine Klassifizierung der Arbeit zu beantragen. Darüber hinaus führte die Geheimhaltung zahlreicher Dissertationen auch direkt auf die Persönlichkeitsmerkmale der Gutachter und insbesondere deren Stellung im Staats- und Herrschaftssystem der DDR zurück. Dieser Zusammenhang wird deutlich bei einer Analyse, welche Betreuer an den Verteidigungen von klassifizierten Dissertationen beteiligt waren. Dabei zeigt sich, daß ein-

---

26  Siehe die entsprechenden Angaben (Akten 16868, 17649) in den Promotionsunterlagen des Archivs der Fachhochschule für Technik und Wirtschaft, Berlin (ehemals Hochschule für Ökonomie).

zelne Gutachter in den verschiedenen Sektionen fast ein Monopol innehatten, anders ausgedrückt: die Beteiligung eines bestimmten Hochschullehrers an einem Promotionsverfahren bot eine hohe Gewähr für die Sekretierung der Arbeit. Dem einzelnen Doktoranden war bereits mit der Themenvergabe und dem damit verbundenen etwaigen Zugang zu klassifiziertem Datenmaterial bekannt, daß seine Arbeit später sekretiert werden würde.

In der Sektion Kriminalistik der Ost-Berliner Humboldt-Universität beispielsweise hatte jede dritte Promotionsschrift denselben Gutachter, da hier zwei Professoren eine Oligopolstellung innehatten. Ebenso merkwürdig waren manche Promotionsverfahren in dieser Sektion, wo mehrere Professoren und Dozenten, die dort selbst erst kurz zuvor mit sekretierten Arbeiten promoviert worden waren,[27] nun als Gutachter von gleichfalls klassifizierten Dissertationen auftraten.[28] Diese Vorgänge illustrieren das völlig abgeschottete Eigenleben, welches diese Sektion an der Ost-Berliner Humboldt-Universität führte,[29] in der zahlreiche Mitarbeiter und Assistenten als Stasi-Informanten

---

[27] Bohndorf, Dieter: Die Jugendkriminalität 1980 im Vergleich zu 1970 in einem industriellen Ballungsgebiet der DDR: Beitrag zur Weiterentwicklung der ursachentheoretischen Konzeption und der empirischen Forschung der Kriminologie in der DDR unter besonderer Berücksichtigung kriminalistischer Probleme. Diss. B Humboldt-Univ. Berlin (Ost) 1983;

Girod, Hans: Theoretische und methodische Grundzüge der kriminalistischen Untersuchung verdächtiger Todesfälle. Diss. B Humboldt-Univ. Berlin (Ost) 1983;

Hartwig, Rudolf: Zur Entwicklung von Gesetzlichkeit und Recht in ihrer Bedeutung für die Arbeit der deutschen Volkspolizei zur Gewährleistung einer öffentlichen Ordnung und Sicherheit unter Berücksichtigung kriminalistischer Tätigkeit: Beitrag über Anwendung und Durchsetzung ausgewählter gesetzlicher Bestimmungen in der kriminalistischen Praxis im Prozeß der Verwirklichung der Sicherheitspolitik der Partei. Diss. B Humboldt-Univ. Berlin (Ost) 1982;

Ochernal, Manfred: Die Aufgaben der Psychiatrie im Strafvollzug der DDR. Diss. B Humboldt-Univ. Berlin (Ost) 1971.

[28] Bohndorf begutachtet u.a.: Richter-Tewis, Jutta: Studie zum Havariegeschehen im WBK Berlin im Zeitraum von 1979-1984. Diss. B Humboldt-Univ. Berlin (Ost) 1986;

Girod begutachtet u.a.: Ngo Tien, Quy: Theoretische und praktische Probleme der Nutzung des Täterwissens im kriminalistische Untersuchungsprozeß - dargestellt an der Aufklärung von vorsätzlichen Tötungsdelikten. Diss. A Humboldt-Univ. Berlin (Ost) 1987;

Hartwig begutachtet u.a.: Petzold, Dieter/Hounsinou, Jean: Die IKPO (Interpol) als imperialistische internationale kriminalpolizeiliche Organisation. Diss. A Humboldt-Univ. Berlin (Ost) 1971;

Ochernal begutachtet u.a.: Rudolf, Gottfried: Der Psychologe als Sachverständiger im Strafverfahren. Diss. B Humboldt-Univ. Berlin (Ost) 1984.

[29] Siehe ausführlich Mertens, Lothar: Eine stolze Bilanz oder vielleicht doch "Leichen im Keller"? Ein kritischer Beitrag zur Sektion Kriminalistik der Berliner Humboldt-Uni-

(IM) und als Offiziere im besonderen Einsatz (OibE) nach der Wende enttarnt wurden.[30]

Um die Bedeutung einzelner Betreuer für die Sekretierung geheimer Dissertationen an der Humboldt-Universität stärker herauszuarbeiten und deren unterschiedlich häufige Beteiligung an den verschiedenen Klassifizierungsstufen zu belegen, werden im weiteren einige beteiligte Betreuer näher untersucht. Aus datenschutzrechtlichen Gründen werden statt der Personennamen der Gutachter die bei der Auswertung verwendeten insgesamt 447 Code-Nummern angegeben. Neben den eigentlichen Geheimhaltungsstufen »Nur für den Dienstgebrauch«, »Vertrauliche Dienstsache« und »Vertrauliche Verschlußsache« wird hier zusätzlich noch die niedrigste Stufe »Nur in der DDR verleihbar« mitberücksichtigt, um die Unterschiede noch stärker herausarbeiten zu können. Während bei einem Betreuer ("109") nur ein Drittel aller Arbeiten in die eigentlichen Geheimhaltungsstufen gelangte, wurden bei den neun Spitzenreitern alle Dissertationen strikt sekretiert. Offensichtlich gab es Doktorväter und -mütter, die ihre wissenschaftlichen "Kinder" nur geheim in die akademische Welt treten lassen wollten.

---

[30] versität. In: Kriminalistik, 48. Jg. (1994), H. 2, Heidelberg, S. 120-122.
Siehe dazu auch den Beitrag von Rainer Eckert.

Tabelle 5: Gutachter an geheimen Promotionsverfahren

| Code Nr. | Promotionsverfahren ||
|---|---|---|
| | gesamt abs. | davon NfD/VD/ VVS |
| | | abs. / in % |

| Code Nr. | gesamt abs. | abs. | in % |
|---|---|---|---|
| "17" | 29 | 29 | 100,0 |
| "22" | 19 | 19 | 100,0 |
| "67" | 17 | 17 | 100,0 |
| "189" | 16 | 16 | 100,0 |
| "107" | 15 | 15 | 100,0 |
| "177" | 14 | 14 | 100,0 |
| "68" | 11 | 11 | 100,0 |
| "7" | 0 | 10 | 100,0 |
| "32" | 10 | 10 | 100,0 |
| "178" | 9 | 9 | 100,0 |
| "309" | 6 | 6 | 100,0 |
| "47" | 19 | 18 | 94,7 |
| "92" | 18 | 17 | 94,4 |
| "80" | 14 | 13 | 92,7 |
| "115" | 14 | 13 | 92,7 |
| "179" | 24 | 22 | 91,7 |
| "23" | 10 | 9 | 90,0 |
| "34" | 19 | 17 | 89,5 |
| "186" | 15 | 13 | 86,7 |
| "28" | 14 | 12 | 85,7 |
| "12" | 22 | 18 | 81,8 |
| "65" | 26 | 20 | 76,9 |
| "274" | 10 | 7 | 70,0 |
| "169" | 20 | 13 | 65,0 |
| "118" | 11 | 7 | 63,6 |
| "3" | 15 | 9 | 60,0 |
| "139" | 10 | 6 | 60,0 |
| "88" | 12 | 6 | 50,0 |
| "30" | 11 | 4 | 36,4 |
| "109" | 12 | 4 | 33,3 |

## VI. Hochschulkarrieren "geheimer" A- und B-Doktoren

Eine Besonderheit dieser Angaben sowohl über den Ort der Promotion A und B als auch der späteren Lehr- und Arbeitsstätte bestätigen den Eindruck der geringen Mobilität von Wissenschaftlern im DDR-Hochschulsystem: Viele der Hochschullehrer promovierten mit ihren geheimen Arbeiten A und B nicht nur an derselben Institution, sondern übernahmen dort eine Hochschullehrerstelle. Eine relativ höhere Mobilität ist nur bei jenen Hochschullehrern zu beobachten, die in natur- und ingenieurwissenschaftlichen Fächern später mit ordentlichen Professuren an die Spitze der akademischen Hierarchie gelangten. Tendenziell aber zeichnete sich das DDR-Hochschulsystem durch eine Neigung zu hausinternen Berufungen aus, obwohl seit 1981 bei Stellenbesetzungen mehrere Vorschläge einzureichen waren.[31]

Die Sekretierung der Promotionsschriften, die Hochschulkarrieren zugrunde lagen, versperrte national wie auch international die Möglichkeit, die Forschungsleistungen der jahrelang systematisch aufgebauten Kandidaten zu überprüfen. Dies entsprach dem bolschewistischen Kadersystem, zugleich aber auch einem feudalistischen Patronagesystem, in welchem die akademischen Leiter sowie die Parteisekretäre der Sektionen und Institute an der Spitze standen, die nur ihnen verpflichtete Kader protegierten.[32] Als direkte Folge dieses Erbhofprinzips kam, verstärkt durch die Sekretierung, die wissenschaftliche Diskussion innerhalb der Fakultäten zum Erliegen, da nur Personen gleicher politischer und fachlicher Ausrichtung berufen wurden.

Untersucht man für die Ost-Berliner Humboldt-Universität die Gruppe aller sekretierten B-Promovenden (inklusive jener, deren A-Promotion nicht gesperrt war) genauer, so sind einige bemerkenswerte Unterschiede zu konstatieren, die wiederum auf eine mögliche Ursache für die Sekretierung der Promotionsschrift hinweisen. Bei insgesamt 124 Personen konnte aufgrund der Angabe des Geburtsdatums auf dem Titelblatt das Promotionsalter bestimmt werden. Für 54 Personen[33] war eine spätere Tätigkeit im Hochschulbereich[34] nachzuweisen. Das Durchschnittsalter dieser Gruppe lag bei 42,6 Jahren. Für die

---

31    Siehe auch Waterkamp, S. 356.

32    Siehe die allgemeinen Hinweise bei Artur Meier: Abschied von der sozialistischen Ständegesellschaft. In: Aus Politik und Zeitgeschichte, 40. Jg., B 16-17, 13. Apr. 1990, Bonn, S. 3-14.

33    Die tatsächliche Zahl war um die Hälfte höher, aber das Promotionsalter konnte infolge des fehlenden Geburtsdatums nicht ermittelt werden.

34    Hierfür wurden die entsprechenden Angaben im »Hochschullehrer Verzeichnis, Bd. 3: Universitäten und Hochschulen der DDR« (Bonn 1990) ausgewertet, wo mit Stichtag 1. April 1990 insgesamt 9.006 B-promovierte Professoren und Dozenten aufgeführt sind.

70 Personen, die am Stichtag 1. April 1990 nicht (mehr) an einer DDR-Hochschule beschäftigt waren, betrug das Durchschnittsalter hingegen 45,4 Jahre. Die Bedeutung dieser scheinbar nur geringen Differenz von drei Jahren erschließt sich erst auf den zweiten Blick, denn dazu bedarf es einer weiteren Differenzierung der an der Universität verbliebenen Kader. Die Gruppe dieser 54 B-Promovenden besteht aus 29 späteren Hochschuldozenten (HSD) und 25 nachmaligen ordentlichen und außerordentlichen Professoren. Während die ersteren bei der Promotion B durchschnittlich 43,8 Jahre alt waren, haben die als »Professor« Berufenen mit 41,1 Jahren die Promotion B verteidigt. Unter Berücksichtigung der spezifischen Hochschulbedingungen in der ehemaligen DDR mit der permanenten Überlastung der Assistenten/Oberassistenten und den in den Forschungsplänen vorgegebenen Quoten von B-Promotionen,[35] handelte es sich bei den Dissertationen B mancher nachmaliger Hochschuldozenten offensichtlich weniger um den Nachweis von Forschungsergebnissen auf dem gewünschten Höchstniveau der Wissenschaft, als vielmehr um die Erfüllung real-sozialistischer Planvorgaben. Daß derartige, eher unbefriedigende Forschungsleistungen nicht veröffentlicht wurden, lag im Interesse aller Beteiligten.

Das mangelnde Publizitätsinteresse charakterisiert auch die Dissertationen B der später außerhalb der Hochschule tätigen Personen. Da in der DDR - wie in manchen alten Bundesländern - zur Übernahme einer Hochschullehrerstelle neben der Abfassung einer Promotionschrift B auch die Erteilung der Lehrbefugnis notwendig war, handelte es sich bei den Dissertationen von Nicht-Hochschullehrern vielfach um die Ehrung verdienter Praktiker mit weiteren akademischen Weihen. Für diese Vermutung spricht neben dem höheren Promotionsalter auch die strikte Sekretierung der Arbeiten. Besonders deutlich wird dieser Zusammenhang am Beispiel der Sektion Kriminalistik der Humboldt-Universität: hier betrug der Altersunterschied zwischen den später in dieser Sektion tätigen Doktoranden (41,3 Jahre) und den außerhalb der Hochschule arbeitenden Kadern (49 Jahre) fast acht Jahre. Eine ähnliche Spanne zwischen dem Promotionsalter der Hochschulkader und den nicht an der Universität verbleibenden Personen mit Promotionen B ist auch in den Sektionen Nahrungsgüterwirtschaft, Tierproduktion und Medizin zu beobachten. In den geistes- und gesellschaftswissenschaftlichen Fächern hingegen führt die Promotion B überwiegend in eine akademische Hochschulposition.

---

[35] Siehe ausführlich Waterkamp, S. 360 f.

## VII. Geheimhaltungsmotive

Offensichtlich kamen in den unterschiedlichen Geheimhaltungspraktiken der verschiedenen Promotionsinstitutionen der DDR neben individuellen und institutionellen Gründen vor allem Befürchtungen im Hinblick auf die staatssicherheitliche Relevanz von Dissertationsinhalten zum Tragen. Es soll daher versucht werden, diese verschiedenen Motive nach einzelnen Fallgruppen zu typisieren.

Für den Betrachter von außerhalb des real-sozialistischen Systems sind noch jene Klassifizierungen am ehesten nachvollziehbar, durch welche Dissertationen mit militärrelevanten Themen aus dem Umfeld der »Nationalen Volksarmee« (NVA) gesperrt wurden. Wenn es sich um Tatbestände handelte, die der Ideologie zufolge dem real existierenden Sozialismus der DDR eigentlich "wesensfremd" waren, wie beispielsweise die Kriminalität gegen sozialistisches Eigentum, dann wurde eine derartige Promotionsschrift als »Vertrauliche Verschlußsache« sekretiert.[36]

Selbstverständlich ist auch der hohe Anteil von geheimen Dissertationen in der Sportwissenschaft verständlich, da hier die trainingswissenschaftlichen,[37] sportmedizinisch-biomechanischen[38] und psychologisch-mentalen[39] Ergebnisse dieser Promotionsschriften ebenso wie die materialtechnischen Erkenntnisse vor der interessierten (westlichen) Öffentlichkeit geschützt werden soll-

---

[36] Detzner, Paul: Die Kriminalität gegen das sozialistische Eigentum im Bereich Binnenhandel der Kreise Altenburg und Schmölln, ihre Ursachen und begünstigenden Bedingungen sowie Maßnahmen zur Verhütung durch die sozialistischen Handelsorganisationen. Diss. A Karl-Marx-Univ. Leipzig 1976.

[37] Bager, Gerhard: Die Bedeutung der Maximalkraftfähigkeit und ihre Stellung in der Struktur konditioneller Leistungsvoraussetzungen von Ruderinnen des Spitzenbereiches sowie Möglichkeiten ihrer Vervollkommnung im Trainingsprozeß der DRSV der DDR. Diss. A Humboldt-Univ. Berlin (Ost) 1983.

[38] Schwanitz, Peter: Biomechanische Untersuchungen ruderspezifischer Bewegungsstrukturen in den die Prognose einschließenden Belastungsbereichen des spezifischen Trainings. Diss. B Humboldt-Univ. Berlin (Ost) 1987;

Müller, Wolfgang: Beiträge zur Optimierung ausgewählter Probleme der komplexen Leistungsdiagnostik im Bobsport des DSBV der DDR. Diss. A Friedrich-Schiller-Univ. Jena 1980.

[39] Bauer, Hans: Experimentelle Untersuchungen zum Prinzip der objektiv-ergänzenden Schnellinformation im Training von Rennschlittensportlern. Diss. A Friedrich-Schiller-Univ. Jena 1982;

Eismann, Wolfgang: Untersuchungen zur Optimierung der Vorstartphase im Rennschlittensport: experimentelle Studie zum Problem der unmittelbaren psychophysischen Wettkampfvorbereitung. Diss. A Friedrich-Schiller-Univ. Jena 1979.

ten. Mit der Erforschung des Dopings[40] und seinem gezielten Einsatz verband sich ein unleugbarer Vorsprung der DDR-Sportler, der unter allen Umständen gewahrt werden mußte, da die ostdeutschen Athleten und Athletinnen nach dem fortbestehenden Diktum Walter Ulbrichts als "Diplomaten im Trainingsanzug" die Überlegenheit des Sozialismus auch in der internationalen Sportarena dokumentieren sollten; auch wenn dieser Vorsprung nur auf anabolen Steroiden beruhte.

Auch wenn der Inhalt von Dissertationen noch so banal erscheint, allein der Zusammenhang des von ihnen behandelten Lebensbereiches mit einer Staatsinstitution konnte zur Sekretierung führen. Beispielhaft für diese Konsequenz waren die stomatologischen Dissertationen eines Mediziner-Ehepaares über die spezifischen Berufsprobleme von Blasinstrumentalisten im Bereich des DDR-Innenministeriums.[41]

Bei manchen Dissertationen ist ihre Sekretierung jedoch kaum auf Thema und Inhalt, sondern eher auf die beteiligten Personen zurückzuführen. Motive für die Sperrung von DDR-Dissertationen können aber nicht nur in den Personen der Betreuer, sondern auch in der Persönlichkeit der Autoren vermutet werden. Die Dissertationen von Staats- und insbesondere Parteifunktionären wurden in aller Regel mit Rücksichtnahme auf die öffentliche Funktion des Autors sekretiert. Ebenfalls waren die Doktorarbeiten zahlreicher hochrangiger Mitarbeiter im ZK-Apparat der SED, die eine wichtige Schaltfunktion im Herrschaftssystem der DDR hatten, klassifiziert worden. Dies gilt z.B. für die Leiter der Abteilungen Grundstoffindustrie,[42] Propaganda[43] sowie Staats- und

---

[40] Riedel, Hartmut: Zur Wirkung anaboler Steroide auf die sportliche Leistungsentwicklung in den leichtathletischen Sprungdisziplinen. Diss. B Militärmedizinische Akademie, Bad Saarow 1986.

Clausnitzer, Claus: Optimierung des Nachweisverfahrens für anabole Steroide im Urin unter spezieller Berücksichtigung des Testosterons. Diss. A Karl-Marx-Univ. Leipzig 1984.

[41] Weise, Dietmar: Zur Bedeutung der Einschleiftherapie als präventive Maßnahme in der Betreuungskonzeption für Blasinstrumentalisten im Ministerium des Innern. Diss. A Akademie für Ärztliche Fortbildung, Berlin (Ost) 1986;

Weise, Gisela: Beitrag zur Entwicklung einer stomatologischen Betreuungskonzeption für Blasinstrumentalisten im Bereich des Ministerium des Innern. Diss. A Akademie für Ärztliche Fortbildung, Berlin (Ost) 1986.

[42] Wambutt, Horst: Die Organisation und Leitung der Vorbereitung, Produktion und Lieferung kompletter Anlagen durch den Maschinenbau - VVB Chemieanlagen -. Diss. Institut f. Gesellschaftswissenschaften b. ZK d. SED, Berlin (Ost) 1964.

[43] Gäbler, Klaus: Philosophie, Arbeiterklasse und Revolution: eine Studie über den Beginn der theoretischen Begründung des Wechselverhältnisses von dialektisch-materialistischer Philosophie, revolutionärem Proletariat und sozialistischer Revolution in den ersten

Rechtsfragen.[44] Aber auch die thematisch sehr sensible Doktorarbeit von Roland Wötzel,[45] der als 1. Sekretär der SED-Stadtleitung in Leipzig während der Wende im Herbst 1989 gesamtdeutsche Prominenz erlangte, zählt hierzu.

In einem anderen Fall allerdings wurde weniger die methodisch und wissenschaftlich als eher unbefriedigend einzustufende Promotionsschrift eines "Praktikers", wie der Doktorand es selbst konzedierte,[46] vor der Öffentlichkeit versteckt, als vielmehr neben der Person des Verfassers auch die Identität des Inspirators geschützt. Laut Vorwort entstand die Dissertation des bekannten DDR-Sportreporters Heinz Florian Oertel[47] *"auf persönliche Anregung und Initiative von Werner Lamberz"*,[48] der bis zu seinem mysteriösen Tode bei einem Hubschrauberabsturz in Libyen im Jahre 1978 als "Kronprinz" Erich Honeckers vermutet wurde.

Streng geheim waren die juristischen Doktorarbeiten von zwei Autoren, die im Kalten Krieg zwischen der Bundesrepublik Deutschland und der DDR zu gesamtdeutscher Prominenz gelangten. Bei diesen beiden Promovenden in der Sektion Kriminalistik der Ost-Berliner Humboldt-Universität handelte es sich um Heinz Felfe und Hansjoachim Tiedge. Der Erstgenannte hatte als Referatsleiter "Gegenspionage" im Bundesnachrichtendienst jahrelang für die Sowjetunion spioniert. Er wurde 1961 enttarnt und konnte 1969 nach einem mehrjährigen Zuchthausaufenthalt im Rahmen eines internationalen Agentenaustausches gegen 21 Personen in die DDR übersiedeln. Dort promovierte Felfe 1972 mit einer Arbeit, die sogleich als »Geheime Verschlußsache« sekretiert

---

Schriften von Karl Marx (1836-1844). Diss. A Institut für Marxismus-Leninismus beim ZK der SED, Berlin (Ost) 1978.

[44] Sorgenicht, Klaus: Die Verwirklichung der Führungsrolle der revolutionären Arbeiterklasse in der sozialistischen Staatspraxis als Aufgabe der politisch-ideologischen Erziehung der Staatsfunktionäre. Diss. A Deut. Akademie f. Staats- u. Rechtswiss. Potsdam 1968.

[45] Wötzel, Roland/Berger, Heinz: Die Reproduktionsbedingungen im Bezirk Leipzig unter besonderer Berücksichtigung der vorrangigen Entwicklung der Kohle- und Energieproduktion. Diss. A/B Karl-Marx-Universität Leipzig 1979.

[46] Oertel, Heinz Florian: Untersuchungen zu den für die Tätigkeit als sprechender Sportreporter im Rundfunk und Fernsehen der DDR notwendigen speziellen Tätigkeits-Qualitäten und Persönlichkeits-Eigenschaften. Diss. A Karl-Marx-Univ. Leipzig 1982.

[47] Oertel, Heinz Florian, geb. 1927 in Cottbus, seit 1946 in der SED und ab 1952 als Sportreporter im Rundfunk (und später Fernsehen) tätig. Moderator verschiedener Fernsehsendungen. Im Jahre 1980 mit dem »Vaterländischen Verdienstorden« in Gold für seine Tätigkeit ausgezeichnet; siehe Buch, S. 232.

[48] Lamberz, Werner, 1929-1978, seit 1947 in der SED, seit 1967 Mitglied des ZK und seit 1971 Vollmitglied des Politbüros der SED; Buch, S. 375.

wurde und deren Titel in der DDR nicht bekannt werden durfte,[49] obwohl der Autor ihn im Jahre 1986 in seinen in der Bundesrepublik als Buch erschienenen Erinnerungen nannte. Er promovierte am 19. Januar 1972 mit dem Thema *"Über die Kontinuität der Politik des deutschen Imperialismus"* zum »Dr. jur.«.[50] Heinz Felfe wurde eine Art Ehrenmitglied der Sektion Kriminalistik und betreute einschlägige Diplom- und Doktorarbeiten, wie die beiden Dissertationen von Reinhard Gelbhaar,[51] die idealtypisch die inhaltliche Nähe der beiden Fragestellungen aufzeigen, weswegen eine Vergleichbarkeit von Promotionen B mit westdeutschen Habilitationsschriften nur bedingt möglich ist.[52]

Fast 20 Jahre später folgte ihm Hansjoachim Tiedge, der bis 1985 als Regierungsdirektor im Kölner Bundesamt für Verfassungsschutz die Spionageabwehr gegen die DDR organisierte und aus persönlichen Gründen in die DDR floh. Er fertigte aufgrund seiner intimen Kenntnisse eine als »Vertrauliche Verschlußsache« klassifizierte Doktorarbeit über *»Die Abwehrarbeit der Ämter für Verfassungsschutz in der BRD«* an, für die er im Jahre 1988 in einem höchstgeheimen Promotionsverfahren den akademischen Grad eines »Dr. jur.« erhielt.[53] Tiedge setzte sich kurz vor der deutschen Vereinigung in die damalige Sowjetunion ab, wo er heute noch lebt.[54]

Schließlich sind in der DDR auch Dissertationen sekretiert worden, bei denen weder mit noch so großer Phantasie weder eine Sicherheitssensibilität des Themas, noch eine Prominenz des Autors festgestellt werden kann. Zur Erklärung dieses Phänomens hilft der Hinweis von ostdeutschen Hochschul-

---

[49]  Felfe, Heinz: ..... Humboldt-Univ. Berlin (Ost) Diss. A 1972. Diese titellose Angabe findet sich sowohl in einer Liste aller an der Sektion Kriminalistik verteidigten Dissertationen als auch in der Aufstellung der an der Humboldt-Universität angenommenen Arbeiten, die heute im Universitätsarchiv verwahrt wird.

[50]  Felfe, Heinz: Im Dienst des Gegners. 10 Jahre Moskaus Mann im BND. Hamburg-Zürich 1986, S. 347 f.

[51]  Gelbhaar, Reinhard: Entwicklung, Struktur und Funktionen des Bundesgrenzschutzes (BGS) der BRD. Diss. A Humboldt-Univ. Berlin (Ost) 1978; Ders: Zur Entwicklung und Funktion der Polizei in der BRD, speziell der zentral geführten Polizeikräfte, insbesondere seit 1970 bis zur Gegenwart. Diss. B Humboldt-Univ. Berlin (Ost) 1982.

[52]  Siehe ausführlich: Bleek, Wilhelm/Mertens, Lothar: Fragwürdige "Wende" bei den akademischen Titeln. In: Mitteilungen des Hochschulverbandes, 41. Jg. (1993), H. 3, Bonn, S. 201-203.

[53]  Tiedge, Hansjoachim: Die Abwehrarbeit der Ämter für Verfassungsschutz in der BRD. Diss. A Humboldt-Univ. Berlin (Ost) 1988.

[54]  Siehe: "Natürlich bin ich ein Verräter". Ex-Verfassungsschützer Hansjoachim Tiedge über seine Flucht in die DDR und sein Leben in Rußland. In: Der Spiegel, 6. Dez. 1993, Hamburg, S. 97-105.

lehrern weiter, daß Arbeiten auch und gerade wegen fachlicher und formaler Mängel sekretiert worden sind.[55] Manche nur als »rite« (genügend) benotete Dissertation wurde deshalb sekretiert, um ein »non sufficit« (nicht bestanden) bei der Beurteilung zu vermeiden. So war die Geheimhaltung gelegentlich auch ein "Mantel der Barmherzigkeit", unter dem nicht nur die inhaltliche Schwäche einer Dissertation sowie die intellektuellen Defizite des Kandidaten, sondern auch das Entgegenkommen seiner Gutachter verborgen werden konnte.

## VIII. Außeruniversitäre Promotionsinstitutionen

Neben den Universitäten und wissenschaftlichen Hochschulen hatten in der DDR auch Hochschuleinrichtungen der Armee, der Polizei und des Staatssicherheitsdienstes das Promotionsrecht, deren Bestehen und Promotionsschriften jedoch in allen staatlichen Publikationen zum Hochschulwesen der DDR unberücksichtigt blieben. An diesen Hochschulen wurden in den siebziger und achtziger Jahren weitere 2.500 Doktorarbeiten verteidigt. Das Studium an diesen Institutionen war eine spezialisierte Ausbildung auf dem Niveau von Fachhochschulen und kaum mit einem herkömmlichen Universitätsstudium vergleichbar. Warum jedoch diese strikte Geheimhaltung praktiziert wurde, wird durch die Titel der dort verteidigten Dissertationen deutlich.

Das Promotionsrecht besaßen ebenfalls Einrichtungen der Staatspartei, die der Kaderausbildung und der wissenschaftlichen Beratung der Parteiführung dienten und alle dem Zentralkomitee der SED unterstellt waren. Mit Ausnahme der »Akademie für Gesellschaftswissenschaften beim ZK der SED«, die ein Drittel ihrer Doktorarbeiten in den »Jahresverzeichnissen der Hochschulschriften« anzeigte, waren alle diese Promotionsinstitutionen der Partei und der Sicherheitsorgane in den einschlägigen Bibliographien nicht existent. Auch die Deutsche Bücherei Leipzig, die frühere Nationalbibliothek der DDR, besitzt keine Exemplare dieser an militärischen oder Parteihochschulen eingereichten Doktorarbeiten. Denn diese lieferten keine Pflichtexemplare ab, selbst dann nicht, wenn diese einen entsprechend geringeren Geheimhaltungsgrad hatten. Der überwiegende Teil der Dissertationen aus dem Bereich der NVA ist jedoch in der Militärbibliothek Dresden vorhanden.

---

55   Brief des Prorektors der Technischen Hochschule »Carl Schorlemmer« Leuna-Merseburg vom 2. Feb. 1993; Brief von Prof. S.P. von der Humboldt-Univ. Berlin (Ost) vom 8. Dez. 1992.

Die Nationale Volksarmee unterhielt ein umfangreiches Aus- und Fortbildungssystem, zu dem unter anderem acht Unteroffiziershochschulen und vier Offiziershochschulen für Berufsoffiziere gehörten. Hauptausbildungsstätte war die im Jahre 1959 gegründete Militärakademie »Friedrich Engels« in Dresden. Hier wurden Offiziere in einem drei- bis vierjährigen Studium in Fächern wie z.B. Taktik, Truppenführung, Politische Arbeit sowie Militärtheorie und -doktrin ausgebildet. Der Studienabschluß erfolgte entweder mit der Diplomprüfung oder der Promotion zum »Dr. rer. mil.« (rerum militarium), einem nur in der DDR verliehenen akademischen Grad. Gemäß der militärischen Orientierung waren die Promotionsthemen den Gebieten Militärtaktik, Waffenkunde oder Militärgeschichte zuzuordnen. An der Dresdner Militärakademie »Friedrich Engels« promovierten auch Absolventen der vier Offiziershochschulen der einzelnen Waffengattungen, da diese nur das Diplomrecht besaßen.

Die Ausbildung der Militärärzte der NVA erfolgte zentral an der Militärmedizinischen Akademie im mecklenburgischen Bad Saarow, die aus der Militärmedizinischen Sektion der Universität Greifswald hervorgegangen war.[56] Militärhistorische Themen wurden insbesondere am Militärgeschichtlichen Institut in Potsdam bearbeitet.

Für die politische Schulung der Soldaten und Unteroffiziere war in der NVA, entsprechend dem sowjetischen Vorbild in der »Roten Armee«, ein spezieller Dienstrang eingeführt, der »Politoffizier«. Ihm war nicht nur die kommunistische Erziehung der Armeeangehörigen übertragen, er fungierte auch als Stellvertreter des Kommandeurs und trat als Kontrollinstanz der Partei in den "bewaffneten Kräften" auf. Angesichts dieser Sonderrolle der Politoffiziere kann es nicht wundern, daß sie getrennt von den übrigen Offizieren an der Militärpolitischen Hochschule »Wilhelm Pieck« im Ost-Berliner Stadtteil Grünau ausgebildet wurden.

Sofern keine »VVS«- oder »GVS«-Einstufungen vorlagen, waren die meisten an militärischen Promotionsinstitutionen eingereichten Arbeiten in der »VD« vergleichbaren Klassifizierung »Nur zur Verwendung in der NVA« eingestuft.

Eine der unbekanntesten Promotionsinstitutionen in der DDR war die Hochschule der Deutschen Volkspolizei »Karl Liebknecht« im Ost-Berliner Stadtteil Biesdorf. Die im Jahre 1962 gegründete Institution führte seit 1964

---

[56] Zöllner, Erich: Die Gründung der Militärmedizinischen Sektion und ihre Entwicklung als militärmedizinische Hocheinrichtung der Nationalen Volksarmee und Struktureinheit der Ernst-Moritz-Arndt-Universität Greifswald in den Jahren von 1955 bis 1975: ein Beitrag zur Geschichte der Militärmedizinischen Sektion. Greifswald, Universität, Militärmed. Sekt., Diss. A 1981.

mit Ausnahmegenehmigungen Promotionsverfahren durch. Geheime Doktorarbeiten der Volkspolizisten beinhalteten unter anderem die »*Organisation des Straßenverkehrs aus der Sicht der Deutschen Volkspolizei*«[57] oder »*Die Gewährleistung einer hohen öffentlichen Ordnung und Sicherheit im Zusammenhang mit internationalen Fußballspielen und Fußball-Oberligaspielen unter besonderer Berücksichtigung der Aufgaben der Deutschen Volkspolizei*«.[58] Angesichts der geringen wissenschaftlichen Relevanz solcher Themen verwundert es nicht, wenn in den 26 Jahren von 1964 bis 1990 lediglich 129 Dissertationen A an der Hochschule der Deutschen Volkspolizei »Karl Liebknecht« verteidigt wurden. Nach deren Auflösung wurden im Jahre 1993 diese Arbeiten der Universitätsbibliothek der Humboldt-Universität zu Berlin übergeben, wo sie derzeit in den Hochschulschriftenbestand eingearbeitet werden.

Eine der kleinsten und zugleich geheimnisumwittertsten Ausbildungsstätten der DDR war die im Jahre 1961 gegründete Juristische Hochschule des Ministeriums für Staatssicherheit in Potsdam-Eiche. Zum Studium wurden nur hauptamtliche Mitarbeiter nach einer mindestens dreijährigen Dienstzeit im Staatssicherheitsdienst delegiert. Inhaltlicher Schwerpunkt der Ausbildung waren die genaue Kenntnis und richtige Interpretation der zahllosen Richtlinien, Dienstanweisungen, Instruktionen und Befehle der Staatssicherheit.[59] In drei Sektionen wurden die rund 500 Kursteilnehmer von etwa 760 Mitarbeitern geschult. Während in den beiden Sektionen Marxismus-Leninismus und Rechtswissenschaft ein anderen DDR-Hochschulen vergleichbarer Lehrbetrieb bestand, diente die Schulung in der Sektion »Politisch-operative Spezialdisziplin« der konkreten Wissensvermittlung für die *"operative Arbeit"* als *"Kundschafter des Friedens",* wie die DDR-Spione im SED-Sprachgebrauch bezeichnet wurden.

Die Absolventen konnten nach dem Studienabschluß als »Diplom-Jurist« auch den akademischen Grad eines »Dr. jur.« bzw. »Dr. sc. jur.« erwerben, da die Juristische Hochschule seit 1968 das Promotionsrecht besaß. Insgesamt sind an dieser Promotionseinrichtung des MfS 174 Dissertationen angenommen worden, die von 478 Doktoranden verfaßt wurden, da einzelne Kollektiv-Arbeiten bis zu acht Autoren den begehrten Titel einbrachten. Die an der Juristischen Hochschule angenommenen Doktorarbeiten weisen eine merkwürdige Ausdehnung der Jurisprudenz in die Bereiche von Kriminalistik; Spionage und innerstaatlicher Repression auf. So hatten Themen wie *"Die verbrecherischen*

---

[57] Kowalik, Udo: Diss. A Hochschule der Deutschen Volkspolizei Berlin (Ost) 1974.
[58] Negraschus, Dieter: Diss. A Hochschule der Deutschen Volkspolizei Berlin (Ost) 1982.
[59] Gill, David/Schröter, Ulrich: Das Ministerium für Staatssicherheit. Anatomie des Mielke-Imperiums. Berlin 1991, S. 66.

*Grenzüberschreitungen Jugendlicher und Heranwachsender in ihren Erscheinungsformen sowie in ihrer sozialen und psychischen Determiniertheit"*[60] oder "Die politisch-operative Bearbeitung der Hochschulen in der BRD und Westberlin"[61] wenig mit rechtlichen Fragestellungen gemein.

Die an der Juristischen Hochschule des MfS verteidigten Arbeiten waren nicht nur geheim, sie wurden darüberhinaus nahezu alle in den höchsten Sekretierungsstufen klassifiziert. Nur 25 der 174 Dissertationen waren »Vertrauliche Dienstsache«, 100 Arbeiten waren als »Vertrauliche Verschlußsache« und 51 als »Geheime Verschlußsache« geschützt. Die Mehrzahl dieser Arbeiten befindet sich heute im Berliner Archiv des »Bundesbeauftragten für die Unterlagen des Staatssicherheitsdienstes der ehemaligen DDR« (Gauck-Behörde).[62]

Außerdem unzugänglich waren die Dissertationen aus den Aus- und Fortbildungsinstitutionen der Sozialistischen Einheitspartei (SED), die alle formell dem Zentralkomitee der Partei unterstanden. Ihre Forschungsleistungen entstanden zumeist als Auftragsarbeiten für das Politbüro und die ZK-Sekretariate der Partei. Dabei kam der im Jahre 1951 gegründeten »Akademie für Gesellschaftswissenschaften beim ZK der SED« vor allem die Rolle einer Denkfabrik zu, die auch eifrig Dissertationen "produzierte".

Der 1946, dem Jahr der Zwangsvereinigung von KPD und SPD, gegründeten »Parteihochschule "Karl Marx" beim ZK der SED« oblag die Aus- und Fortbildung der leitenden Parteikader. Entsprechend gering war die Zahl der dort verteidigten Dissertationen. Vermutlich infolge der o.g. »Anordnung zum Schutz der Dienstgeheimnisse vom 6. Dezember 1971«[63] wurden in den »Jahresverzeichnissen der Hochschulschriften« ab dem 87. Jg. (1971) für die Parteihochschule nur noch "Allgemeine Schriften", aber keine Doktorarbeiten mehr ausgewiesen.

Das im Jahre 1947 als »Marx-Engels-Lenin-Institut« gegründete »Institut für Marxismus-Leninismus beim ZK der SED« (IML) war für die Reinhaltung der kommunistischen Lehre und die wissenschaftlich-historische Fundierung der Ideologie zuständig. Das IML wurde in den siebziger und achtziger Jahren in der »JVH« jedoch nicht als Promotionsinstitution verzeichnet, obgleich jährlich mehrere Dissertationen dort eingereicht wurden.

---

60   Spalteholz, Walter/Scharbert, Karl-Otto: Diss. Juristische Hochschule Potsdam 1966.
61   Reinhold, Helmut/Hartenstein, Kurt/Elisath, Manfred: Diss. A Juristische Hochschule Potsdam 1989.
62   Siehe ausführlich dazu die »Aufstellung der an der Juristischen Hochschule Potsdam durchgeführten Promotionsverfahren«, die Dieter Voigt et. al. im Deutschland Archiv, 26. Jg. (1993), H. 12, Köln, S. 1439-1459 abgedruckt haben.
63   Siehe ausführlich Bleek/Mertens (Anm. 1), S. 315 f.

Tabelle 6: Geheime Dissertationen im Verhältnis zu den im JVH angezeigten Doktorarbeiten an außeruniversitären Hochschulen

| Institution | Gesamt zahl | in JVH angez. | Dissertationen klass. davon klassifiziert als Diss. zu | | | | |
|---|---|---|---|---|---|---|---|
| | | | ohne/ (NVA) | VD/ PiM | VVS | GVS | Gesamt |
| | abs. | abs. | abs. | abs. | abs. | abs. | in % |
| Jurist.HS d.MfS Potsd. | 174 | - | 21 | 2 | 100 | 51 | 100,0 |
| Militärmed. Akad. Bad Saarow | 318 | - | 284 | - | 20 | 14 | 10,7 |
| Militärakad. Dresden | 502 | - | 163 | - | 208 | 131 | 67,5 |
| Militärpolit. Hochsch. | 8 | - | 6 | - | 2 | - | 100,0 |
| Mil.gesch.Inst.Potsdam | 61 | - | 41 | - | 11 | 9 | 32,8 |
| HS.d.Deut.Volkspolizei | 129 | - | 129 | - | - | - | 100,0 |
| Akad.f.Gewi.b.ZK d.SED | 903 | 295 | 261 | 303 | 43 | 1 | 67,3 |
| Parteihs.»Karl Marx« | 35 | - | 31 | 4 | - | - | 100,0 |
| Inst.f.Marx.-Leninis. | 80 | - | 62 | 18 | - | - | 100,0 |
| Akad.f.Staats-u.Rechts | 382 | 132 | 250 | - | - | - | 65,5 |

Nur einem eingegrenzten Kreis von ausgewählten Leitungskadern an den beim Zentralkomitee der SED institutionalisierten Promotionsinstitutionen waren dabei alle als »Parteiinternes Material« (PiM) klassifizierten Dissertationen zugänglich, die statt in den Bibliotheken in den Archiven dieser Parteieinrichtungen verwahrt wurden. Zwei Drittel (294) der nicht in den Bibliographien angezeigten 574 Dissertationen waren an der »Akademie für Gesellschaftswissenschaften beim ZK der SED« in dieser »VD«-ähnlichen Stufe als »Parteiinternes Material« (PiM) klassifiziert. Alle diese Doktorarbeiten von Promotionsinstitutionen der SED sind heute weitgehend in der Bibliothek der »Stiftung Archiv Parteien und Massenorganisationen der DDR im Bundesarchiv« in Berlin-Mitte zugänglich, während ein Bestand von Dubletten der »Akademie für Gesellschaftswissenschaften beim ZK der SED«, die in der Wendezeit an die Universitätsbibliothek der Humboldt-Universität übergeben wurden, in der sogenannten "Kirche"[64] lagern und noch den Geschäftsgang durchlaufen müssen.

Ein anderer großer Posten nicht angezeigter Doktorarbeiten stammt von der »Akademie für Staats- und Rechtswissenschaften der DDR« in Potsdam-Babelsberg, die für die Ausbildung von Leitungskadern zuständig gewesen war und wo zwei Drittel der dort verteidigten Doktorarbeiten nicht angezeigt wur-

---

[64] Dabei handelt es sich um ein Ausweichmagazin der Berliner Universitätsbibliothek in einem profanisierten Gotteshaus.

den. Nachdem die Akademie durch den Einigungsvertrag aufgelöst wurde, gehört deren Bibliothek einschließlich der früheren geheimen Dissertationen nun als »Bereichsbibliothek Rechts-, Wirtschafts- und Sozialwissenschaften« zur Universitätsbibliothek der neugegründeten Universität Potsdam.

## IX. Löschungen

Der Beschluß des DDR-Ministerrates vom 15. Januar 1987 über die »Grundsätze zum Schutz der Staatsgeheimnisse der DDR« führte zu einer Pflichtüberprüfung des Geheimhaltungsgrades bei allen noch gesperrten Dissertationen. Nachdem die Universitäten und Hochschulen von sich aus auf die ministerielle Anordnung vom 15. Januar 1987 zur Überprüfung der Freigabe kaum reagiert hatten, wurden sie im Frühsommer 1988 von der Deutschen Bücherei angeschrieben und zur Stellungnahme aufgefordert. Diese Aktion hatte zum Teil erstaunliche Konsequenzen. Als Resultat dieses Rundschreiben kam es schließlich zu einer großen Löschaktion der meisten NfD- und vielen VD-Arbeiten, die alle unter dem Stempeldatum des 2. September 1988 als "gelöscht" vermerkt wurden. So erklärte der Rektor der Ingenieurhochschule Zwickau in einem an den Generaldirektor der Deutschen Bücherei Leipzig gerichteten Schreiben vom 16. März 1988, *"daß alle NfD-Dissertationen der Ingenieurhochschule Zwickau mit sofortiger Wirkung als 'frei' eingestuft und dementsprechend behandelt werden können."* In einem Brief vom 8. Juni 1988 teilte auch der Prorektor der Ingenieurhochschule Wismar mit, alle an die Deutsche Bücherei abgegebenen Dissertationen mit NfD-Vermerken seien *"ab sofort freigegeben"*. Den NfD-Zugangsbüchern der Deutschen Bücherei ist zu entnehmen, daß im Laufe des Jahres 1988 insgesamt 642 Promotionsschriften von den verschiedenen Einrichtungen freigegeben wurden: 257 Dissertationen von der Universität Halle laut Schreiben vom 22.2.1988; 87 von der Ingenieurhochschule Zwickau (16.3.1988); 63 von der Universität Greifswald (15.4.1988); 43 von der Ingenieurhochschule Wismar (8.6.1988); 144 von der Universität Rostock (4.7.1988) und schließlich 48 von der TH Ilmenau (16.9.1988). Außerdem gab die Akademie der Wissenschaften im August 1988 noch 83 mit VD gekennzeichnete Arbeiten frei (1.8.1988). Auf diese Weise wurden in nur sieben Monaten aufgrund des Beschlusses des Ministerrates bei über 700 Dissertationen der Sperrvermerk gelöscht.

Die große Zahl an Löschungen von Sperrvermerken kam sicherlich auch durch die früher extrem extensive Auslegung der Geheimhaltungsvorschriften zustande. Zwar war in § 4 der »Anweisung über die Archivierung von Hoch-

und Fachschulschriften mit Dienstgeheimnissen vom 4. Oktober 1977« festgelegt worden, daß in *"angemessenen Zeiträumen"* eine Überprüfung *"über den weiteren Fortbestand bzw. die Aufhebung des Geheimhaltungsgrades"* zu erfolgen habe. Doch die Löschungspraxis der Universitäten und Hochschulen belegt, daß diese sich mit der Befolgung der Anweisung und der Löschung viel Zeit ließen, wahrscheinlich wegen des damit verbundenen erheblichen personellen und zeitlichen Aufwandes. Ganz selten waren Dissertationen, wie etwa eine Hallenser Doktorarbeit aus dem Jahre 1987,[65] bereits im voraus mit einer Zeitfrist für die Sperre belegt worden. Bestätigt wird die Vermutung einer unkritisch fortbestehenden Geheimhaltungsklassifizierung durch die Reaktionen auf die vereinzelten Anfragen der Deutschen Bücherei über den Fortbestand von langjährigen Sperrvermerken. Sehr häufig wurden erst in den Antwortschreiben auf diese Leipziger Nachfragen die betreffenden Arbeiten als "freigegeben" deklariert.

Alle übrigen Arbeiten, vor allem jene mit VD-Vermerk, waren formell noch bis zum 3. Oktober 1990 gesperrt, obwohl den Lesern, zumindest in der Deutschen Bücherei, seit dem November 1989 faktisch eine Zugriffsmöglichkeit eingeräumt wurde. Die letzten offiziellen Löschungen durch die Hochschulbibliotheken an die Deutsche Bücherei Leipzig erfolgten im März[66] und April[67] 1990 für zwei Dissertationen der Ingenieurhochschule Zittau.

---

| | |
|---|---|
| 65 | Henkel, Lutz: Beiträge zur Synthese neuer potentieller Wirkstoffe durch Derivatisierung war laut Schreiben vom 3.8.87 bis zum 31.12.88 als VD gesperrt; VD-Zugangsbuch, Nr. 3, S. 211, Nr. 21/88. |
| 66 | Bittner, Helmar: Elektronischer Energiezähler für Haushaltsabnehmer, IH Zittau 1986; VD-Zugangsbuch, Nr. 3, S. 209, Nr. 246/87. |
| 67 | Domschke, Hubertus: Die statistische Analyse. Beitrag zur Intensivierung von Schmelzverfahren, IH Zittau 1985; VD-Zugangsbuch, Nr. 3, S. 190, Nr. 6/87. |

Tabelle 7: Löschungen von VD-Vermerken im Verhältnis zur Gesamtzahl der klassifizierten Dissertationen an ausgewählten Institutionen bis September 1988

| Institution | Dissertationen VD eingestuft | davon VD-Vermerk gelöscht | |
|---|---|---|---|
| | abs. | abs. | in % |
| Akademie d. Wissensch. | 105 | 90 | 85,7 |
| Akademie d. Landwirt. | 220 | 112 | 50,9 |
| Bauakademie | 30 | 3 | 10,0 |
| Akad. f. Ärztl. Fortb. | 44 | - | - |
| Bergakad. Freiberg | 152 | 12 | 7,9 |
| Humboldt-Univ. Berlin | 402 | 18 | 4,5 |
| Univ. Greifswald | 79 | 7 | 8,9 |
| Univ. Halle | 241 | 10 | 4,2 |
| Univ. Jena | 99 | - | - |
| Univ. Leipzig | 200 | 15 | 7,5 |
| Univ. Rostock | 115 | 25 | 21,7 |
| Hochschule für Ökonomie | 286 | 44 | 15,4 |
| Handelshoch. Leipzig | 67 | 33 | 49,3 |
| TH Ilmenau | 95 | 37 | 39,0 |
| TH Karl-Marx-Stadt | 221 | 8 | 3,6 |
| TH Leuna-Merseburg | 127 | 14 | 11,0 |
| TU Magdeburg | 38 | 5 | 13,2 |
| IH Wismar | 8 | 4 | 50,0 |
| IH Zittau | 41 | 4 | 9,8 |
| Insgesamt | 2.869 | 460 | 16,0 |

An der Spitze der Löschungen von Geheimhaltungsvermerken für Dissertationen standen die Akademie der Wissenschaften und die Akademie der Landwirtschaftswissenschaften, die bis zum September 1988 fünf Sechstel bzw. die Hälfte aller früheren Einstufungen aufhoben. Die Universitäten hielten sich mit Ausnahme der Universität Rostock bei den Löschungen sehr zurück.

Konträr zur hohen Vergabehäufigkeit war die niedrige Zahl von Aufhebungen an der Technischen Hochschule Karl-Marx-Stadt. Die Handelshochschule Leipzig behandelte die VD-Kategorisierung oft als einen zeitlich befristeten Vorgang, so daß die Löschung automatisch erfolgte. Ganz im Gegensatz dazu stand die Hochschule für Ökonomie in Berlin (Ost), die nicht nur als VD klassifizierte Dissertationsteile, wie etwa die Thesen und Anlagen, oft mit bis zu zehnjähriger Verspätung an die Deutsche Bücherei Leipzig abgab, sondern auch kaum Aufhebungen von Geheimhaltungsvermerken vornahm.[68]

Abschließend bleibt festzuhalten, daß die überwiegende Zahl[69] der über 8.600 sekretierten Dissertationen, dank der umsichtigen Tätigkeit zahlloser Bibliothekare und Archivare, erhalten blieb und in den Bibliotheken und Archiven zur Benutzung bereitliegt. Eine intensive inhaltliche Auseinandersetzung mit den geheimgehaltenen Dissertationen steht in den meisten Wissenschaftsbereichen noch aus, obgleich diese Doktorarbeiten in einzelnen Forschungsdiskussionen bereits beginnen, eine Rolle zu spielen.[70]

---

[68] Siehe u.a. die Arbeiten von Anneliese Braun (HfÖko 1972, Hauptband in DB mit Sig. Di 1974 B 2978, Anlagen mit Sig. Di 1985 B VD 100); Siegfried Hrzan (HfÖko 1973, Hauptband in DB mit Sig. Di 1976 B 2400, Anlagen mit Sig. Di 1985 B VD 97); Hans-Joachim Linz (HfÖko 1979, Hauptband in DB mit Sig. Di 1985 B 77, Anlagen mit Sig. Di 1985 B VD 77); Dieter Müller (HfÖko 1975, Hauptband in DB mit Sig. Di 1976 B 2527, Anlagen mit Sig. Di 1985 B VD 79); Eva Schallmayer (HfÖko 1978, Hauptband in DB mit Sig. Di 1979 B 2525, Anlagen mit Sig. Di 1985 B VD 87); Lothar Schilde (HfÖko 1978, Hauptband in DB mit Sig. Di 1979 B 4663, Anlagen mit Sig. Di 1985 B VD 76).

[69] Nur einige Arbeiten aus der Juristischen Hochschule des MfS, speziell von Mitarbeitern der "Hauptverwaltung Aufklärung", wurden in der Wendezeit vernichtet.

[70] Siehe Mertens, Lothar: Eine stolze Bilanz oder vielleicht doch "Leichen im Keller"? Ein kritischer Beitrag zur Sektion Kriminalistik der Berliner Humboldt-Universität. In: Kriminalistik, 48. Jg. (1994), H. 2, Heidelberg, S. 120-122.

*Paul Gerhard Klussmann*

## BERICHTE DER REISEKADER AUS DER DDR

Textform und Wertung im Horizont der Gattung

Die Berichte der Reisekader der DDR sind durchaus Reiseberichte im strengen Sinn, aber verfaßt auf der Basis einer gründlichen ideologischen Schulung und nach Maßgabe von Vorschriften, die durch einen Fragenkatalog bestimmt waren. Da die Mehrzahl der Kader zur intellektuellen Elite der DDR-Bürger gehörte, darf man zumal bei den Wissenschaftlern, den Schriftstellern und Künstlern davon ausgehen, daß sie aus ihrer Schul- und Universitätsbildung eine klare Vorstellung von der Gattung Reisebericht hatten. Unbeachtet bleibe bei unseren Überlegungen der *Sofortbericht*, der oft einem Formularschema folgt, notizhaft ist und nur selten Schreibqualitäten besitzt. Doch alle Texte, für deren Anfertigung mehrere Wochen zur Verfügung standen und alle ausführlichen mündlichen Berichte, die auf Tonband oder in der Form von Protokollen festgehalten wurden, folgen den Schul- und Bildungsvorstellungen der Textsorte Reisebericht. Daher ist es für die Beurteilung, Auswertung und Wertung aller Berichte der Auslandsreisekader wichtig, sich die Bildungs- und Wissensvoraussetzungen zu vergegenwärtigen, wie sie in der DDR gegeben waren.

Dichterische, literarische oder journalistische Reiseberichte (dazu die neuere Untersuchung von Brenner 1990) waren in der Zeit nach 1950 in der Bundesrepublik und in der DDR sehr erfolgreich. Noch in unseren Tagen erkennt man, wie beliebt gut geschriebene und inhaltsreiche Reise- und Aufenthaltsberichte sind, wenn man zur Kenntnis nimmt, daß Ulrich Wickerts *Paris-Buch* (1993) schnell und anhaltend einen Platz in den Bestsellerlisten der Sachbuchliteratur erreicht hat. In der Bundesrepublik gewannen Reisebücher um 1960 an Aufmerksamkeit beim Lesepublikum, weil die Leser ihre eigenen Erfahrungen im Tourismusbetrieb gern durch das Wissen und den Rang renommierter Autoren ergänzen, erweitern und aufhöhen wollten. Ich beschränke mich auf das prominente Beispiel Wolfgang Koeppen, der seine Reisebücher 1958 begann mit *Nach Rußland und anderswohin* und dann fortsetzte mit *Amerikafahrt* (1959) und *Reisen nach Frankreich* (1961). - In der DDR liebten die Leser Reiseliteratur, weil sie in alten und neueren Reiseberichten Ersatz fanden für Reisen, die sie selbst nicht machen durften, als *Reise im Kopf* (1984), um einen Buchtitel von Bernd Wagner zu zitieren, die das Reiseabenteuer in den Bezirk des lustvollen Phantasieereignisses verwies. In der literarhistorischen und literaturwissenschaftlichen Gattungsdiskussion wurde der Reisebericht frühzeitig in den Bereich der fortschrittlichen und revolutionären Textformen eingeordnet, so daß er bei der Erbediskussion und bei der Kanonisierung des Erbes eine herausragende Rolle spielte. Das Fazit dieser Kanonisierung für Schule und Hochschule in der DDR findet man in den Nachworten von Gotthard Erler zu der in drei Bänden erschienenen Anthologie *Reisebilder: Reisebilder von Goethe bis Chamisso* (1976), *Reisebilder von Heine bis Weerth* (1976), *Reisebilder von Gerstäcker bis Fontane* (1978 = Erler 1984).

Die sechs Namen auf den Bandtiteln setzen Akzente in der Erbe-Diskussion. Natürlich wird Goethe fraglos akzeptiert, auch wenn gerade sein Reisebuch *Italiänische Reise* (1816/17 erschienen, aber bezogen auf die Reise von 1786-88) kein für die DDR-Kader musterhaftes Werk war; wichtiger wurde da schon Chamisso, der vom Romantiker zum Expeditionsautor und Naturforscher sich wandelte, der 1833 die soziale Ballade *Die alte Waschfrau* dichtete und nach einem chinesischen Text die berühmte *Klage der Nonne* verfaßte, die ihre eingemauerte Existenz bejammert und dem romantischen Reiseposthorn nicht folgen kann. - Fast könnte man die vorletzte Strophe als Parodie auf die DDR-Bürger, die nicht reisen durften, lesen:

> *"Das Posthorn hör ich schallen - Ach nein! zu meinem Ohr*
> *Dringt dumpf nur das Geläute, das ruft mich in das Chor;*
> *Sie haben ja zur Nonne mich eingemauert arg*
> *Und haben mich lebendig gelegt in meinen Sarg"*
>
> (Chamisso 1907, S. 54)

Doch im Mittelpunkt der Anthologie stehen natürlich die Helden der revolutionären Literatur, Heinrich Heine und Georg Weerth, von denen Heine das Modell entwickelte, das für alle künftige fortschrittliche Reiseberichterstattung Vorbild sein sollte. Erler beschreibt dieses literarische Muster so: *"Die ästhetische Kombination von authentischem Bericht und weitreichender Assoziation, von individuellem Erlebnis und verallgemeinernder Reflexion bot spezifische Möglichkeiten, unter den schwierigen Bedingungen von Restauration und Vormärz soziales Engagement und politische Opposition zu demonstrieren"* (Erler 1984, S. 435). Im Lande des erreichten Sozialismus war das dann freilich so zu lesen, daß die politische Opposition gegen die Bundesrepublik und Amerika sich richten sollte und sich verbinden mußte mit der politischen Akklamation zu den sozialen und wissenschaftlich-künstlerischen Errungenschaften der DDR. Erler meint, daß das Scheitern der Revolution von 1848/49 eine Ursache für den Rückgang der Reiseprosa, ja für deren ideologischen Verfall war. Immerhin gab es Ausnahmen, zu denen Gerstäcker und Fontane, vor allem aber Ludwig Kalisch und Moritz Hartmann zählen sollen, Autoren, die vor der Reaktion flohen und Reiseberichte über *Paris und London* (1851) und über Irland (*Briefe aus Irland*, 1851 in der Zeitschrift »Deutsches Museum *Welt* (1778/80), der Ahnherr der Gattung Reisebericht sein sollte (Härtl 1977, S. 304 f.). Der Bericht bezieht sich auf die 2. Weltreise als Begleiter von James Cook (1772-75). Nach Forster komme Johann Gottfried Seume, dessen Schilderung seiner Fußreise von Oktober 1801 bis August 1802 von Leipzig und Syrakus und zurück unter dem Titel *Spaziergang nach Syrakus* im Jahre 1802 erschien und ganz im Gegensatz zu Goethe keine Poesie, sondern "*soviel als möglich aktenmäßige*" Darstellung sein wollte. Immer sieht Seume Land und Leute durch die Brille seiner aufgeklärten politischen Ansichten, und das soziale Elend steht im Mittelpunkt der "aktenmäßigen" Wahrnehmung und Kritik.

Es ist schon erstaunlich und bemerkenswert, daß Forster, Seume, Heine, Weerth und Gerstäcker als sozialistische Literatur ausgelegt und vereinnahmt werden! Sie sollen die Vorläufer sein für die Politisierung der Gattung Reisebericht in den zwanziger Jahren. Der Schriftsteller Franz Jung gibt hier den Ton an mit seinem Buch *Reise in Rußland*, das euphorisch den neuen Staat der Sowjetunion feiert. Ähnliche Tendenzen der Sowjet-Euphorie findet man in Schriften von Alfons Goldschmidt, Wilhelm Herzog und dem späteren Nazi Max Barthel. In solchem Sog entstand dann die organisierte Arbeiterreiseliteratur, die sich in einer Broschüre mit sehr hoher Auflage unter dem Titel *Was sahen 50 deutsche Arbeiter in Rußland* präsentierte, alles organisiert und publiziert durch die KPD. Auf die Bedeutung dieser Vorbilder für den Reisebericht hat Horst Groschopp hingewiesen (Groschopp 1985). Da es in der DDR an bedeutender Reiseliteratur fehlte, wurden in den siebziger und achtziger Jahren Schriftsteller mit Nachdruck auf diese Gattung hingewiesen, und sie erhielten Reisestipendien für Reiseberichtspläne, die natürlich möglichst auf die befreundeten sozialistischen Länder oder auf die Sowjetunion sich beziehen sollten. Der DDR-Wissenschaftler Härtl weist übrigens mit Nachdruck darauf hin, daß Italienreisen keine Domäne der westdeutschen Schriftsteller geblieben seien, wobei er Christine Wolters Buch *Meine italienische Reise* (1973) zitiert. Doch Christine Wolter hat ihre Sprachkenntnisse und die Lizenz der Reise zur Auswanderung benutzt: sie ist Lektorin an einer italienischen Universität geworden und hat einen Italiener geheiratet. Damit hatte sie die Reisekaderexistenz hinter sich gelassen. Erich Loest bearbeitet das Reise- und Reiseberichtsproblem literarisch in seinem tragischen Roman *Zwiebelmuster* (1985). Ein Sachbuchautor und Wissenschaftler bemüht sich um eine Auslandsreise, um seine Existenz aufzuwerten und um Reisekader zu werden. Nach vielen Umwegen, Katzbuckeln, Behördengängen und Wartezeiten scheint alles zu gelingen. Aber beim ersten Mal wird das Schiff gestoppt, beim zweiten Mal wird er am Bahnhof verhaftet, weil Negatives über ihn bzw. seine Familie bekannt geworden ist, was die Zuverlässigkeit des Reisekaders infrage stellt. An dieser Stelle seien auch die schönen Reisebücher von Walter Kaufmann erwähnt, die in der DDR erschienen sind und über Israel, Amerika und Irland berichten, freilich nur eine vergleichsweise kleine Auflage gehabt haben und natürlich auch Zugeständnisse an die Politik der DDR oder an die Genossen im Schriftstellerverband machen mußten. (Kaufmann 1969; 1979; 1985). Der Sohn von Dieter Noll, Hans Noll, wuchs im Kader- und Kunstmilieu der DDR auf. Er sollte den Ruhm seines Vaters auch als Schriftsteller übertreffen; Dieter Noll hatte das Muster des bürgerlichen Entwicklungsromans in einen antifaschistischen Bildungsroman umgeschrieben (*Die Abenteuer des Werner Holt*, 1960/63). Hans Noll verwöhnt in der elitären akademischen DDR-Boheme um den Professor der Kunsthochschule Werner Klemke und Professor Walter Womacka an der Akademie der Künste in Ostberlin, war schon 1978 als Reisekader nach Leningrad gereist, dann 1980 nach Moskau. Beide Reisen sollten der ideologischen Befestigung dienen und gute Reiseberichte zeitigen. Mir liegen die Berichte leider nicht vor, aber es wird sich in ihnen schon einige Skepsis äußern, denn obwohl Noll noch einige Jahre in der DDR als verwöhntes Nomenklatura-Kind blieb und bei den genannten Professoren arbeitete, wurde er damals nach eigenem Zeugnis vom sozialistischen Nachwuchskader zum Gegner der kommunistischen Ideologie. In den Zirkeln der Moskauer Kultur-Nomenklatura begann während der Gespräche sein sozialistischer Glaube zu zerbröckeln, und eine dritte Rußlandreise, die ihn bis nach Armenien führte, bewirkte eine Art von Konversion hin zu den Idealen des wirklichen Humanismus. Dokument dieses Sinneswandels ist der literarische Reisebericht, der Pflichtberichte zum Ursprung hat, *Rußland, Sommer, Loreley. Ein Deutscher in der Sowjetunion* (Noll 1986). Man ahnte in der DDR kaum, daß Rußlandreisen, die durch die parteiliche Steuerung und durch die Kontrollen vor Ort als ideologisch ungefährlich galten, in den geselligen Bezirken der Kultur-Nomenklatura und in den ferneren Ländern der Sowjetunion Anstöße zum Umdenken geben konnten. Ideologisch gefährlich erschienen vornehmlich Westreisen, Amerikareisen und ganz besonders Reisen in die Bundesrepublik. Überall konnte es sich hier ereignen, daß das Wissen, was man aus der Enge der kleinen DDR mitgebracht hatte, infrage gestellt wurde durch authentische Erfahrungen. Vor allem auch die Lehrbuchthesen wurden obsolet, daß der Klassengegner in der Bundesrepublik Deutschland ständig neue Mittel und Methoden zur Schädigung oder zur Herabsetzung der DDR erfinde, daß man versuche, Bürger der DDR abzuwerben, oder daß die Annahme von Geschenken aller Art gefährlich und verführerisch sei. Ebenso hinfällig wurde die Behauptung, die Bundesrepublik Deutschland sei immer darum bemüht, dienstreisende Reisekader "abzuschöpfen" im Hinblick auf ihr Wissen oder ihre Fähigkeiten, um sie gegen die Interessen der DDR auszunutzen. Diese Behauptungen wurden im einzelnen durch wissenschaftliche Arbeiten, die sich als empirische Untersuchungen ausgaben, gestützt. Doch nicht selten ereignete sich, was Fontane in seinem in der DDR vielgelesenen Essay über Willibald Alexis sagt, daß nämlich der Reisende gegen alle ideologische Vergatterung sehend und mündig wird. Fontane erklärt: Die Fremde *"lehrt uns nicht bloß sehen, sie lehrt uns auch richtig sehen. Sie gibt uns auch das Maß für die Dinge [...]. Sie leiht uns die Fähigkeit, groß und klein zu unterscheiden, und bewahrt uns vor jenem ebenso ridikülen wie anstößigen Lokalpatriotismus, der den Sieg der Müggelsberge über das Finsteraarhorn proklamiert"* (Fontane, zit. bei Erler 1984, S. 437). Man staunt eigentlich, daß Erler diese Fontane-Stelle zu zitieren wagt, da die DDR bis zu ihrem Ende hin den Sieg der Müggelberge über den Gipfel des Finsteraarhorns proklamiert hat, wie alle Berichte der Reisekader fast ausnahmslos belegen. Immer ist die Forschung der DDR auf Weltniveau, immer erhalten die Wissenschaftler großen Beifall, wenn sie von ihren Forschungen und Errungenschaften in der DDR berichten.

Das Zitat aus Fontanes Alexis-Essay könnte man geradezu als Motto über die Aufgabe der Erforschung der Berichte der Reisekader setzen. Übrigens sei nebenher vermerkt, daß der Alexis-Aufsatz in der Studienausgabe der DDR fehlt (Fontane 1964)! Noch überraschender aber ist in Erlers Nachwort zu den *Reisebildern* folgende Stelle aus Gerstäckers Report *Achtzehn Monate in Südamerika und dessen deutschen Kolonien* (1863) über die Auswanderung zitiert:

*"Unsere deutschen Regierungen klagen immer über die Auswanderung und betrachten die Auswanderer selber gewöhnlich als unzufriedene, böswillige Leute, die das segensreiche Regiment, unter dem sie leben, nicht anerkennen wollen. Sie hätten sollen die einfache Erzählung dieser armen Leute hören, die niemanden anklagten und nur mit schweren Herzen ihre Heimat verlassen hatten; aber sie konnten nicht mehr jene stets wachsenden Steuern und Taxen erschwingen und mußten zuletzt ihren lieben Bergen den Rücken zu kehren. Am leichtesten wurde es ihnen noch, sich von ihren Regierungen zu trennen..."* (zit. bei Erler 1984, S. 443).

Natürlich wird dies alles in die Zeit von 1848/49 verlegt, aber der ergänzende Hinweis auf die Schriftsteller-Schicksale im Nachwort läßt beinahe vermuten, daß Erler hier eine versteckte Kritik an der Politik gegen Biermann und andere DDR-Autoren formuliert. In dem Gerstäcker-Text muß man nur wenige Wörter austauschen und aktualisieren, dann liest es sich wie eine Anklage gegen die DDR-Regierung und ihre Reisekader-Politik und ihre Haßtiraden auf die Republikflüchtlinge. Während man bei Erler eine Pro-Biermann-Stellungnahme in verschlüsselter Form vermuten kann, hat etwa gleichzeitig Christa Wolf in ihrer Bremer Rede zur Verleihung des Literaturpreises an sie im Jahr

1978 aus Anlaß des Buchs *Kindheitsmuster* folgenden bemerkenswerten Satz mit einigem Nachdruck ausgesprochen, der ihre eigene damalige Position und die Niederschriften aller Reisekader, vor allem auch die Anordnungen der DDR-Organe für diese Kader und die Dissertationen über die Behandlung von Reisekadern in der Bundesrepublik Deutschland, in einem tieferen und wahren Sinn entlarvt: *"Die Fähigkeit zum Urteil ist von der Lust am Vor-Urteil, die Fähigkeit zum Nachdenken vom Zwang zum Wunsch- und Verwünschungsdenken aufgezehrt"* (Wolf 1987, S. 57). - Alle Kader-Reisen sind durch die vorausgehende ideologische Schulung, durch die Forderungen für das eigene Verhalten der Kader im Ausland, durch die erzeugten Vorurteile über andere Länder, sei es über Westdeutschland, Amerika oder die Volksrepublik China, so programmiert, daß die Reisenden und die Berichterstatter in irgendwelchen Formen diese Vorurteile reproduzieren. Ich habe in den etwa 250 Berichten nur ganz wenige Stellen gefunden, die Nachdenken und freies Beobachten erkennen ließen; und wenn sich denn sachliche Aussagen und Rühmungen über andere Menschen, Wissenschaftler und Länder finden, dann nur, wenn diese ausgesprochen freundlich über die DDR sprechen, wenn sie die DDR und ihre Leistungen bewundern, oder wenn sie den DDR-Wissenschaftlern erkennen lassen, daß die Hochachtung vor seiner Leistung in erster Linie der DDR gilt. Wunsch- und Verwünschungsdenken beherrscht die Großzahl der Berichte und macht ihre Lektüre auch dann ärgerlich, wenn der Bericht einmal sachliche und fachliche Aussagen von einiger Qualität enthält. Die Kaderberichte sind auf schlichte oder gescheite Weise politisiert, so wie die literarischen Vorbilder des unhistorisch gelesenen Erbes und der affirmativen Reiseliteratur der DDR, die das Vorurteil über den Klassenfeind bis zum Überdruß wiederholt und immer aufs Neue glaubt, bestätigen zu müssen. So schreibt einer den angesehensten und besten Chirurgen der DDR, der an einem Kongreß in Athen der »European Society for Surgical Research« (ESSR) teilnehmen durfte, in seinem Bericht: *"Meine Erklärung, daß sich die DDR an die Beschlüsse von Helsinki und Madrid hält und dem Wunsch ausreisewilliger Personen entspricht, wurde respektiert, ebenso, daß die DDR eine konsequente Friedens- und Entspannungspolitik verfolgt."* "Prof. A." - ein Athener Fachkollege - "organisierte ein Interview Prof. W.s" - das ist er selbst - *"mit dem Zeitungsorgan der KP Griechenlands, so daß in ausgiebiger Weise die Gelegenheit bestand, die wissenschaftlichen Leistungen der DDR insbesondere auf dem Gebiet der Organtransplantation publik zu machen."* (1983)

In der Tat lassen dann die sachlichen Aussagen desselben Reisekaders der höchsten Wissenschaftsprominenz der DDR erkennen, daß die DDR auf dem Gebiet der Organtransplantation weit zurückgeblieben ist, vor allem auch, weil die Bereitstellung von Organtransplantaten, die anderswo mit Hubschraubern organisiert ist, in der DDR mit Autos erfolge, die kaum 100 km/h Geschwindigkeit erreichen. Unwillkürlich erinnert man sich an den Vergleich mit dem Sieg der Müggelberge über den Gipfel des Berner Finsteraarhorns. Auch wenn gelegentlich über die Leistungen anderer erstaunlich positiv berichtet wird, so über die Münchener Kliniken in Großhadern, dann gilt doch immer wieder für die Bewertung von Kongressen, daß man das eigene Wissen und den eigenen Standard gut und überzeugend zur Geltung gebracht habe. Und auch der Mediziner muß sich natürlich kritisch über die Reagan-Administration äußern, die nur durch den wirtschaftlichen Aufschwung Zustimmung erfahre. So sei dann auch der Bau und die Einrichtung von 25 neuen chirurgischen Transplantationszentren möglich. Zuvor war über Österreich berichtet worden, daß man dort im Lande den *"relativ hohen Lebensstandard in der DDR", "das auf weite Strecken gut durchorganisierte Gesundheits- und Sozialwesen mit Lob bedacht und auch der Hochschulpolitik in der Aus- und Weiterbildung Anerkennung gezollt"* habe. Ob sich der Verfasser über die Boshaftigkeit und Ironie solcher Lobsprüche wirklich nicht im klaren war, ob er glauben konnte, daß die Offiziere der Staatssicherheit ihm diese Aussage schlichtweg als authentisch abnahmen, würde man in anderen Dokumenten nachprüfen müssen.

Hier ist nur festzuhalten, daß unabhängig vom Fachbericht, von Leistung und Erfolg, wiederkehrend auch bei hochgestellten Reisekadern die Rühmung der DDR an ausgezeichneter Stelle im Bericht plaziert wird und daß man niemals vergißt zu erwähnen, daß bei Kongressen mit Öffentlichkeitswirkung auch die Fahne der DDR gehißt war. Politisierung und Ideologisierung oder auch Schreibweisen auf der Linie der alten Arbeiterberichte aus der Sowjetunion bestimmen den Grundtenor der meisten Berichte der Reisekader. Hat man freilich eine ausreichende Textmenge zur Verfügung, vor allem auch Texte von demselben Verfasser, dann wird eine kritische Analyse und Wertung in jedem Einzelfall möglich, und auch der Wahrheitsgehalt kann festgestellt werden. Gut und notwendig aber ist es, die Richtlinien und die literarischen Bildungsvorgaben, die Vorurteile und den Zwang zum Verwünschungs- und Wunschdenken in die Textanalyse einzubeziehen.

## Literatur

Die Zitate aus den Reiseberichten der Kader sind der Quellensammlung entnommen, die im »Institut für Deutschlandforschung« der Ruhr-Universität Bochum vorliegen und zum Forschungsprojekt »*Pflichtberichte der Reisekader*« gehören.

Brenner, Peter J.: Der Reisebericht in der deutschen Literatur. Ein Forschungsüberblick als Vorstudie zu einer Gattungsgeschichte. Tübingen 1990 (Internationales Archiv für Sozialgeschichte der deutschen Literatur, 2. Sonderheft)

Chamisso, Adalbert von: Chamissos Werke. Hrsg. von Hermann Tardel. Leipzig-Wien 1907.

Erler, Gotthard (Hg.): Reisebilder von Goethe bis Chamisso. München 1977 (zuerst Rostock 1976).

Erler, Gotthard (Hg.): Spaziergänge und Weltfahrten. Reisebilder von Heine bis Weerth. München 1977 (zuerst Rostock 1976).

Erler, Gotthard (Hg.): Reisebilder von Gerstäcker bis Fontane. Streifzüge und Wanderungen. Frankfurt/M.-Berlin-Wien 1984 (zuerst Rostock 1978).

Fontane, Theodor: Fontanes Werke in fünf Bänden. Ausgewählt und eingeleitet von Hans-Heinrich Reuter. Berlin-Weimar 1964.

Groschopp, Horst: Der "proletarische Weltbürger" Fritz Kummer. Zur deutschen Arbeiterliteratur bis 1933. In: Weimarer Beiträge 31 (1985), H. 12, S. 2025-2043.

Härtl, Heinz: Entwicklung und Traditionen der sozialistischen Reiseliteratur. In: Erworbene Tradition. Studien zu Werken der sozialistischen Literatur. Hrsg. von Günter Hartung/Thomas Höhle/Hans-Georg Werner. Berlin (Ost)-Weimar 1977, S. 299-340.

Kaufmann, Walter: Reisen ins Gelobte Land. Leipzig 1985, 3. neubearb. u. erw. Aufl. (zuerst 1980 unter dem Titel »Drei Reisen ins gelobte Land«).

Kaufmann, Walter: Gerücht vom Ende der Welt. Rostock 1969.

Kaufmann, Walter: Irische Reise. Berlin (Ost) 1979.

Koeppen, Wolfgang: Amerikafahrt. Stuttgart 1959, 2. Aufl.

Koeppen, Wolfgang: Reisen nach Frankreich. Stuttgart 1961, 2. Aufl.

Koeppen, Wolfgang: Nach Rußland und anderswohin. Empfindsame Reisen. Stuttgart 1958.

Loest, Erich: Zwiebelmuster. Roman. Hamburg 1985.

Noll, Hans: Rußland, Sommer, Loreley. Ein Deutscher in der Sowjetunion. Hamburg 1986.

Wagner, Bernd: Reise im Kopf. Berlin (Ost)-Weimar 1984.

Wickert, Ulrich: Und Gott schuf Paris. Hamburg 1993.

Wolf, Christa: Die Dimension des Autors. Essays und Aufsätze. Reden und Gespräche. 1959-1985. Darmstadt-Neuwied 1987.

Wolter, Christine: Meine italienische Reise. Berlin (Ost)-Weimar 1973.

*Sabine Gries*

# DIE PFLICHTBERICHTE DER WISSENSCHAFTLICHEN REISEKADER DER DDR

Rahmenrichtlinien, Daten und Textaussagen

## I. Die Reisekader

Seit der Gründung des Staates DDR im Jahre 1949 haben Zentralkomitee und SED ihre Machtpolitik nach sowjetischem Vorbild auf *Kader* gestützt. Kader waren politische Eliteeinheiten, die für alle Abteilungen des Staatsapparates und für alle Funktionen der politischen Führung herangebildet wurden. Für die Auswahl und Formierung der Kader entwickelte die Partei strenge Richtlinien, die zunächst den ideologischen Bereich und dann die speziellen Aufgabengebiete betrafen. Der Ausbildung leitender Kader der SED und des Staatsapparates dienten die »Parteihochschule "Karl Marx" beim ZK der SED« in Berlin (PHS) und die »Akademie für Staats- und Rechtswissenschaft der DDR« in Potsdam-Babelsberg, die unmittelbar dem Ministerrat unterstellt war. Das Ministerium für Staatssicherheit (MfS) unterhielt als zentrale Schulungseinrichtung zur fachlichen Qualifizierung seiner hauptamtlichen Mitarbeiter die »Juristische Hochschule« in Potsdam-Eiche unter der Leitung von Generalmajor Prof. Dr. jur. habil. W. Pösel. Konspirativ abgeschirmt ermöglichte diese Kaderschmiede sowohl ein Direkt- als auch ein Fernstudium und verlieh als Abschluß den Titel "Diplom-Jurist". Voraussetzung für die Zulassung zum Studium an der Juristischen Hochschule war eine mindestens dreijährige *"operative Arbeit in den Organen des MfS"*.

Ein wesentliches Instrument der Kaderpolitik war die *Nomenklatur*; sie ist ein Verzeichnis aller offiziellen und inoffiziellen Positionen und Funktionen in allen staatlichen und gesellschaftlichen Einrichtungen, nicht zuletzt in den Hochschulen. Ein besonderes Augenmerk galt den Kadern der Außenpolitik.

Für den Aufstieg in Kaderpositionen boten Partei und Staat eine Vielzahl von Anreizen. Wer in der DDR dem wissenschaftlichen oder wirtschaftlichen Führungskader angehörte, verfügte - allen Gleichheitsbeschwörungen zum Trotz - über mannigfaltige Privilegien, die sich parallel zum "sozialistischen Aufstieg" vervielfältigen konnten: öffentliche Anerkennung, für DDR-Verhältnisse hohe Gehälter, mit satten Prämien verbundene Ordensverleihungen, Zuweisung von großzügig geschnittenen Dienstwohnungen bis hin zu Villen und Zusicherungen im Arbeitsvertrag, daß die Kinder des jeweiligen Kaders späterhin problemlos ein Studium eigener Wahl absolvieren dürften (Voslensky 1980 passim).

Manche Kader genossen aber auf Grund ihrer Stellung und des Vertrauens, das Staat und MfS in sie setzten, noch ein weiteres besonderes Privileg - als *Reisekader* waren ihnen Dienstreisen ins Ausland möglich, auch ins westliche Ausland, eine Belohnung, deren Wert und Anreiz sich für den Untersucher gar nicht überschätzen läßt. Häufig waren diese privilegierten und auch beneideten Reisekader zugleich *Inoffizielle Mitarbeiter* (IM) des Ministeriums für Staatssicherheit (MfS) (Felber 1970; Klein/Linthe/Schulze 1985).

Wie sah nun die Arbeit dieser diplomierten IM, dieser wissenschaftlichen Reisekader mit besonderem Auftrag aus? Lobend schreibt ein Führungsoffizier über den von ihm betreuten IM "Traugott", einen Professor für evangelische Theologie: *"Der IM übergab einen ausführlichen Reisebericht, der nicht nur die theologischen Seiten einschätzte, sondern auch die gesellschaftlichen und ökonomischen Verhältnisse in Schweden"* (IM-Bericht Nr. 10; unveröff. Msk. "Reisekader").

In einem achtseitigen Bericht, der dieser Begutachtung beigefügt ist, informiert "Traugott" seinen Führungsoffizier und das MfS detailliert über den durchschlagenden Erfolg der DDR-Delegation während einer Theologenkonferenz in Uppsala; selbst auf dem Gebiet neutestamentlicher Forschung waren Wissenschaftler der atheistischen DDR demnach denen aus der "BRD" durchweg überlegen: *"Die Konferenzteilnehmer haben sich von der eigenständigen wissenschaftlichen Arbeit auch auf dem Gebiet der Theologie in der DDR erneut überzeugen können"* (ebd.).

Darüber hinaus legte der MfS-treue Theologe eine Teilnehmerliste dieser Konferenz bei, sondierte das politische Verhältnis Schwedens zur DDR, erhellte innenpolitische Schwierigkeiten des Gastlandes und vergaß weder, die Randständigkeit der Forscher aus der Bundesrepublik Deutschland zu betonen, noch sich selbst, sein eigenes Können und seine besondere wissenschaftliche Wirkung dem MfS gegenüber ins rechte Licht zu setzen. "Traugotts" Darstellungen (es liegen noch weitere Berichte von seiner Hand vor) fallen vor allem durch eine eitle Geschwätzigkeit auf; ständig versuchte er, sich seinem Staat gegenüber als tüchtiger und treuer Diener darzustellen und sich als besonders pflichteifrig anzubieten.

Weshalb nun agierte ein Akademiker - ein Theologe noch dazu - in dieser Weise, die sowohl seinem Berufsethos als auch seinem Forschungsgegenstand durchweg widerspricht? War er wirklich ein treu überzeugter Paladin des sozialistischen DDR-Regimes, oder ging es ihm - wie vielen anderen Reisekadern, deren Berichte untersucht werden konnten - vor allem darum, sich im Vornherein die Erlaubnis zur nächsten Auslandsreise zu sichern? Diese Überlegung ist nicht von der Hand zu weisen, denn selten fehlt in den Darstellungen der Hinweis auf die nächste Konferenz, die nächste Tagung, die auch wieder außerhalb der DDR stattfinden würde und die - nach Aussage des jeweiligen Reisekaders - im Dienste und Sinne seines Staates dringend besucht werden mußte.

Ursache dieser stets sichtbar werdenden Abhängigkeit gebildeter und auch einflußreicher Männer und Frauen vom Wohlwollen des MfS war wohl nicht nur die Sehnsucht nach der Erlaubnis zu einer niederweckenden Auslandsreise. Dahinter standen sicher auch der Wunsch nach dem Gewinn wissenschaftlichen Selbstwertgefühls und die Freude darüber, von ausländischen Fachkollegen akzeptiert und als Forscher ernst genommen zu werden. Doch zahlten die Reisekader zumindest im moralischen Sinne für diesen ihren - durchaus verständlichen - Ehrgeiz als Verräter nicht nur an ihren Gastgebern, sondern auch an der Wissenschaft einen hohen Preis: nicht nur moralische Elementargrundsätze kamen ins Wanken und damit das Rechtsbewußtsein der Reisekader, auch der von ihnen vertretenen Wissenschaft konnten sie nicht frei im Sinne von wahrheitssuchend dienen (Gries/Meck 1993, S. 29-60). Diese Folgeprobleme "sozialistischer Erwachsenenerziehung" werden bis heute kaum wahrgenommen, geschweige denn wissenschaftlich untersucht.

## II. Sinn und Aufgabe der Pflichtberichte

Wenn es darum geht, die Wirkungsgeschichte des SED-Regimes von der sozialen Basis her zu dokumentieren, dann kommt den Pflichtberichten der Reisekader der DDR zentrale Bedeutung zu. Eine Aufarbeitung der Geschichte der DDR wird sich nicht nur an den innen- und außenpolitischen Daten des staatlichen Handelns orientieren können, sondern muß auch alle Quellen auswerten, die im internen und diskreten Bereich staatlicher Selbstdarstellung und staatlicher Kontrolle liegen und zeigen, wie das Verhältnis der DDR zu anderen Staaten bestimmt wurde. Eine Quelle von herausragendem Wert stellen in diesem Zusammenhang die Pflichtberichte der Reisekader dar, weil in ihnen der Horizont sowohl gesteuerter als auch freier Erfahrung präzise zu beschreiben ist. Man erkennt, wie die Bürger ihrer Berichtspflicht genügten, wie sie sich schriftlich in ein Verhältnis zu ihrem Staat setzten, ob sie sein Selbstbild akzeptierten und wie sie über andere Staaten, deren Institutionen und Bürger urteilten.

Codiert und statistisch ausgewertet wurden von uns bisher 251 in Inhalt und Form höchst unterschiedliche Reisekaderberichte; von diesen stammen 107 aus der Hand von Akademikern, von denen wiederum 46 den Professorentitel führten. 39 dieser 107 Berichterstatter waren offenkundig informelle Mitarbeiter (IM) des Ministeriums für Staatssicherheit. Offizielle Gründe der Auslandsreisen dieser Akademiker waren vor allem wissenschaftlicher Art: Kongresse (35), Studienaufenthalte (20) Tagungen und ähnliche Veranstaltungen (insgesamt 15). Wenn unsere bisherigen eigenen Forschungsergebnisse auch schwerpunktmäßig den 70er und 80er Jahren zuzurechnen sind, so schickte die DDR ihre Wissenschaftler schon von Anbeginn an zur Informationsbeschaffung und aus "Koexistenz"gründen ins "befreundete" und ins "feindliche" Ausland.

Tabelle 1: Wissenschaftliche Reisekader - Einteilung nach Fachgebieten (N= 107)

| Fachgebiet | Anzahl | in Prozent |
|---|---|---|
| Archäologie | 1 | 0,9 |
| Astronomie | 1 | 0,9 |
| Biochemie | 14 | 13,1 |
| Biologie | 1 | 0,9 |
| Chemie | 3 | 2,8 |
| Elektrotechnik | 1 | 0,9 |
| Genetik | 1 | 0,9 |
| Geschichte | 1 | 0,9 |
| Landwirtschaft | 4 | 3,7 |
| Maschinenbau | 2 | 1,9 |
| Mathematik | 1 | 0,9 |
| Medizin | 29 | 27,1 |
| Meteorologie | 1 | 0,9 |
| Physik | 2 | 1,9 |
| Theologie | 12 | 11,2 |
| Zoologie | 19 | 17,8 |
| keine Angaben | 14 | 13,1 |
| insgesamt | 107 | 100,0 |

Quelle: Reisekaderberichte; eigene Berechnungen

Grundsätzlich sollte jede Reise eines Bürgers der DDR ins Ausland den Prinzipien der Außenpolitik genügen, so daß der Reisende einen Beitrag zur Selbstdarstellung der DDR im Ausland leistete. Von Anbeginn an haben die

SED und die staatlichen Leitungs- und Aufsichtsorgane der DDR alle Auslandsreisen ihrer Bürger einer strengen staatlichen Kontrolle unterworfen.

Auch für die Innenpolitik der DDR hatten die Auslandsreisen - besonders auch die der Wissenschaftler - eine große Bedeutung: die Aufnahme in die Reisekader oder die Sondergenehmigung für eine Auslandsreise wurden abhängig gemacht von einer positiven Einstellung des jeweiligen Bürgers zu Staat und Partei. Daneben konnten die Rückmeldungen innerhalb der DDR positiv im Sinne einer Systemstabilisierung wirksam werden, wenn sie die Thesen von der weltgeschichtlichen Auseinandersetzung zwischen dem Sozialismus/Kommunismus im Osten und dem Kapitalismus/Imperialismus im Westen bestätigten. Die Kontakte mit der Sowjetunion und den Ländern des Ostblocks wurden in das Programm der Freundschaft und der Vorbildlichkeit eingebunden. Ziel aller Auslandsreisen innerhalb des Ostblocks war daher die Förderung und Verbesserung von Kontakten auf allen Ebenen des politischen, gesellschaftlichen und kulturellen Lebens. Dabei stellten die wissenschaftlichen Reisekader sich selbst gern in der Rolle des Lehrers oder (überlegenen) Beraters dar und urteilten über gesellschaftliche und politische Verhältnisse der "Bruderländer" - mit Ausnahme der Sowjetunion oft in einer Mischung von Herablassung und Leutseligkeit; darüber hinaus war die wissenschaftliche Kooperation intendiert.

Anders verhielt es sich mit den Reisen ins westliche Ausland. Sie wurden einerseits durch die Deutschlandpolitik und andererseits durch die Politik der Westabgrenzung im Sinne der jeweiligen Parteitagsbeschlüsse eingeschränkt. Für alle Reisen in die Bundesrepublik Deutschland hatte die jeweilige Zielsetzung der SED eine besondere Bedeutung; denn alle Reisenden hatten den Prozeß der inneren Konsolidierung des Herrschaftssystems nach dem Mauerbau (1961) und nach dem VI. Parteitag der SED (1963) durch ihr Auftreten und ihre Haltung zu fördern. Vor allem sollte der DDR-Bürger im westlichen und das meint immer feindlichen Ausland nun ein eigenes Staatsbewußtsein entschieden vertreten.[1] Daher wurde der Spielraum für alle Westreisen schon vor dem Bau der Mauer fortschreitend eingeschränkt, da es sich um Aufenthalte im *feindlichen* Ausland handelte, dessen Bürger und dessen Politiker (und natürlich die überall vermuteten Agenten und Spione) auf unterschiedliche Weise - durch "Imperialismus", Kapitalismus, Bürgerlichkeit, "reaktionäre" Deutschlandpolitik und vieles andere mehr - den jungen Staat DDR und sein Sozialismuskonzept zu bedrohen schien. Deshalb trachtete die Führung der DDR schon vor dem Jahre 1961 danach, ihre Reisenden ideologisch zu steuern und sie einer Auskunftspflicht zu unterwerfen. Durch Kontrollen verschiedener Art

---

[1] Das führte zum Beispiel dazu, daß in den Reisekaderberichten akribisch notiert wurde, ob am Tagungsort die DDR-Flagge gehißt war, die richtigen Fähnchen auf den Konferenztischen standen, die "BRD" als Deutschland bezeichnet wurde etc.

und durch mancherlei Auflagen sollte auch die Auswanderungswelle in den Westen gebremst werden. Mit der Gründung des Ministeriums für Staatssicherheit kam ein ganz neues Interesse hinzu, das im Laufe der Jahre dominierend wurde: Reiseerfahrungen der DDR-Bürger sollten der Staatssicherheit ein breites Feld von Informationen und eine Grundlage für ihre Aktivitäten liefern. Nach dem Bau der Mauer wurde die Genehmigung von Reisen grundsätzlich mit der Auflage verbunden, über die Reiseerfahrungen zu berichten. Es entwickelte sich durch Rechtsbestimmungen und Verordnungen eine Pflicht der Berichterstattung in doppelter Form: nach der Rückkehr des Reisenden waren kurze und formale Sofortberichte abzuliefern, nach 4 bis 5 Wochen ausführliche Sachberichte.

## III. Die historische Entwicklung der Berichterstattungspflicht

Wir skizzieren zunächst kurz den historischen Verlauf der Berichterstattungspflicht. Bis zum 13. August 1961 gab es für den Reiseverkehr aus der DDR nach Westdeutschland und Westeuropa eine relative Freizügigkeit, die aber einerseits durch die Devisenknappheit und andererseits durch Visapflichten und Auslandsreisegenehmigungen beschränkt war. Schon in dieser frühen Phase bemühte sich die DDR darum, durch Parteikader, Funktionäre und offizielle Repräsentanten die staatliche und politische Selbstdarstellung zu stärken. In jedem Fall sollte in der Bundesrepublik Deutschland und den westeuropäischen Staaten ein positives Bild einer "antifaschistischen", "sozialistischen" DDR, eines *besseren* Deutschlands, entstehen. Das Bewußtsein, Bürger dieses besseren Landes zu sein (und damit gleichzeitig ohne persönliche Anstrengung auch ein besserer Mensch), sollte auch und vor allem im Ausland demonstriert werden. Quellen und Verordnungen zu diesem Themenbereich haben wir bislang noch nicht finden können.

Tabelle 2: Politische Aussagen der wissenschaftlichen Reisekader (N= 107)

| Anzahl der Nennungen pro Bericht | Bekenntnis zum Sozialismus | Bekenntnis zum Staat DDR | Bekenntnis zum Marxismus-Leninismus | Spannungsfeld Sozialismus - Kapitalismus |
|---|---|---|---|---|
| 1 | 10 | 10 | 8 | 6 |
| 2 | 12 | 18 | 4 | 8 |
| 3 | 4 | 9 | - | 3 |
| 4 | 1 | 5 | - | - |
| 5 | 2 | 2 | - | 1 |
| keine | 78 | 63 | 95 | 89 |

Quelle: Reisekaderberichte; eigene Berechnungen

In den 60er Jahren wurde der Auslandsreiseverkehr vornehmlich durch das Ministerium für Auswärtige Angelegenheiten und durch das Ministerium für Staatssicherheit (seit 1957 unter Leitung Erich Mielkes) kontrolliert. Minister Mielke verstand jede Auslandsreise als *"Tätigkeit sozialistischer Kundschafter an der unsichtbaren Front"* (Fricke 1989, S. 144). Je nach dem Beruf des Auslandsreisenden waren für ihn auch die Fachministerien zuständig - so etwa für alle Schriftsteller und Künstler das Ministerium für Kultur. Die Grundsätze für die wissenschaftliche Leitung und Entwicklung der Kader, wie sie Richard Herber und Herbert Jung 1962 erstmals programmatisch veröffentlicht hatten, bleibt im Grunde für alle Reisenden gültig:

*"Eine solche Orientierung in der Kaderarbeit der Partei wirft natürlich neue, umfangreiche und komplizierte Probleme auf, wobei sich eine Reihe Konsequenzen ergeben, sowohl was den Einsatz und die weitere Qualifizierung der vorhandenen als auch die Auswahl und die Heranbildung neuer Kader betrifft. Das bedeutet vor allen Dingen, 'daß das fachliche Wissen, die Aneignung konkreter, sachbezogener Kenntnisse und Erfahrungen eine weit größere Rolle spielen muß als bisher,' um die Kader zu befähigen, die ökonomischen, wissenschaftlichen und technischen Probleme, die jetzt in viel stärkerem Maße im Mittelpunkt der Parteiarbeit stehen, als das in den vergangenen Jahren der Fall war, besser lösen zu können.*

*Auch hinsichtlich der Anforderungen, die in der neuen Etappe unserer sozialistischen Entwicklung an die Kader im Staatsapparat und in der Wirtschaft gestellt werden, ergeben sich neue Momente. Vor allem ist es notwendig, die häufig noch vorhandene Trennung von fachlicher und ideologisch-politischer Arbeit zu überwinden. Das setzt voraus, daß die Mitarbeiter der Organe der staatlichen und wirtschaftlichen Leitung Fachwissen und praktische Erfah-*

*rungen mit soliden Kenntnissen über die politischen und ökonomischen Zusammenhänge und über die Perspektive auf dem betreffenden Arbeitsgebiet verbinden, um die Menschen überzeugen und führen zu können."* (Herber/Jung o.J.).

Entsprechendes gilt für die Reisekader, auch wenn es bei ihnen weniger um politische Leitung als um politisches Reden und Handeln geht.

In den 70er Jahren gab es innerhalb des Ministerrates des DDR eine eigene Arbeitsgruppe für Organisation und Inspektion beim Vorsitzenden, Abteilung Auslandsdienstreisen. Sie hat eine Richtlinie für dienstliche Auslandsreisen entwickelt, deren erste Fassung vom 31.7.72 datiert ist, deren zweite Fassung im Jahr 1974 vorgelegt wurde. Diese Neufassung basiert auf einem Beschluß des Ministerrates über "Grundsätze und Regelungen im Reiseverkehr zwischen der DDR und nichtsozialistischen Staaten sowie zwischen der DDR und Westberlin"(ebd., S. 4). Wie die Vorbemerkung der Richtlinie, die als Vertrauliche Verschlußsache (VVS) geführt wurde, erkennen läßt, geht es um eine *"einheitliche Gestaltung und straffe Regelung des Auslandsdienstreiseverkehrs"* (ebd.). Um Einheitlichkeit zu gewährleisten, werden Prinzipien für *"Auswahl, Vorbereitung, Erprobung"* und für *"den Einsatz und die Betreuung von Bürgern der DDR, die im Ausland eingesetzt sind"*, festgelegt, die für alle Minister und Leiter anderer zentraler staatlicher Organe verbindlich sind (ebd).

Auch ältere Beschlüsse und Anordnungen bleiben dabei teilweise gültig. Was für die Dienstreisen gilt, kann in einem weiteren Sinne auch für die Genehmigung aller anderen Reisen gelten. Immer stand im Vordergrund der Genehmigung einer Reise das staatliche und gesellschaftliche Interesse der DDR. *"Der Reisende muß die DDR würdig vertreten"* (ebd., S. 5). Reisen, die zum ungesetzlichen Verlassen der DDR ausgenutzt werden könnten, waren zu untersagen (ebd., S. 6) Daher wurden alle Reisen so vorbereitet, daß auf Grund der konkreten politischen Situation *"Festlegungen für das Auftreten im Ausland"* (ebd., S. 16 f.). bestimmt werden. Schon der Prozeß der Auswahl der Reisekader läßt erkennen, welche genauen personellen Vorprüfungen vor jeder Genehmigung durchgeführt wurden. Es ging nicht nur um das politisch-ideologische Profil einer Person, sondern um die ganze Skala des Charakters und Verhaltens in Arbeit und Freizeit. Insbesondere wurden auch alle familiären Beziehungen in den Prüfungsprozeß einer Dienstreisegenehmigung einbezogen, zumal wenn Verbindungen zu Verwandten im Ausland bestanden. Folgende Faktoren waren hierbei von Bedeutung:

*"die politisch-ideologische Bewußtheit, die Zuverlässigkeit und Standhaftigkeit, der Entwicklungsweg, die politische Aktivität, die Charaktereigenschaften, die familiären Verhältnisse und der politisch-ideologische Reifegrad der Ehepartner und nächsten Familienangehörigen;*

*die Kenntnis über das Verhalten in der Freizeit und über das politische Auftreten im Wohngebiet; - die Einschätzung und Berücksichtigung bestehender Verbindungen zu Verwandten und Bekannten in den nichtsozialistischen Staaten und Westberlin"* (ebd., S. 8).

Auch bei der fachlichen Qualifikation der Reisekader ging es nicht nur um Spezialkenntnisse[2], sondern um Treue zur DDR, um einen festen Klassenstandpunkt[3] und um die sozialistische Moral des Reisenden. In der Richtlinie ist angeordnet, *"daß nur solche Personen als Reisekader bestätigt und erfaßt werden, ... die in ihrer bisherigen Tätigkeit bewiesen haben, daß sie treu zur DDR stehen. Sie müssen sich durch einen festen Klassenstandpunkt, durch Charakterfestigkeit, Bescheidenheit, Verschwiegenheit und sozialistische Moral auszeichnen"* (Richtlinie 1974., S. 9).

Insbesondere war bei der Auswahl und Schulung auf negative Merkmale des Verhaltens zu achten: *"Besonders kritisch sind solche Hinweise zu behandeln, wie kleinbürgerliche Verhaltensweisen, Karrierismus, negative Charaktereigenschaften, moralische Verfehlungen, Überbetonung materieller Fragen."* (ebd., S.17).

Einen eigenen Abschnitt widmet die Richtlinie des Jahres 1974 der Schulung der Reisekader. Dabei soll die fortschreitende fachliche Qualifizierung ständig mit der politisch-ideologischen Erziehung verbunden werden. Im Vordergrund der Schulungsanweisungen steht die *"sozialistische Persönlichkeitsbildung"* und das Ziel, *"die DDR im Ausland würdig zu repräsentieren"* (ebd., S. 14). Was unter der geforderten *"Klassenwachsamkeit"* (ebd. S. 15) zu verstehen ist, wird in der Richtlinie nicht eigens erklärt, aber man kann davon ausgehen, daß die feste und linientreue Artikulation des sozialistischen Klas-

---

2  *"In diesem Zusammenhang muß auch auf das Problem hingewiesen werden, daß in einigen Verantwortungsbereichen fast ausschließlich die fachliche Eignung über einen späteren Einsatz als Reise- oder Auslandskader entscheidet. Das ist besonders der Fall, wenn ausgefallene Spezialkenntnisse gefordert werden bzw. wenn es sich um Migleder von Ensembles handelt, die auf der Basis von Kulturabkommen oder nach Vermittlung durch die Künstleragantur der DDR Auslandstourneen machen. Hier stellt sich die Frage dann oft so, diese Kader auf Grund ihrer Spezialkenntnisse bzw. ihrer Zugehörigkeit zum Ensemble reisen zu lassen oder die mit dem Einsatz verfolgte Zielstellung aufzugeben"* (Klein/Linthe/Schulze 1985, S. 35).

3  *"Zur würdigen Vertretung des Sozialistischen Staates im nichtsozialistischen Ausland gehört in erster Linie, daß sich seine Gesandten durch ihr gesamtes Auftreten in jeder Phase ihres Auslandsaufenthaltes zu ihrem Staat und der von ihm verfolgten Politik bekennen, bei der Erfüllung ihrer Aufgaben den höchsten Nutzeffekt anstreben und allen Versuchen ihrer Beeinflussung durch die kapitalistischen Kontrahenten und das kapitalistische System insgesamt widerstehen"* (ebd., S. 9).

senstandpunktes im Sinne der SED gemeint ist. Der Begriff läßt unschwer den Zusammenhang mit der Klassenkampftheorie erkennen und hat in der Richtlinie seine spezielle Bedeutung, weil bei Auslandsreisen von DDR-Bürgern der Kontakt mit Klassengegnern unvermeidlich war. Dem entspricht auch die wiederkehrende Verwendung des Begriffs *"Einsatz"* (ebd., S. 14) für die Auslandsreise. Alle Dienstreisenden erhielten eine genaue Programmanweisung mit Weg, Aufenthaltsort und Kontaktpersonen.

Gruppenreisende unterstanden grundsätzlich einem Delegationsleiter, der die Direktiven der zentralen Staatsorgane zu befolgen hatte. Für das westliche Ausland haben die Direktiven immer den Charakter eines (gefährlichen) Feindeinsatzes, wie folgende Bestimmung erkennen läßt: *"Der Reisekader muß darauf orientiert werden, die Mittel und Methoden der Konzerne, Unternehmen, Institutionen und Einzelpersonen zur Störung der Volkswirtschaft der DDR, der sozialistischen ökonomischen Integration und die Maßnahmen zur ideologischen Diversion zu erkennen, kritisch zu analysieren und ihnen entgegenzuwirken"* (ebd., S. 20).

Damit rückte der erfolgreiche Reisekader allein durch seine Westreise in die Rolle eines Helden auf. Dem entspricht auch, daß alle Direktiven für die Reisekader unter einen hohen Geheimhaltungsgrad fielen (ebd. S. 21).

*"Berichterstattung und Auswertung"* (ebd. S. 24 ff.) waren zentrale Punkte der Bestimmungen für die Reisekader. Die Berichterstattung der Reisenden sollte höchste Anforderungen erfüllen. Dabei ging es nicht nur um wissenschaftlich-technische, ökonomische oder kulturpolitische Ergebnisse, sondern über alle fachlichen Aufträge hinaus um eine detaillierte Auslandsberichterstattung, die möglichst vollständig über alle Erfahrungen und Erlebnisse Rechenschaft ablegte. Für die Reiseberichterstattung waren zwei unterschiedliche und selbständige Textsorten vorgesehen: erstens ein *fachlicher Bericht*[4] *"entsprechend den Regelungen des jeweiligen Verantwortungsbereiches"*, zweitens ein *Sofortbericht*, der *"auf der Grundlage des zentral vorgegebenen Informationsbedarfes"* zu erstellen war (Richtlinien 1974, S. 24). Wenn auf einen gesonderten Sofortbericht verzichtet wurde, so war das ausgefüllte Exemplar des *Berichtsbogens* abzuliefern und eine Begründung, warum eine Berichterstattung nicht erfolgte (ebd., S. 25). Im einzelnen war zu berichten über:

---

[4] Auffällig ist bei den bisher analysierten Reiseberichten wissenschaftlicher Kader, daß im allgemeinen die Berichte um so detaillierter im streng fachlichen Bereich und um so neutrale bei den übrigen (meist recht kurzen) Darstellungen sind, je "naturwissenschaftlicher" das Wissenschaftsgebiet des Reisenden ist.

"Mittel und Methoden des Klassengegners zur Schädigung der DDR und der sozialistischen Staatengemeinschaft",

"die Wirkungsweise der ideologischen Diversion, die Maßnahmen zur Korruption und der An- und Abwerbung von Bürgern der DDR",

"Abfertigung an der Grenze, der Unterbringung im Hotel, der Betreuung, bis zu den Verhandlungen beim Kontrahenten, der Annahme von Einladungen und Geschenken" (ebd., S. 25 f.).

Bei alledem sei stets zu berücksichtigen, daß versucht werde, "*Dienstreisende aus der DDR* abzuschöpfen *oder sie in anderer Weise* gegen die Interessen der DDR auszunutzen" (ebd., S. 26; Hervorhebungen, S.G.).

Dem Leiter der Dienststelle oblag die "*Analyse und systematische Erfassung von Informationen zu Mitteln und Methoden von Konzernen, Unternehmen, Einrichtungen und Einzelpersonen, die darauf gerichtet sind, die gegenseitigen Beziehungen zu mißbrauchen oder zur ideologischen Beeinflussung auszunutzen und die Volkswirtschaft zu stören*" (ebd).

## IV. Formen, Zielvorgaben und Inhalte der Reisekaderberichte

Ziele aller Maßnahmen, Analysen und Erfahrungen waren ein schneller Informationsfluß und eine umfängliche Informationsgewinnung für alle zentralen Institutionen von Partei, Staat, Wissenschaft und Wirtschaft. Außerdem sollten die Informationen für das zukünftige Verhalten und Auftreten von anderen Reisekadern nutzbar gemacht werden. Der politische Nutzen, den die Reise in den Augen der Reisekader für den Staat DDR haben mußte, wurde in vielen Reisekaderberichten angegeben. Von den hier vorgestellten 107 wissenschaftlichen Reisekadern wiesen immerhin 99 auf den speziellen politischen Nutzen ihres Auslandsaufenthaltes hin.

Tabelle 3: Politischer Nutzen der Auslandsreise (meistgenannte Gründe; N= 107)

| Genannte Gründe | Anzahl der Nennungen insgesamt |
|---|---|
| überzeugendes wissenschaftliches Auftreten | 34 |
| Informationsbeschaffung | 25 |
| Ansehen der DDR gefördert | 23 |
| wichtige Kontakte geknüpft | 18 |

Quelle: Reisekaderberichte; eigene Berechnungen

Bei den Sofortberichten über Reisen "*zu Institutionen, Konzernen, Firmen, Einzelpersonen und zu Planveranstaltungen wie wissenschaftlich-technischen Tagungen, Kongressen, Messen, Ausstellungen*" (Richtlinien 1974, S. 29) ging es nach den Erklärungen der Richtlinie um eine möglichst genaue Erkundung der ideologischen und fachlichen Gegebenheiten, die immer als Spiel feindlicher Kräfte verstanden wurden (ebd.). Dem Kaderleiter und dem Reisenden wurden eine Reihe von Fragen vorgelegt, die mit Deutlichkeit erkennen lassen, daß die Berichte auch ein Aufklärungs- und Spionageinteresse verfolgten:

"*Welche Anmeldevorschriften am Aufenthaltsort, einschließlich im Hotel waren erforderlich?*" (ebd., S. 28); "*Wurden Kontrollhandlungen während des Aufenthaltes festgestellt?*" (ebd.). "*Gab es Formalitäten beim Betreten der besuchten Objekte und wurden besondere Sicherungsmaßnahmen festgestellt?*" (ebd.). "*Welche Rolle spielen sie* [die besuchten Einrichtungen, Konzerne, Unternehmen und Personen, S.G.] *für die DDR und welche Position nehmen sie in ihren Beziehungen zum sozialistischen Wirtschaftsgebiet ein?*" (ebd., S. 30). "*In welcher Atmosphäre wurde verhandelt und wie ist die Glaubwürdigkeit der Verhandlungspartner einzuschätzen? Gab es Aktivitäten zur Störung der Beziehungen zur DDR und der sozialistischen ökonomischen Integration, wurde* außerordentliches *Entgegenkommen gezeigt?*" (ebd., Hervorhebung S.G.). "*Wurde ein auffälliges Interesse an politischen, wissenschaftlich-technischen, ökonomischen, kommerziellen oder anderen Vorgängen in der DDR bzw. anderen RGW-Staaten sichtbar?*" (ebd.). "*Werden Waren aus der DDR diskriminiert?*" (ebd.). Mit "welchem Status" erfolgte "die DDR-Teilnahme"? (ebd.). "*Mit welcher Resonanz erfolgte die Teilnahme der DDR-Delegation Einschätzung gehaltener Vorträge auf Tagungen, Öffentlichkeitswirkung und Bewertung der Qualität der DDR-Beteiligung an Messen und Ausstellungen?*" (ebd.).

Bei allen Auslandsreisen und Gruppenreisen wurde vermutet, daß man deren Teilnehmer im westlichen *Feindgebiet* nicht nur ständig kontrollierte, sondern auch bewußt ideologisch beeinflußte[5]. Was in der DDR selbstverständliche Praxis des Aushorchens und ideologischen Beeinflussung war, wurde allen anderen Staaten, zumal denen im Westen, als "aggressives Verhalten" unterstellt. So wurde auch nach Gepäckdurchsuchungen[6] gefragt, nach Schwierigkeiten bei der Zollabfertigung, die in der DDR gang und gäbe waren; ein weiterer Punkt des speziellen Informationsinteresses: "*Traten ehemalige Bürger der DDR in Erscheinung*" (Richtlinien 1974, S. 31) oder in Kontakt mit den Reisenden? Eine eigene detaillierte Anlage zur Richtlinie läßt erkennen, mit welcher Sorgsamkeit Personaldaten, Reisedokumente, Reiseziele und Antragsformalitäten gehandhabt wurden.

Für die Sofortberichte war eine Frist von drei Arbeitstagen nach Beendigung der Auslandsreise gesetzt. Alle Berichte haben zumindest einen einfachen Geheimhaltungsgrad: »Nur für den Dienstgebrauch«. Adressat des Originals des Sofortberichtes war der "Ministerrat der DDR, Arbeitsgruppe für Organisation und Inspektion beim Vorsitzenden, Abteilung Auslandsdienstreisen, 102 Berlin, Klosterstr. 47". Ein zweites Exemplar ging an den Leiter der Institution, die die Reise beantragt und genehmigt hatte. Ein besonders angefordertes drittes Exemplar diente unter "*strenger Beachtung der Geheimhaltungsvorschriften*" dem Informationsfluß im "*Verantwortungsbereich*".

An Stelle der Sofortberichte, die nach den allgemeinen Anweisungen frei formuliert waren, konnten bisweilen auch Berichtsformulare treten, die ausgefüllt werden mußten. Durch Formularfragen wurden der richtlinien- und plangemäße Ablauf der Reise kontrolliert und besondere Vorkommnisse oder wichtige Daten der Reise und spezielle Erfahrungen sogleich erfaßt.

---

5   "*Mit dem Übergang der USA-Administration und anderer reaktionärer imperialistischer Kräfte besonders in den anderen NATO-Staaten zum Kurs der verschärften Konfrontation gegenüber den sozialistischen Ländern haben sich seit dem Beginn der 80er Jahre die Angriffe des Gegners auf die Reise- und Auslandskader der DDR weiter verschärft. Ausdruck dieser Verschärfung ist sowohl die ständig wachsende Zahl der Versuche des subversiven Mißbrauchs dieser Kader für Spionage, Handlungen im Rahmen der wirtschaftlichen Störtätigkeit und der politisch-ideologischen Diversion sowie für weitere feindliche und andere schadensverursachende Handlungen als auch die Zunahme von Provokationen, Festnahmen und Diskriminierungen anderer Art der Reise- und Auslandskader*" (Klein/Linthe/Schulze 1985, S. 11).

6   Dabei kam es bisweilen zu der grotesken Situation, daß der Reisekader den im Westen normalen Hotelzimmerservice als einen Beweis für ständige Bespitzelung wertete und in seinem Bericht darstellte. Auch freundliche Einladungen durch westliche Kollegen (etwa zu einem Glas Wein) wurden in diesem Sinne gedeutet und eingeschätzt.

Die Hauptberichte, für deren Abfassung drei bis fünf Wochen zur Verfügung standen, folgten dem allgemeinen Schema einer Reiseverlaufsskizze und enthalten ausführliche Darlegungen der Aktivitäten und Beobachtungen des Reisenden während der Erfüllung seiner Reiseplanaufgaben. Bei Teilnahme an Kongressen oder bei Besuchen von Institutionen der Wissenschaft, Technik, Arbeitswelt, Schule oder Kultur enthält der Bericht Sachinformationen über Orte, Personen, Objekte, Vorträge, Gespräche und Demonstrationen, aber immer auch Angaben über die eigene Leistung oder die Leistung der Reisegruppe aus der DDR. Erfolge werden stets in den staatlichen Zusammenhang eingebracht und als Steigerung des Ansehens der DDR gewertet. Sachinformationen aller Art erhalten vom Reisenden ein Wertungsurteil, das stets die Wichtigkeit für die DDR mitbemißt. Es gibt in den Berichten kaum eine unpolitische Fachinformation.

Auch die außerfachlichen Erlebnisse und Erfahrungen wurden in fast allen Berichten sorgsam notiert. Sie enthalten Angaben über den Grenzübertritt, über den Aufenthaltsort/orte, über die Art der Unterkunft, über alle Begegnungen und Gespräche mit Personen, über die Würdigung des Reisenden als DDR-Bürger, über die Flagge der DDR, über die Position des DDR-Bürgers im Ausland, über auffälliges Verhalten, über Mitgehörtes, das die DDR betrifft, über politische Haltungen der Gesprächspartner bzw. Kongreßteilnehmer oder Institutsleiter. Grundsätzlich wurde angemerkt, ob man die DDR-Teilnehmer als gleichberechtigt akzeptierte, gelobt oder provoziert hatte. Auch das Verhalten der Mitglieder einer DDR-Delegation wurde positiv oder kritisch notiert. Über den Reiseerfolg wurde ein Fazit im Blick auf den Reiseauftrag und das Ziel der Auslandsreise gezogen. Form und Verlauf der Rückreise wurden mehr oder weniger ausführlich beschrieben. Daß durchweg Erfolge festgestellt wurden, erscheint natürlich; freilich fehlt auch hier selten der parteiliche oder staatliche Aspekt.

Reisekader aus den Bereichen Naturwissenschaft und Medizin lieferten - auch als IM - zumeist kürzere Berichte als die Geisteswissenschaftler und die Theologen, in denen vor allem wissenschaftliche Sachfragen abgehandelt wurden. Dennoch wurde das Ministerium für Staatssicherheit auch mit anderen Details versorgt. So schreibt IM "Labor", ein Mediziner, über einen westdeutschen Fachkollegen desselben Forschungsgebiets: *"Auf BRD-Seite nahm ein Dr. X.* [Name im Original geschwärzt; S.G.] *vom Institut für Gesellschaft und Wissenschaft aus Erlangen teil. ... X. hinterließ keinen kooperativen Eindruck, offenbar reaktionär"* (IM-Bericht Nr. 2). Auch mit einer Analyse der westdeutschen Gesellschaft beschäftigte sich "Labor": *"Im Rahmen der Beratung fand auch eine Hafenrundfahrt* [in Hamburg; S.G.] *statt. Es wurde eingeschätzt, daß diese mehr als viele Artikel überzeugend wirkte, wie weit der Niedergang bereits vorangeschritten ist (Güterumschlag, Werften u. ä.). Ergänzt wurde das mit dem Anblick der besetzten und verwahrlosten Häuser"* (ebd.).

Für den unbefangenen Leser klingen solche Aussagen zunächst einmal völlig harmlos; warum sollte ein Wissenschaftler seine im Ausland gewonnenen privaten Eindrücke und Erkenntnisse nicht weitergeben? Doch hier muß deutlich gesehen werden, daß der IM (und auch jeder andere Reisekader) im Auftrag einer staatlichen Institution handelte, deren zumindest dubiosen Charakter er auch zu DDR-Zeiten hätte erkennen müssen. Dazu kommt das geheime Operieren unter Menschen, die mit einer solchen Ausspionierung nicht rechneten und unter den gegebenen Verhältnissen (wissenschaftliche Fachtagung, Gemeindetreffen, Verwandtenbesuch etc.) auch nicht rechnen konnten. Neben allem anderen ist auch der eklatante Bruch des Gastrechts moralisch zu verurteilen.[7]

Zu all dem kommt ein weiteres. Über verschiedene Verbindungswege hatte das MfS auch in der Bundesrepublik einen nicht zu unterschätzenden Einfluß, gerade auch in solchen sich unabhängig wähnenden links-liberalen Kreisen, die mehr oder weniger offen mit einem "Salon-Kommunismus" oder dem "sozialistischen Experiment DDR" liebäugelten[8] und den Staat DDR als einen gelungenen und erhaltens-, möglicherweise sogar übertragenswerten sozialistischen Versuch ansahen, ein "besseres Deutschland" zu gestalten. Wenn nun - auf durchaus verschiedenen Wegen - vom MfS signalisiert wurde, Herr X oder Frau Y seien "reaktionär" und der DDR feindlich gesonnen, seien "Anti-Kommunisten" oder "Ewig-Gestrige", so bedeutete dieses Urteil für manche "progressiven" Kräfte auch und gerade im Bereich der Wissenschaft der Bundesrepublik Deutschland soviel wie "nicht tragbar". In der Folge konnte es durchaus geschehen, daß diese verurteilten "Reaktionäre" plötzlich von Fachkollegen angegriffen oder geschnitten wurden, daß Einladungen zu Kongressen

---

[7] Einige Reisekader scheuten sich nicht, mit den von ihnen Bespitzelten über Jahre hinweg eine enge persönliche oder sogar intime Beziehung einzugehen und das durchaus stolz auf die eigene Leistung in ihrem Bericht zu vermerken, wobei sie unbefangen Details des Intimlebens der von ihnen Bespitzelten auspauderten; dazu beispielsweise IM-Bericht Nr. 62.

[8] *"Es wäre tatsächlich überraschend, würde er* [ein vom Autor Ash befragter DDR-Bürger; S.G.] *dem wohlüberlegten Urteil eines ernsthaften, sympathisierenden englischen Schriftstellers zustimmen, daß die DDR ein 'präsentables Modell nach Art der autoritären Wohlfahrtsstaaten ist, wie es die osteuropäischen Nationen geworden sind'. Andere sprechen von einem 'akzeptablen Experiment'. Man muß, sich fragen: akzeptabel für wen? Akzeptabel für den wohlgesonnenen, gutbetuchten Besucher, der einfliegt, eine Weile bleibt, mit ausgewählten, privilegierten, wohlsituierten Bürgern spricht; der dann nach Hause fliegt, um sein 'präsentables Modell' einer offenen Gesellschaft zu präsentieren?"* (Ash 1981, S. 23 f.).

ausblieben, schon bestätigte Vortragstermine kurzfristig annulliert oder zuerst angeforderte Manuskripte unter fadenscheinigen Gründen zurückgeschickt wurden, ohne daß die Betroffenen verstanden oder auch nur ahnten, was da eigentlich vor sich ging, zumal sie ihre wissenschaftlichen Ansätze und Ansichten nicht geändert hatten.

Des weiteren stellt sich in diesem Zusammenhang die Frage, wieso gerade Wissenschaftler, von denen eigenständiges Denken erwartet wird, sich zu einer solchen Spitzel-Rolle hergaben. War Korrumpierung durch die offerierte (und von den Reisekadern offensichtlich auch genossene) Möglichkeit der Auslandsreisen die Ursache? War es der aufregende Gedanke, mehr zu wissen als andere, der abenteuerliche Hauch des Wagnisses, des Ungewöhnlichen in einer gleichförmigen, langweiligen sozialistischen Welt? War es die Befriedigung, teilzuhaben an der Macht einer unheimlichen, augenscheinlich allmächtigen Institution? War ein Grund die intensive marxistische Schulung, die bei zukünftigen Kadern stets besonders offensiv und umfassend angewendet wurde oder waren es schlichte ökonomische Interessen?

Diese Fragen lassen sich immer nur für den Einzelfall beantworten. Eines aber ist heute schon sicher: *die IM* - auch die aus leitenden Positionen - wurden kaum einmal auf dem Wege von Druck und Erpressung geworben. Solche Mitarbeiter waren dem MfS viel zu unzuverlässig und auch persönlich zu labil, neigten - wenn im besonderen Fall doch einmal Zwang[9] bei der Anwerbung verwendet wurde - zur gefürchteten "Dekonspiration" (der Aufdeckung der eigenen IM-Rolle in Familie, Betrieb und Bekanntenkreis), zu Ausweichmanövern und wenig ergiebigen Berichten und hätten schon gar nicht als Reisekader im "nichtsozialistischen Wirtschaftsgebiet" eingesetzt werden können.

Hin und wieder gibt es Berichte, vor allem aus den frühen Jahren der DDR, deren Verfasser erkennen lassen, daß sie ihrem Staat mit echter Hingabe dienen und daß sie selbst vom Sieg des Sozialismus überzeugt sind. So schreibt der IM

---

[9] *"Die Anwendung des Strafzwangs (beziehungsweise seine Androhung) beschränkt sich in der Regel auf Personen, die noch kein oder nur in kleinen Ansätzen vorhandenes sozialistisches Bewußtsein besitzen. Daneben gibt es jedoch noch einen größeren Kreis von Personen, der bereits wesentliche gesellschaftliche Interessen erkannt hat und seinen Handlungen zugrunde legt, also bereits ein mehr oder weniger ausgeprägtes sozialistisches Bewußtsein besitzt und dennoch zur Zusammenarbeit mit dem Ministerium für Staatssicherheit gezwungen werden muß. Diese Personen zur Zusammenarbeit zu zwingen, ist vor allem dann unbedingt erforderlich, wenn über solche Personen die Möglichkeit besteht, in den Kreis verdächtiger oder feindlich tätiger Personen einzudringen. Hier ist jedoch die Androhung des Strafzwanges nicht möglich, da die entsprechenden Voraussetzungen hierfür fehlen. Bei solchen Personen kann nur der moralische Zwang zur Anwendung kommen"* (Seidler/Schmidt 1968, S. 145 f.).

"Norbert" (Reisekaderbericht Nr. 54 vom 22. 9 1959), ein Archäologe, über westdeutsche Arbeiter:

*"Die Unzufriedenheit mit den herrschenden Verhältnissen ist sehr groß, aber ein Weg zur Veränderung ist nicht sichtbar. Die Möglichkeit einer Veränderung der Situation sieht man in einer sog. 'Befreiung', die man ungefähr in folgender Formulierung zum Ausdruck brachte - wenn die Russen oder Ihr kommen würdet, wären auch hier sehr viele Freunde. Republikflüchtige werden von diesen Menschen sehr negativ angesehen. ... Die Parole vom schlechten Standard in der DDR wird nicht mehr anerkannt. Der Berliner Rundfunk* [DDR-Sender; S.G.] *wird sehr viel gehört, weil die Sendungen gut sind"* (Hervorhebung, S.G.).

War das nun eine wahrheitsgetreue Schilderung westdeutscher Verhältnisse? Diente die Darstellung als Beweis eigener Tüchtigkeit oder handelt es sich hier um reines Wunschdenken? "Norbert" schildert nämlich auch Akademikerkollegen, selbst solche, die er mit Attributen wie *"fest konfessionell gebunden"* oder *"stammt aus dem Mittelstand"* versieht, als Menschen, die der DDR viele positive Seiten abgewinnen können. *"Besonderen Eindruck hat bei ihm die Regelung des Hochschulbesuchs in der DDR gemacht, die er als vorbildlich ansieht,"* heißt es an einer Stelle, *"der Osten ist durch sein System vielleicht stärker als der Westen"* an einer anderen.

Einem Wissenschaftler, der als Autodidakt Schwierigkeiten mit westdeutschen Prüfungsordnungen hat, wird ein Studienplatz in der DDR angeboten. Lobend erwähnt "Norbert" in diesem Zusammenhang:

*"In allen Gesprächen kam eine Bereitwilligkeit zum Ausdruck, sich mit Fragen über die DDR zu beschäftigen. Die Gefahr, in die die Bundesrepublik durch die Bonner Politik getrieben wird, wurde im allgemeinen richtig eingeschätzt."* Und über sein "konspiratives" Gespräch mit einem Professor berichtet "Norbert": Während des Gesprächs *"gab er eine offene Einschätzung des Bonner Staates ab. Danach wird der gesamte Staat von einer kleinen Gruppe von Menschen beherrscht, die jede Opposition, wenn sie konkretere Formen annimmt, unterdrückt. Die herrschende Rolle spielen dabei die Kapitalisten und der Klerus. Nach seinen Ausführungen werden sogar bürgerliche Kräfte, die Verbindungen mit der DDR haben oder sich nur gegen den augenblicklichen Kurs der Bonner Regierung stemmen, benachteiligt. Als Beispiel führte er dann seine Person an, so wurde er nicht zum ordentlichen Professor ernannt - diese Ernennung war 1959 fällig - sondern erhielt den Titel wissenschaftlicher Rat, was das Ende seiner Hochschullaufbahn bedeutet. Als Grund für diese Maßnahme gab er seine Beziehung zu Prof. X* [Name im Original geschwärzt; S.G.], *seine Reise nach Moskau und verschiedene Äußerungen gegen die Bonner Politik an. ... Weiterhin führte er aus, daß sich das System der DDR, trotz*

*Fehler durchsetzen wird, weil es das bessere System in Deutschland ist. Als Fehler bezeichnete er z.B. das Paßsystem; wenn mehr Menschen die DDR besuchen könnten, würden die Lügen über die DDR schneller entlarvt werden"* (ebd.).

Immerhin hat "Norbert", selbst wenn sein Bericht geschönt sein sollte, bei seinem Einsatz zwei mit den Verhältnissen in der Bundesrepublik Deutschland Unzufriedene aufgetan, die das MfS gegebenenfalls als Informanten in Westdeutschland "aufbauen" konnte. Dabei spielt es keine Rolle, daß die Information Mängel im Blick auf die Berufungs- und Ernennungspraxis an westdeutschen Universitäten enthält. Es geht allein darum, Personen kennenzulernen, die sich vom System benachteiligt fühlen und offen sind für ideologische Beeinflussung oder Kooperation mit Reisekadern und IMs oder Kontaktoffizieren. Zudem berichtete "Norbert" auch über ihm bekannt gewordene militärische Fakten und betrat damit das Gebiet der Spionage. Er fotografierte militärische Objekte wie eine Pontonbrücke und eine Kaserne und versorgte seinen Führungsoffizier mit der Adresse einer Beratungsstelle für Kriegsdienstverweigerer. Zu betonen ist in diesem Zusammenhang noch einmal, daß "Norbert" als Archäologe auf Einladung der Universität Bonn an einer wissenschaftlichen Ausgrabung teilnahm und Gast eines Staates war, dessen Bürger er bespitzelte und dessen militärische Einrichtungen er auskundschaftete.

Auch 30 Jahre später, im Jahre 1987, wurden dem Staat DDR Informationen zugeführt, die wissenschaftliche Reisekader auf dem Wege der Industriespionage gewonnen hatten. Zwar klingen die Aussagen über Gewinnspannen bei der Arzneimittelherstellung und die Entwicklung neuer medizinischer Geräte harmlos, doch dienten sie - auf wissenschaftlichen Kongressen gewonnen - als Mosaiksteinchen bei der Entwicklung DDR-eigener Produkte, bei denen man sich die aufwendige und langdauernde Forschungsarbeit ersparen konnte. Auch wurde das Endprodukt auf dem Weltmarkt verbilligt und konnte kostbare Devisen einbringen. Nicht umsonst ergänzt ein medizinischer Institutsdirektor seine Ausführungen über Retroviren, Medikamentenentwicklung und Handelsspannen mit dem Zusatz: *"Für VEB Berlin-Chemie wichtig!"* (Reisekader-Bericht Nr. 81).

Die DDR-Führung widmete der Ausbildung ihrer Mitarbeiter ein Höchstmaß an Aufmerksamkeit und kontrollierter Förderung; vor allem diejenigen, deren Wirkungsfeld auch im Ausland lag, waren strengen Richtlinien unterworfen. Alle Dienstanweisungen für das Verhalten und die Arbeit im Ausland hatte durchgängige Geltung, so daß es kaum noch darauf ankam, ob der jeweilige Kader seine Rolle als offizieller Repräsentant, als "normaler" Reisekader oder als IM erfüllte; groß war der Unterschied sowieso nicht, und häufig war er nicht einmal vorhanden.

Die bis zuletzt gültigen Richtlinien wurden vor allem in den 70er Jahren ausgearbeitet und bei der Neufassung bis hin zum Ende der DDR nur noch geringfügig verändert. In der Praxis wurden nach 1985 teilweise auch Richtlinien für Reisen in Ostblockstaaten relevant, die bislang nur für den Westen gegolten hatten.

So verschieden die Tätigkeiten und Einsatzbereiche der Kader auch waren, gemeinsam war ihnen ihr Auftrag, konsequent im Sinne der Partei zu wirken, und zumal im Ausland "Aufklärungs"-Arbeit zu leisten. Wie die Richtlinien eindeutig erkennen lassen (vgl. besonders VVS MfS 0008-59/85 S. 10 f.). Im Ausland wirkten die Reisekader, ob gewollt oder nicht, ob wissentlich oder in naiver Unwissenheit, immer auch als Spitzel und Spione. Die offiziellen und inoffiziellen Mitarbeiter hatten darüber hinaus auch Aufträge zu Entführung und Mord, getarnt als operative Aufgaben oder Maßnahmen besonderer Art (Fricke 1994 passim).

## V. Auszüge aus den Pflichtberichten von Reisekadern

(Rechtsschreib- und Grammatikfehler sowie unklare Aussagen wurden beibehalten; alle "X" gekennzeichneten Stellen sind im Original geschwärzt)

*Reiseplan* für den GI (Geheimen Informanten) "Linde", angeworben am 5.9.1959, erstellt am 24.6.1960 durch die Führungsoffiziere Hauptmann Weigelt und Leutnant Hofmann (insgesamt 10 Seiten):

*"Ziel der Reise:*

*X, geb. am X, wohnhaft in Berlin W 15, X*

Kurze Biographie der aufzusuchenden Person:

*Die X, von Beruf X, ist gleichzeitig als X ausgebildet worden.*

*1956 verzog sie illegal vom demokratischen Sektor nach Westberlin. Durch Anschleusung eines IM wurde bekannt, daß die X Beziehungen zu einem Angehörigen des amerikanischen Geheimdienstes MID unterhielt.*

*Die X wurde im inzwischen eingestellten Ü.-Vorgang Reg.-Nr. 99/58 wegen Verdachts der Verbindung zum amerikanischen Geheimdienst operativ bearbeitet.*

Verhältnis des GI zu der aufzusuchenden Person:

*GI 'Linde' unterhielt bis vor ca. 2 1/2 Jahren zu der X ein intimes Verhältnis, das vor seiner jetzigen Ehe von dem GI abgebrochen wurde. Im Auftrage des MfS nahm der GI im Herbst 1959 mit der X die postalische Verbindung auf und besuchte diese bereits am 23.2.1960 in ihrer westberliner Wohnung. Der GI hatte sich bereiterklärt, zu der X wieder eine enge, jedoch keine intime, Beziehung herzustellen. Dem Schriftverkehr - der GI stellt die eingehende Post von der X dem MfS zur Verfügung - ist zu entnehmen, daß die X, wohl im Glauben, daß der GI die intimen Beziehungen zu ihr erneuern will, nur einen Mann, nämlich den GI, wirklich liebt.*

Aufgabenstellung:

*Bei seinem Besuch am 23.2.1960 hatte der GI die Möglichkeit eines baldigen Wiedersehens bei der X offengelassen. Am 10.6.1960 erinnerte die X in einem Schreiben den GI daran, daß sie in ihrem Notizbuch 'den 4.7.1960 mit X' vermerkt hat, und da sie in diesen Tagen von ihrer westdeutschen Tournee zurück ist, mit dem Kommen des GI rechnet.*

*Vereinbarungsgemäß antwortete der GI am selben Tage mit einer Postkarte, wobei er darauf verwies, daß er voraussichtlich in den Tagen um den 4. Juli in Berlin dienstlich zu tun haben wird. Der GI, der vom 4.-9.7.1960 im Auftrage des Betriebes die Außenhandelsschule Plessow/Havel besuchen wird, erklärte sich einverstanden, bei dieser Gelegenheit die X erneut zu besuchen"* (Reisekaderbericht Nr. 233, S. 1 f.).

Es folgen einige Überlegungen der Führungsoffiziere, wie der vorzeitige Antritt der Rückreise von der Schulung zu legendieren ist. Danach wird es konkret:

"Ziel des Auftrages:

*Allgemein geht es darum, die X für eine Zusammenarbeit mit dem MfS zu gewinnen und sie zum gegebenen Zeitpunkt, geplant ist 1961, anzuwerben. Hierbei soll GI 'Linde' zumindest durch eine umfassende Aufklärung die Voraussetzungen schaffen.*

*Durch wiederholtes Aufsuchen der X in Westberlin wird der GI die Verbindung zu ihr weiter festigen und sie so eng gestalten, daß ihm diese auch interne Angaben, speziell über die Tätigkeit des amerikanischen Geheimdienstes, macht.*

*Einblick hierüber erhielt die X, nach inoffiziellen Berichten, durch ehemalige intime Beziehungen zu einem gewissen 'X' alias 'X', Mitarbeiter des amerikanischen Geheimdienstes. Von besonderer Bedeutung ist, daß der GI Einzel-*

*heiten über 'X' alias 'X' erfahren kann, ohne hierbei sein Interesse erkennen zu lassen"* (ebd., S. 2).

Es folgen sechs Seiten Verhaltensmaßregeln für den IM "Linde" wie etwa: *"Von Anfang an bei Gesprächen und Umgang mit der X immer das Ziel verfolgen, ihr uneingeschränktes Vertrauen zu gewinnen. Sie muß Anlaß haben, in "Linde" solch einen Vertrauten zu sehen, den sie bedenkenlos über alle Angelegenheiten unterrichten kann, auch über solche, die internen, geheimzuhaltenden Charakter tragen"* (ebd., S. 6).

Oder: *"Als elementare Verhaltensmaßregeln bei der Durchführung der Aufgaben im Westen gelten: Gut gekleidet gehen, ruhig und sicher auftreten, bei plötzlich neuauftretend-unvorhergesehenen Situationen Kaltblütigkeit wahren, schlagfertig und beweglich handeln, keine auffällige Neugier - auch nicht bei interessanten Begebenheiten - zeigen, sondern die Einzelheiten unauffällig in Erfahrung bringen, oder, wenn keine Möglichkeit besteht, lieber Abstand nehmen, als sich zu gefährden, nur solche Mengen Alkohol genießen, daß die volle geistige Reaktion bestehen bleibt, dagegen kann der Partner, um ihn gesprächiger zu machen, ruhig betrunken gemacht werden, immer mit Kontrolle und Beobachtung des Gegners rechnen"* (ebd., S. 8).

Auffällig ist, daß, im Gegensatz zu den Berichten der IM, auf den 10 Seiten des Reiseplans kein einziges Wort im Sinne der DDR, des Sozialismus oder der SED-Ideologie fällt. Die hauptamtlichen MfS-Mitarbeiter glaubten möglicherweise mehr an ihre eigene, geheimdienstliche Sache.

*Reisekaderbericht* vom 28.4.1971 (kein IM-Bericht):

*"Feststellen konnten wir, daß bei einer Reihe von Gesprächspartnern nur sehr unvollkommene, verschwommene Vorstellungen über die Entwicklung innerhalb der DDR vorhanden sind, aber auch großes Interesse besteht, umfangreicher und vor allem richtig über die Verhältnisse in der DDR unterrichtet zu werden. Das kam vor allem in einem interessanten und aufgeschlossenen Gespräch mit X, Chefredakteur der Zeitschrift Tekknika zum Ausdruck.*

*Diskriminierende Äußerungen gegenüber der DDR gab es nicht. Bei einigen Partnern (Mitarbeiter des Helsinkier Telefonvereins) kam eine übersteigerte Form und falsche Vorstellung der Neutralität zum Ausdruck. Finnland sei ein "freies Land", und für jedermann offen. Eine zu starke Bindung an Ost oder West wäre für das Land unvorteilhaft. Die große Hilfe und Bedeutung der Freundschaft zur Sowjetunion für die weitere demokratische Entwicklung Finnlands wird teilweise verkannt, verniedlicht oder negiert.*

*Die Aktivitäten der BRD, besonders in Westfinnland (Partnerstädte, "Deutsche Tage", Studententreffen, verstärkter Touristenaustausch etc.) werden verharmlost"* (Reisekaderbericht Nr. 240, S. 2 f.).

Handschriftlicher *Kommentar* des Führungsoffiziers Schwarz zum Bericht des IMs "Graf" über eine Englandreise (20.10.1971): *"Der IMS weicht offensichtlich vor konkreten Fragestellungen aus. Ich habe am Treff teilgenommen und mit Mühe erreicht, daß wenigstens 2 Namen genannt wurden. Es muß doch intensive Überzeugungsarbeit zugreifen"* (Reisekaderbericht Nr. 151, S. 4). Der Bericht selbst umfaßt vier eng mit Maschine beschriebene Seiten und erscheint den Untersuchern umfangreich und differenziert.

*Reisebericht* des IMB "Theo Bauer" vom 5.9.1980 über eine (offiziell private) Reise nach Warschau. Aus den Einleitungssätzen geht hervor, daß "Theo Bauer" vom MfS mit einem konkreten Auftrag und ausgearbeiteter Legende nach Polen geschickt wurde, wo er allerdings den guten Bekannten, den er zu besuchen vorgab, nicht antraf. Freunde dieses Mannes, die offensichtlich völlig ahnungslos hinsichtlich "Theo Bauers" Rolle waren, zeigten sich ausgesprochen hilfsbereit, sorgten für Unterkunft und vermittelten interessante Kontakte. "Theo Bauer" berichtet:

*"X und X sind homosexuell. Sie sind ebenfalls von meiner gleichartigen Veranlagung informiert. X nahm mich gegen 22.00 Uhr sehr herzlich auf. Noch am gleichen Abend händigte er mir seine Wohnungsschlüssel aus. Wir mußten bereits nach wenigen Minuten wieder gehen, da er als Regisseur nebenberuflich ein Nachtkabarettprogramm im Hotel 'X' leitet. Hauptberuflich ist X Sprecher beim Rundfunk"* (Reisekaderbericht Nr. 62, S. 1).

Es folgen Aussagen über das Privatleben und den beruflichen Werdegang des Gastgebers. Des weiteren führt der IM aus: *"X bezeichnet sich selbst als Christ. Ich besuchte mit ihm auch die Kirche '3 Kreuze' in Warschau. In dieser Kirche sind die Ehrentafeln aller polnischen Nationalisten der jüngeren Geschichte angebracht.*

*Deshalb sei es nach Ansicht von X auch der Wallfahrtsort für viele Warschauer. X geht davon aus, daß es keine Koexistenz zwischen Gläubigen und Kommunisten gibt, daß die Kommunisten in Polen seine Heimat verhöckert*[sic] *haben.*

*Mehrfach sprach er davon, daß Polen an den 'Russen' verkauft werden würde. Er sprach auch wesentlich tendenziöser und freudig über die gegenwärtigen Geschehnisse. Mit freudigem Gesicht sprach er davon, daß in Lublin die Eisenbahngleise in Richtung Sowjetunion von Arbeitern zugeschweißt worden seien. Er ist der Meinung, daß Polen an die SU ökonomisch ausverkauft worden ist"* (ebd. S. 3 f.).

Daß der Gastgeber seinem neuen Freund "Theo Bauer" wirklich vertraut hat, zeigen auch noch andere Aussagen des IM:

*"Er hat einen ausgesprochen umfangreichen Bekanntenkreis, was ich auch an seinem umfangreichen Adressenbuch feststellen konnte. Er unterhält Verbindungen in die USA, nach England, Frankreich, Holland und in die BRD. Am Dienstagabend war der wöchentliche Zirkel in der Wohnung von X. Jeweils gegen 21.00 Uhr treffen eine Reihe von Bekannten, ausnahmslos Intellektuelle, bei X zusammen.*

*Mir sind diese Leute nur mit dem Vornamen bekannt.*

*X -tätig in einem Ministerium*
*X -Sprecher beim Rundfunk*
*X -tätig bei der Verwaltung der polnischen Kosumgenossenschaft*
*X -Zahnarzt"* (ebd., S. 4).

In dieser Runde wurde nun über Dinge gesprochen, die einem MfS-Spitzel sicherlich nicht anvertraut worden wären. Es ging nicht nur um die aktuelle politische Situation in Polen, sondern auch um weiterreichende Probleme:

*"Er bezeichnete wörtlich, die Deutschen auch unter dem jetzigen kommunistischen Regime genau wie in der Nazizeit als manipulierbar und einzuschüchtern. So könne man sie besser unter der Knute halten.*

*Die Gesprächsteilnehmer vertraten auch die Ansicht, daß das polnische Beispiel durch seine weitgehendste Verbreitung durch die Massenmedien des Westens auch Schule in den anderen soz. Ländern machen könnte"* (ebd.).

*"Wie ich feststellen konnte, trifft sich die Gruppe um X regelmäßig. Nach meinen Feststellungen geht es in den Diskussionen überwiegend um politische Fragen. Ich muß dabei auch einschätzen, daß es zwischen den Teilnehmern keine divergierenden Meinungen gibt. Alle blasen in das gleiche Horn. Insgesamt erscheint X als die treibende und führende Kraft und Wortführer. Ich konnte feststellen, daß er über sehr gute Verbindungen verfügt. Beispielsweise sind viele Fotos bekannter Persönlichkeiten Polens mit persönlichen Widmungen für ihn versehen".* (ebd., S. 5).

*"Nach den Worten von X ist mir bekannt, daß er etwa ab Ende dieses Jahres offiziell für einige Monate zu Verwandten nach Holland gehen will. Inoffiziell werde er jedoch 3 Tage in der Woche beim WDR Köln in der polnischen Sektion arbeiten. Angeblich arbeite er dort unter einem Pseudonym"* (ebd., S. 7).

Sichtlich stolz auf seine eigene Leistung schließt "Theo Bauer" seinen Bericht:

*"Hinsichtlich meiner Absicherung gab es keine Probleme. Meine Legende wurde mir abgenommen. Ich bin auch in 2 Fällen allein weggegangen, um meine persönlichen Dinge zu klären, wozu es auch keine weiteren Fragen gab. Gefolgt ist mir dabei niemand.*

*Meine persönlichen Sachen hatte ich stets unter Kontrolle. Ich habe auch keine Veränderungen bemerkt. Ich schätze ein, daß meine beiden ungarischen Salami bei meiner Ankunft mit beigetragen haben, daß ich von meinen Gesprächspartnern akzeptiert worden bin. Ich halte die geknüpften Kontakte für ausbaufähig"* (ebd.)

Augenscheinlich wurden die Kontakte nach Polen ausgebaut, denn von "Theo Bauer" liegen noch weitere Berichte vor, die sich mit dem Haß der Polen auf die "Russen" beschäftigen, mit der zunehmenden Unordnung in Warschau, mit der polnischen Gewerkschaftsbewegung und vor allem mit den sexuellen Vorlieben der vom IM Besuchten. So heißt es in seinem Bericht vom 8.10.1980 (dazwischen liegt ein weiterer Besuch in Warschau Ende September):

*"X ist homosexuell. Er hat einen sehr umfangreichen Bekanntenkreis und hat auch ständig homosexuelle Kontakte, wo ich der Meinung bin, daß er einen Teil dieser Kontakte finanziell bezahlen muß. Also es ist so, daß er mehrmals am Tage, wenn er frei hat, losgeht und sich Leute holt.*

*Am letzten Abend gab es eine kleine Kontroverse. Einer seiner Besucher hatte wahrscheinlich einen Schlüssel (Wohnungsschlüssel gestohlen) und X wollte mich verantwortlich machen. Ich erklärte ihm, daß das ziemlich dumm und frech sei, ich hatte damit nichts zu tun und ging am Abend noch eine halbe Stunde spazieren. Meine Abreise ist aber ordentlich über die Bühne gegangen.*

*In seinem Charakter möchte ich sagen, er ist unausgeglichen, sehr nervös und vor allem homosexuellen Dingen unterworfen"* (Reisekaderbericht Nr. 65, S. 4 f.).

Der GMS "Imme" ist offiziell Zoologe, seine Berichte handeln aber kaum einmal von seinem eigentlichen Fachgebiet, sondern enthalten fast ausschließlich Angaben über im Ausland beobachtete Personen. So berichtet "Imme" nach einem Aufenthalt in Schweden am 29.1.1981 seinem Führungsoffizier, Hauptmann Klawun:

*"Das Anliegen, den Frieden zu erhalten, kommt bei allen, auch bei groß-bürgerlichen Kräften, deutlich zum Ausdruck. Nichts wäre schlimmer als eine kriegerische Auseinandersetzung, gleich wo und wie, und erst recht für Europa. Sie unternehmen nach ihren Möglichkeiten und Fähigkeiten alles, um den Frieden zu unterstützen und als eine Friedensaktion haben sie auch eine Sammlung von Paketen für polnische Kinder zu Weihnachten betrachtet, und auch die Unterstützung der Zoos, der Zoo Kolmorgen z.B. konkret für die zoologischen Gärten in Polen.*

*Die Position zur DDR ist sehr freundlich. Man ist erfreut über die ökonomischen Leistungen der DDR, über die Möglichkeiten, die die DDR noch hat, meint, daß sie sich in den nächsten Jahren noch gut entwickeln wird. In familiären Gesprächen und im geselligen Beisammensein wird gegenüber schwedischen Bürgern, die noch nicht in der DDR waren, sehr lobend über die DDR gesprochen. 1., über die Gastfreundschaft, 2. über die ausgesprochen gute Organisation ihrer Aufenthalte hier in der DDR, und 3. über die umfangreichen Kulturgüter und über die Pflege und Hege der Kulturgüter"* (Reisekaderbericht Nr. 166, S. 3).

Darstellung des Hauptbahnhofs Frankfurt/Main durch den IM "Robert" (9.9.1982):

*"Während der Rückfahrt hatte ich einen etwas längeren Aufenthalt auf dem Frankfurter Bahnhof, da der Zug dort etwa gegen 23:00 Uhr erst abfährt. Der Frankfurter Bahnhof ist meiner Meinung nach ein unsicherer Bahnhof. Das kommt insbesondere darin zum Ausdruck, daß es keinen Wartesaal, wo sich nur Reisende mit Fahrkarte aufhalten können und einen Wartesaal für Reisende ohne Bewirtschaftung. In einzelnen Gaststätten oder bzw. auf dem sehr großen Freigelände trifft man sehr viele Amerikaner in Uniform und ohne Uniform, auch Ausländer anderer Art und Jugendliche, die sich dort aufhalten, an. Auch am Tage bzw. am Abend bestimmen diese Ebenen die von mir aufgezeigten Personen das Bild des Bahnhofes. Dadurch hat man ein unsicheres Gefühl und hält sich dort nicht gerne auf"* (Reisekaderbericht Nr. 231).

*Einschätzung* eines Reiseberichts des IM "Robert" durch den zuständigen Führungsoffizier, Hauptmann Pavlus (14.4.1982):

*"Der Bericht wurde auftragsgemäß und entsprechend der Einsatzrichtung des IMS Robert erarbeitet. Aus dem Bericht gehen im Wesentlichen Stimmungen und Haltungen in Betrieben der BRD hervor, wie sie gegenwärtig typisch sind. Es muß dabei eingeschätzt werden, daß vorrangig Probleme angespro-*

*chen werden, die mit der sozialen Lage der Werktätigen der BRD in unmittelbarem Zusammenhang stehen.*

*Operativ bedeutsame Probleme bzw. Vorkommnisse gab es nach Angaben des IM während dieser Dienstreise nicht. Der IM wurde beauftragt, die im Bericht getroffene Einschätzung zu den Personen zu konkretisieren.*

*Maßnahmen: Bericht abschriftlich zur NSW-Firmenakte. Überprüfung der im Bericht genannten Personen in den Speichern der HA VI mit dem Ziel ihrer Identifizierung"* (Reisekaderbericht Nr. 232).

*Tonbandabschrift* des Reisebericht des IME "M. Martens", entgegengenommen von Führungsoffizier Major Wachlin am 16.10.1982 (Studienaufenthalt an der Universität Providence/USA)

*"Zu meiner Überraschung trat der mir unbekannte als erster ans Pult und eröffnete dann die Veranstaltung mit den Worten übersetzt: Laßt uns beten! Das war für uns natürlich völlig ungewöhnlich, wir haben unsere Haltung in diesem Zusammenhang nicht geändert und haben die uns gegenüberstehenden etwa 8000 Studenten beobachtet. Ich muß sagen, daß in dieser Hinsicht auch die Haltung von X einwandfrei gewesen ist. Der Rektor hat dann damit begonnen, seinen Lehrkörper, also den Senat, vorzustellen, über Prorektoren, Dekane, auch wohl noch einige Hochschullehrer, die besondere Funktionen haben und hat dann vorgestellt die beiden Bamberger Professoren und dann uns.*

*Ich muß sagen, daß es einen Beifall gab bei den Bambergern wie bei uns gleichermaßen und daß es auch keinerlei Mißfallenskundgebungen bei uns gegeben hat, wobei davon auszugehen ist, daß viele, wie wir in Gesprächen auch häufiger festgestellt haben, wenn wir gefragt wurden, dabei meinen wir jetzt Bürger in den Gaststätten, Bürger auf den Straßen usw. und in den Hotels, viele nicht unterscheiden können zwischen DDR und BRD und das nicht so richtig einzuordnen verstehen"* (Reisekaderbericht Nr. 156, S. 4 f.).

*"Wichtig scheint mir aber zu sein, daß das Gesamturteil sehr gut ausfällt, was uns vielleicht verborgen geblieben sein mag, aber es gibt einige echte Punkte, oder einige Punkte auch, die ganz besonders zu beachten sind, so z.B. das Gespräch mit dem Direktor der Frauenklinik, die in Providence. Dieser X der X wurde uns auch als besonderer Förderer der Beziehungen Providence Rostock oder DDR-Rostock genannt. In einem längeren Gespräch, was wir mit ihm hatten, hat sich das auch ganz deutlich gezeigt"* (ebd., S. 6).

Der Reisebericht ist ebenso ausführlich wie inhaltlich und stilistisch wirr; über die Verhältnisse an der Universität selbst äußert der IM sich kaum, dafür aber umfassend über seine Erlebnisse mit US-Bürgern. Die Einladung zum Kaffee bei einer Slawistin wird so geschildert:

*"Wir waren auch nicht sehr lange dort, es wurde Kaffee getrunken, einige Stücke Kuchen gegessen und anschließend wurde - es geschah außerhalb des Hauses im Garten - und anschließend wurde dann nach drinnen gegangen und ein Schnaps getrunken, aber wirklich auch nur einer. Dabei zeigte uns X Teile ihrer Wohnung. Abgesehen davon, daß es recht unordentlich aussieht, interessierten mich einige Fakten, die mich bei der Beurteilung der X etwas unsicher machten. Sie hat z.B. eine Sammlung von Bleisoldaten sich zugelegt der verschiedenen Waffengattungen der Sowjetarmee und hat die aufgestellt in ihrem Zimmer auf einem speziell dafür angebrachten Brett. Auf der anderen Seite der Tür, es ist eine Mitteltür zwischen zwei großen Räumen, hat sie eine große Sammlung von Babuschka-Puppen, die sie aus der Sowjetunion mitgebracht hat. Sie ist ja bekanntlich Slawistin und sehr oft dort und ich hatte ehrlich gesagt nicht den Eindruck, daß also diese Sammlungen lediglich für uns angebracht waren, oder aufgestellt waren und auch an verschiedenen Diskussionen bin ich mir bei ihr nicht ganz so darüber im Klaren, wie man sie beurteilen soll, während ich bei X eindeutig der Meinung bin, daß es sich bei ihm um einen Agenten des CIA handelt, der sehr eng doch so mit dem CIA zusammenarbeitet"* (ebd., S. 10).

*"Für mich war dieser Aufenthalt in New York rundheraus gesagt, eine politische Schule, die mir gezeigt hat, bis zu welcher Würdelosigkeit man im Kapitalismus Menschen bringen kann. Sie war eine Schule auch für mich insofern, als wir den Warnungen, möglichst nicht nach Harlem zu gehen, nicht gefolgt sind"* (ebd., S. 11).

Bei diesem Ausflug kam es dann zu einer dramatisch geschilderten Begegnung mit einigen Farbigen, die vor Aufregung *"zitterten buchstäblich am ganzen Leib"* und sich von dem Einwand, man sei doch kein böser Amerikaner, sondern ein guter DDR-Bürger auf der Suche nach dem Beweis kapitalistischer Schlechtigkeit, nur wenig beeindrucken ließen. Der IM mußte seinen Beweis - einen Film - schließlich herausgeben, was ihn letztlich auf den Gedanken verfallen ließ, der ganze Streit sei eine abgekartete Sache gewesen, um ihm sein Beweismaterial abzunehmen. Erschreckt hat ihn darüber hinaus die Tatsache, *"daß hier nicht die Klassenfeinde uns in dem Maße bedroht haben, wie diejenigen, die eigentlich unsere Klassenbrüder sind, die es aber auf Grund ihres mangelnden Bildungsstandes, auf Grund ihrer Lebensweise nicht wissen und es auch nicht richtig beurteilen können"* (ebd., S. 12).

## Literatur

Ash, Timothy Garton: "Und willst du nicht mein Bruder sein..." Die DDR heute, Hamburg 1981.

Felber, Horst: Psychologische Grundsätze für die Zusammenarbeit mit IM, die im Auftrag des MfS außerhalb des Territoriums der DDR tätig sind. Jur. Diss. an der Juristischen Hochschule Potsdam-Eiche, 1970.

Fricke, Karl Wilhelm: Die DDR-Staatssicherheit. Entwicklung-Strukturen-Aktionsfelder, Köln 1989, 3. aktual. u. erg. Aufl.

Fricke, Karl Wilhelm: "Jeden Verräter ereilt sein Schicksal". Die gnadenlose Verfolgung abtrünniger MfS-Mitarbeiter. In: Deutschland Archiv, 27. Jg., H. 3, Köln 1994, S. 258-264.

Gries, Sabine/Sabine Meck: Das Erbe der Sozialistischen Moral. Überlegungen und Untersuchungen zum Rechtsbewußtsein in der ehemaligen DDR. In: Dieter Voigt/Lothar Mertens (Hg.): Umgestaltung und Erneuerung im vereinigten Deutschland, Berlin 1993, S. 29-60.

Herber, Richard u. Jung, Herbert: Wissenschaftliche Leitung und Entwicklung der Kader, o.O, o.J., 2. unveränd. Aufl.

Klein, Günter/Manfred Linthe/Gerd Schulze: Die politisch-operative Sicherung der Reise- und Auslandskader für nichtsozialistische Staaten und Westberlin. Jur. Diss. an der Juristischen Hochschule Potsdam-Eiche, 1985.

Seidler, Walter/Edmund Schmidt: Die Rolle der Übereinstimmung zwischen gesellschaftlichen Interessen und den Interessen der Individuen als Triebkraft der Tätigkeit inoffizieller Mitarbeiter des MfS. Die Notwendigkeit der systematischen Entwicklung dieser Triebkraft in der inoffiziellen Zusammenarbeit und die Aufgaben der Mitarbeiter des MfS, diese Triebkraft im Kampf gegen die Feinde des Sozialismus zur vollen Wirkung zu bringen. Jur. Diss.an der Juristischen Hochschule Postdam-Eiche 1968.

Voslensky, Michael: Nomenklatura. Die herrschende Klasse der Sowjetunion, Wien-München-Zürich-Innsbruck 1980.

*Rainer Eckert*

# DIE HUMBOLDT-UNIVERSITÄT IM NETZ DES MFS

Die Debatte um die Stasi-Akten

## I. Vorbemerkung

Seit der Herbstrevolution von 1989 ist wohl kaum ein anderes Thema in den deutschen Medien so ausgiebig behandelt worden, wie der Staatssicherheitsdienst der DDR. Diese Diskussion litt allerdings darunter, daß sie oft reißerisch aufgemacht wurde, sich auf Spektakuläres konzentrierte und ganz einseitig die Inoffiziellen Mitarbeiter des Ministeriums für Staatssicherheit (IM) in den Vordergrund rückte. Dagegen wurde die Rolle der SED als Auftraggeber dieses Geheimdienstes vernachlässigt und die strukturelle Einbettung der Stasi in das diktatorische Herrschaftssystem der DDR blieb weitgehend im Dunkeln. Verhängnisvoll wirkte sich auch aus, daß eine differenzierte moralische Bewertung der Inoffiziellen Mitarbeiter und der Rolle ihrer Führungsoffiziere ebenso ausblieb, wie eine Auseinandersetzung mit dem Phänomen des Denunziantentums in der deutschen Geschichte (Paul, 1993). Hier wäre ein gesamtgesellschaftlicher Diskurs zwischen Politikern, Historikern, Philosophen, Theologen, aber auch der durch die Stasi Verfolgten wie ihrer Verfolger nötig gewesen. Das hätte allerdings die Bereitschaft vor allem der ehemaligen offiziellen und inoffiziellen Mitarbeiter des MfS - unter für sie gewiß ungünstigen Bedingungen - vorausgesetzt, sich zu öffnen. Daß dies ausblieb, führte im Spätsommer 1993 zur plötzlichen Diskussion um die Verjährung von "Bagatelldelikten" der Stasi. Diese Verjährung - bevor überhaupt die Möglichkeit bestand, im Einzelnen zu erfahren, was denn nun verjähren sollte-, schien offensichtlich für viele in Deutschland politisch Verantwortliche kein Problem zu sein. Eine Wende brachte erst eine Stellungnahme prominenter DDR-Bürgerrechtler, der sich in wenigen Tagen mehr als tausend Persönlichkeiten aus Ost und West anschlossen, in der darauf hingewiesen wurde, daß eine Verjährung zum 3. Oktober der Anfang vom Ende der *"Bewältigung der zweiten deutschen Diktatur mit demokratischen Mitteln"* sein würde (Bagatelldelikte 1993). Die Reaktion darauf blieb nicht aus. Sie ist zusammengefaßt in einem Manifest mit dem Titel »Weil das Land Versöhnung braucht« nachzulesen (Dönhoff 1993). Hier wird argumentiert, daß ein *"Beichtstuhl auf dem Marktplatz zum Pranger"* werden würde, es wird nach der

Grenze zwischen Moral und Nutzen gefragt und die Nürnberger Prozesse erscheinen als abschreckendes Beispiel. Das Fazit lautet: Schluß mit der "Verfolgung" angeblich geringfügiger Stasi-Delikte und den Blick in Deutschlands Zukunft gerichtet. In dieselbe Kerbe schlug auch Bundeskanzler Helmut Kohl, als er am 4. November 1993 vor der Enquete-Kommission des Bundestages zur »Aufarbeitung von Geschichte und Folgen der SED-Diktatur in Deutschland« meinte, daß die Staatssicherheitsakten die Atmosphäre in Deutschland vergiften würden und deshalb wohl am besten vernichtet oder versiegelt werden sollten. Dem schlossen sich Friedrich Schorlemmer und Regine Hildebrandt mit unsäglichen Äußerungen an. Wenn man die Argumente der Aktenvernichter oder Archivschließer Revue passieren läßt, kann der Eindruck entstehen, daß sie nicht wissen oder nicht wissen wollen, wovon sie sprechen. Auch dies ist ein Grund, die Zusammenarbeit zwischen dem SED-Geheimdienst und verschiedenen gesellschaftlichen Bereichen und Einrichtungen detailliert zu erforschen und darzustellen.

## II. Ziele des Staatssicherheitsdienstes an Hochschulen und Universitäten

Bei der Beantwortung der Frage, was die Schnüffelpraxis des Ministeriums für Staatssicherheit an Universitäten und Hochschulen konkret bedeutete, sind bis heute zehn Grundformen der Zusammenarbeit dieser Hochschulen mit dem Geheimdienst festzustellen:

1. Arbeit für die Auslandsspionage

2. Unterdrückung von Dissidenz oder Opposition vor allem in der Studentenschaft (im MfS-Jargon: Bekämpfung von "politisch-ideologischer Diversion" (PiD) und "politischer Untergrundtätigkeit" (PUT)

3. Die Abschirmung der DDR-Forschung gegenüber ausländischen Geheimdiensten

4. Die Gewinnung von Informationen über die Situation der Universitäten für die Berichterstattung des MfS an die SED-Führung

5. Die Vergabe von Forschungsaufträgen durch das MfS

6. Gutachten von Wissenschaftlern für den Staatssicherheitsdienst (wie auch für die Generalstaatsanwaltschaft der DDR)

7. Einflußnahme des Staatssicherheitsdienstes auf die Personalentwicklung von der Verteilung von Studienplätzen bis zur Absolventenlenkung

8. Beeinflussung des gesellschaftlichen Lebens der Universitäten und des Unterrichts

9. Hochschulen als Reservoir für den offiziellen und inoffiziellen Nachwuchs des Ministeriums für Staatssicherheit

10. Überwachung der Auslandsbeziehungen und ausländischer Studenten sowie Wissenschaftler in der DDR; Genehmigung von Auslandsdienstreisen und Bespitzelung von Wissenschaftlern im Ausland (Eckert 1993, b).

Bei der Verfolgung einzelner Oppositioneller forderte das MfS von der Humboldt-Universität ganz konkrete Informationen an und erhielt sie ganz "offiziell" z.B. aus dem Universitätsarchiv, aus verschiedenen Registraturen oder leitende Mitarbeiter gaben in Gesprächen Auskünfte (Beispiel in: OPK Florath, II, S. 54). Darüber hinaus arbeiteten Inoffizielle Mitarbeiter sogenannte Informationspläne ab. Diese konnten beispielsweise für einen studentischen Diskussionskreis folgende Fragen enthalten:

- haben diese Personen eine gefestigte negative Haltung und worin äußert sich diese?
- wie und wo verbringen diese Personen ihre Freizeit?
- welche Kontakte unterhalten die Studenten untereinander?
- wie ist ihr Auftreten bei Seminaren und bei persönlichen Gesprächen?
- welche Meinung vertreten sie zu aktuell-politischen Ereignissen in der DDR?
- welche speziellen Sachgebiete haben sie sich ausgewählt, wer sind die Betreuer und wie sind ihre Ausarbeitungen einzuschätzen?
- bestehen Verbindungen in den Westen und welcher Art sind sie?
- sind die Personen im Besitz westlicher Literatur, welcher Art ist diese, wie kam sie in die DDR und wo wird sie aufbewahrt?
- wohin werden die Studenten nach Abschluß des Studiums vermittelt? (OPK Florath, II, Bl. 87/88).

Solche Fragekataloge bildeten die Grundlage für die Erarbeitung von Maßnahmeplänen, die sehr oft auf die Erarbeitung von strafrechtlich verwendbarer Angaben nach dem § 106 staatsfeindliche Hetze und § 107 staatsfeindliche Gruppenbildung dienen sollten. In diese Maßnahmepläne waren die Ermittlung staatsfeindlicher Schriften und persönlicher Ausarbeitungen, die Klärung von Kontakten in den Westen, das Verhältnis zu Familienangehörigen und Freunden, die Ausspitzelung der Freizeit und des Privatlebens eines weiten Umfeldes mit einbezogen (OPK Florath, II, Bl. 122-128, hier Bl. 122; Bl. 144-145, hier Bl. 145).

## III. Inoffizielle Mitarbeiter und Strukturen des MfS an der Humboldt-Universität

Die zahlenmäßige Ausdehnung des für die Lösung der Aufgaben des MfS im Hochschulbereich eingesetzten Spitzelheeres liegt weiterhin weitgehend im Dunkeln. Klar ist allerdings, daß alle Bereiche der Hochschulen, alle dort beschäftigten Angestelltengruppen, Studenten, In- und Ausländer dazu gehörten. Typisch war es, daß Inoffizielle Mitarbeiter nicht nur ein bestimmtes Aufgabengebiet bearbeiteten, sondern äußerst flexibel eingesetzt wurden bzw. sich danach drängten, ganz verschiedenartige Bereiche zu "erkunden". So fand ich in den IM-Akten von zwei Professoren der Sektion Geschichte der Humboldt-Universität ganz unterschiedlich geartete Berichte, die jeweils in ihrer Weise immer gefährlich, denunziatorisch und mit Eifer erarbeitet worden waren. So wurde direkt über die Universität berichtet und es gab Aussagen zur:

- politischen Situation unter den Studenten der Humboldt-Universität, Schilderungen von Diskussionsabenden bei Kollegen;

- Analysen universitärer Angelegenheiten bis hin zum Stundenplan-Ausführungen über sogenannte ideologische Schwierigkeiten an der Universität. Eine weitere Berichtsgruppe entstand anläßlich dienstlicher Auslandsreisen;

- Berichte über Gespräche bei den Zoll-Kontrollen beim Passieren der deutsch-deutschen Grenze;

- Beschreibungen der Benutzungspraxis in westdeutschen Bibliotheken und Forschungsinstituten, Anfertigung von Skizzen von deren Ausstattung und detaillierte Schilderungen des Verhaltens ihrer Mitarbeiter (durch solche Berichte entstanden Anknüpfungspunkte für die Werbung dieser Personen für die Auslandsspionage der DDR und zur Installierung von Abhörtechnik);

- Beschreibung von Gästen in westdeutschen Pensionen, der Einkaufsmöglichkeiten und Gaststätten in den besuchten Städten und weiterhin verfaßten die beiden Geschichtsprofessoren:

- Persönliche Einschätzungen (bis zum Eheleben und zur psychischen Beschaffenheit) von Kollegen, Studenten und von Ausländern an der Universität;

- Berichte über Inhalt und Wirkung des Westfernsehens und Beschreibungen über das private Umfeld bis zur Kleingartensparte, der einer von ihnen angehörte (BstU, AIM 18 576/85; AIM 8 93/91).

Hanna Labrenz-Weiß von der Gauck-Behörde (Labrenz-Weiß 1993, S. 5-7) teilt die Inoffiziellen Mitarbeiter an der Humboldt-Universität in folgende Kategorien:

- Gesellschaftliche Mitarbeiter für Sicherheit (GMS, ca. 8 %)
- Inoffizielle Mitarbeiter für Sicherheit (IMS, über 53 %)
- Inoffizielle Mitarbeiter mit Feindberührung (IMB, 9 %) und
- Inoffizielle Mitarbeiter, die ihre Wohnung, ihre Adresse oder ihre Telefonnummer zur Verfügung stellten (knapp 12 %).

Dazu kamen noch Hauptamtliche Inoffizielle Mitarbeiter (HIM), Inoffizielle Mitarbeiter für besonderen Einsatz (IME) und Inoffizielle Mitarbeiter mit besonderem Vertrauensverhältnis (IMV). Da die Überprüfung des Mittelbaus und der Verwaltungskräfte (Studenten werden und können nicht überprüft werden) an der Humboldt-Universität noch nicht abgeschlossen ist, kann über die Zahl von IM in den einzelnen universitären Ständen noch nichts Gültiges gesagt werden. Es scheint aber, daß das MfS größten Wert auf fachlich besonders qualifizierte Wissenschaftler legte und Studenten dagegen zunehmend vernachlässigte. Diese Inoffiziellen Mitarbeiter arbeiteten in der Regel freiwillig und auf der *"Basis politischer Überzeugung"* mit dem MfS zusammen. Fälle von Erpressung sind ebenso selten wie von *"Aussteigern"* (Labrenz-Weiß, S. 6-7). Die Beendigung eines Dienstverhältnisses ging in aller Regel vom MfS aus. Dafür konnte es verschiedene Gründe wie Dekonspiration des IM, Aufsteigen zum Nomenklaturkader der SED oder *"Perspektivlosigkeit"* seines Einsatzes geben. Entgegen einer weitverbreiteten Auffassung erhielten die universitären Geheimdienst-Denunzianten in fast sämtlichen Fällen keine materiellen Zuwendungen, von kleinen Geschenken zum Geburtstag oder zu kommunistischen Feiertagen und mit der konspirativen Auszeichnung durch Verdienstmedaillen abgesehen. Das schließt aber nicht aus, daß viele IM sich von der Zusammenarbeit mit dem MfS persönliche Vorteile bei der Erklimmung einer Karriereleiter, dem Erwerb des begehrten Reisekaderstatus oder bei der Ausschaltung unliebsamer Kollegen versprachen und diese Absichten auch bei Kontakten mit ihren Führungsoffizieren zu befördern suchten. Strukturell war für die Hochschulen in der DDR die Hauptabteilung XX/8 des MfS zuständig (Labrenz-Weiß 1993, S. 2-5). Sie überwachte mit ihren 25 hauptamtlichen und 190 »Inoffiziellen Mitarbeitern« (Gill/Schröter 1991, S. 52) in drei Referaten das Ministerium für Hoch- und Fachschulwesen mit dessen nachgeordneten Einrichtungen, das Ministerium für Volksbildung und alle ausländischen Studenten. Entscheidend für die geheimdienstliche "Bearbeitung" von Universitäten und Hochschulen waren aber jeweils die entsprechenden Diensteinheiten in den Bezirksverwaltungen des MfS. Das war in Berlin das Referat XX/3 (ab 1989 durch Umbenennung XX/8) der Bezirksverwaltung des MfS mit 17, ab Ende 1989 noch 12 Mitarbeitern (Eckert 1993, b, S. 773-774; Labrenz-Weiß 1993, S. 2). Die Universitätsklinik Charité fiel ab Anfang 1989 in die Zuständigkeit des Referates XX/6 und die Sektion Theologie in die des Referates XX/4. Weitere Diensteinheiten des MfS wurden je nach Bedarf eingeschaltet. So griff die HVA ein, wenn es um die Ermittlung von Auslandskontakten oder um die Werbung von Agenten ging und die Abteilungen XX der einzelnen Bezirksverwaltungen arbeiteten mit der Berliner Abteilung und den Mitarbeitern der Stasi an der Universität bei der Verfolgung von Studenten und Lehrenden zusammen. Gleichzeitig erhielt die HVA sämtliche Berichte sogenannter Reisekader, die sie auch an den sowjetischen Geheimdienst KGB weitergab (Labrenz-Weiß 1993, S. 3). An der Universität selbst stützte sich das MfS auf hauptamtliche Mitarbeiter, »Offiziere im besonderen Einsatz« (OibE) und die IM. Ansprechpartner waren der Rektor, die Prorektoren, die SED-Parteisekretäre, die Sicherheitsbeauftragten, Leiter verschiedener universitärer Verwaltungseinrichtungen und das Universitätsarchiv. Entscheidend war wohl die Zusammenarbeit mit der Kreisleitung der SED, die offiziell erfolgte. Das bedeutete auch, daß die Mitglieder der Kreisleitung keine IM waren. Sollten sie eine solche Spitzeltätigkeit vor ihrem Aufstieg ausgeübt haben, wurden ihr Vorgang archiviert, d.h. zumindest vorläufig abgeschlossen (Labrenz-Weiß 1993, S. 4).

## IV. Die Sektion Kriminalistik der Humboldt-Universität

Besonders intensiv war die Verstrickung der Humboldt-Universität in die Machenschaften des MfS bei der Ausbildung späterer Stasi-Offiziere an der Sektion Kriminalistik. Diese beginnt 1961 durch die Einsetzung eines Majors Dr. Ehrenfried Stelzer als »Offizier im besonderen Einsatz« mit einem Gehalt von 1 500 Mark an die spätere Sektion (Behnke 1993, S. 11). Die sich in den folgenden Jahren entwickelnde intensive Zusammenarbeit führte dazu, daß knapp die Hälfte der dort Tätigen nach 1989 als Angehörige des Ministeriums für Staatssicherheit "enttarnt" werden konnten (Mertens 1994, S. 120). Sachlich bezog sich die Zusammenarbeit auffolgende Hauptfelder (alle folgenden Angaben bei Behnke 1993, S. 11-12):

1. Die Ausbildung von Angehörigen des MfS zu Diplom-Kriminalisten: zwischen 1962 und 1975 bildete die Sektion ca. 260 MfS-Offiziere im Fernstudium und etwa 120 Angehörige der Diensteinheit Reservekader im Direktstudium aus. Jährlich schlossen ca. 50 Offiziere der Staatssicherheit ein Direktstudium ab. Außerdem bildete die Sektion Mitarbeiter des Ministeriums des Innern und der Zollverwaltung der DDR aus. Vom MdI waren durchschnittlich 120 Studenten in der Ausbildung, vom Zoll kamen etwa 70 Personen.

2. Bearbeitung von Forschungsaufträgen, Erarbeitung von Gutachten und Expertisen. Neben der Lösung normaler kriminalistischer Forschungsaufgaben übernahm die Sektion Kriminalistik auch Aufträge des MfS bei der Bekämp-

fung politischer Gegner der SED. Ein Schwerpunkt war hier das naturwissenschaftlich-technische Gebiet, so die Stimmen- und Geräuschidentifizierung. Lothar Mertens von der Bochumer Ruhr-Universität (Mertens 1994, S. 21) hat in diesem Zusammenhang entstandene Arbeiten ermittelt und einen bezeichnenden Fall beschrieben. Es handelt sich um eine Promotionsschrift aus dem Jahre 1985 mit dem Titel: »Die Nutzung orodologischer Spuren zur Kriminalitätsbekämpfung unter besonderer Berücksichtigung der menschlichen Geruchsspuren«. Hier schilderte die Verfasser in einem Kapitel *"Die Bewertung odorologischer Spuren mit Hilfe des Biodetektors Hund"* den Versuch, mit Hilfe von Spurenhunde und in Einmachgläsern gesammelter Geruchsproben Oppositionelle zu ermitteln bzw. Belastungsmaterial gegen sie zu sammeln. In zahlreichen Fällen erarbeitete die Sektion Kriminalistik Gutachten - vor allem im Rahmen von Schrift- und Dokumentenuntersuchungen. Die in politischen Strafverfahren verwandt wurden. Ein Beispiel ist das kriminalistische Gutachten des Sektionsdirektors, Professor Stelzer, im Hauptverfahren vor dem Strafsenat 1 a beim Stadtgericht von Groß-Berlin vom 30. Oktober bis zum 2. November 1973 gegen Bürger der Bundesrepublik und Westberlins wegen "staatsfeindlichen Menschenhandels".

3. Absprachen zwischen dem MfS und der Sektion Kriminalistik über Lehre und Forschung. Der Leiter der MfS-Kommission für die Koordinierung der Zusammenarbeit mit der Sektion, Oberst Dr. Grunert, besprach mit Stelzer regelmäßig Fragen der Ausbildung, Erziehung und Forschung, Probleme der Leitungstätigkeit und der Mitarbeiter. Mitglieder des wissenschaftlichen Rates der Sektion Kriminalistik waren Stasi-Offiziere wie Oberst Pyka und die Oberstleutnante Hillenmeier, Blumenstein sowie Kondler.

4. Personelle und materielle Unterstützung der Sektion Kriminalistik durch das MfS. Das MfS stellte der Sektion 16 Planstellen für »Offiziere im besonderen Einsatz« zur Verfügung, weitere Stellen kamen vom Innenministerium und vom Zoll. Zu dieser personellen Unterstützung kam eine jährliche Zuwendung von 35-40.000 Mark, die Bereitstellung von zwei Personenkraftwagen, Geräten für die Ausbildung, Räumen, Möbel und Bauleistungen.

5. Der Einsatz der Direktstudenten zu Zersetzung der Opposition. Das MfS setzte seine Direktstudenten verschiedentlich, eingeteilt in Einsatzgruppen, zur Zersetzung verschiedener oppositioneller Gruppierungen ein. Dort versuchten sie die Diskussion in der Stasi genehme Bahnen zu lenken, Entscheidungen zu beeinflussen bzw. zu torpedieren und zu provozieren. So berichtet Vera Wollenberger von der Behauptung eines dieser Studenten, ihm sei von einem Mitglied des Pankower Friedenskreises das Portemonaie gestohlen worden (Wollenberger 1992, S. 27-29). Wollenberger erinnert sich ebenfalls, daß sich die MfS-Studenten meist mit dem Namen Lutz vorstellten. Deshalb hießen sie aus einer Verballhornung von Lutz und Luzifer schon bald *"Luzies"*. Bei der

Auflösung des Institutes für Kriminalistik stellte sich 1990 heraus, daß hier fünf Professoren bzw. Dozenten »Offiziere im besonderen Einsatz« gewesen waren (Baum 1991; Flocken/Jurtschitsch 1990). Zu den Gekündigten gehörte auch Stelzer, der sich in seiner Klage dagegen auf sein "beamtenrechtsähnliches Anstellungsverhältnis" berief (Humboldt-Professor klagt 1990). Trotz der Abwicklung des Institutes lebten einzelne Forschungsprojekte wie das der »Kommunikationspsychologie« bis ins Jahr 1993 hinein weiter (Ronzheimer 1993).

## V. Widerstand und Opposition an der Humboldt-Universität

Die Geschichte der Schnüffelpraxis der Staatssicherheit an der Berliner Humboldt-Universität ist auf der anderen Seite aber auch immer die des Widerstandes. Dieser war in der unmittelbaren Nachkriegszeit fundamental gegen die Überstülpung eines stalinistischen Wissenschaftssystems gerichtet, ebbte dann ab, ohne allerdings bis in die 70er Jahre hinein zum Erliegen zu kommen. Diese Opposition wurde wohl mehr von Studenten als von ihren akademischen Lehrern getragen, sie kristallisierte sich an bestimmten Krisenpunkten der Entwicklung der DDR. Dazu zählten das Jahr 1953, das Jahr 1956, die Niederschlagung des Prager Frühlings 1968 mit der Durchsetzung der III. Hochschulreform in den folgenden Jahren und der Protest gegen die Ausbürgerung Wolf Biermanns 1976/77. Zu einzelnen Aktionen der Gegenwehr gegen die Anmaßungen kommunistischer Wissenschaftspolitik und Instrumentalisierung der Ostberliner Universität liegen inzwischen Publikationen vor. Das gilt für die Verhaftungen verschiedener Professoren 1956 und 1958 (Crüger 1990, S. 152-162), den Widerstand gegen die Niederschlagung des Prager Frühlings (Mitter/Wolle 1993, S. 367-482), die Verfolgungen an der Sektion Geschichte und anderen Sektionen der Jahre 1971 und 1972 (Eckert/Günther/Wolle 1993; Eckert 1993 a/b). Symptomatisch für die paranoide Angst der SED und des MfS vor jedem Widerspruch scheinen mir die beim Auftauchen von Flugblättern gegen den "gesellschaftswissenschaftlichen" Zwangsunterricht eingeleiteten Maßnahmen Ende 1969 und Anfang 1970 zu sein (Schottländer 1993). So ließ das MfS im direkten Einsatz 31 hauptamtliche Offiziere, 30 IM der Abteilung XX/3 der Bezirksverwaltung Berlin und 14 IM der HVA die Universität Tag und Nacht überwachen, der Einbau *"operativer Technik"* (Kameras) in Telefonzellen wurde zumindest erwogen und die Briefzensur der Studentenheime ausgedehnt. Gleichzeitig verhörte die Stasi zahlreiche Studenten und Lehrkräfte, kontrollierten MfS-Studenten der Sektion Kriminalistik sämtliche

Schreibmaschinen, 9.000 Personalkarten von Humboldt-Studenten wurden ausgewertet und schließlich dehnte das MfS die Fahndung nach der Schreibmaschine, auf der die Flugblätter geschrieben worden waren, auf die gesamte DDR aus. Aber auch die Erstellung von "Täterprofilen" durch Psychologen der Universität, die Durchforstung der Berliner Personalausweiskartei mit hunderttausenden Karten und der Schriftvergleich zwischen den Flugblättern und allen Diplom-, Doktor- und Habilitationsarbeiten der HUB blieb erfolglos. Das MfS zeigte sich selbst dann noch unfähig den Fall aufzuklären, als einer der beiden Flugblatthersteller wegen versuchter "Republikflucht" in Untersuchungshaft bei der Geheimpolizei saß. Viele Fälle gerade studentischen Widerstandes sind bis heute nicht bekannt bzw. nicht erforscht. Dazu gehört die Verhaftung von drei Studenten der landwirtschaftlich-gärtnerischen Fakultät im Oktober 1965 (ZAIG 1 123, Bl. 1-6) wegen des Verdachtes "illegaler Gruppenbildung", "staatsgefährdender" Propaganda und Hetze. Acht Berliner und ein Greifswalder Theologiestudent wurden im Februar und März 1969 wegen der Verbreitung von Flugblätter mit der Aufforderung, bei der Abstimmung über die "sozialistische" Verfassung mit Nein zu stimmen, verhaftet (BStU, ZAIG 1 671, Bl. 1-5; ZAIG 1 671, Bl. 12-16). Diese Studenten ließ das MfS zwar wieder vorläufig frei, doch war dem eine Information an die Universitätsleitungen und eine Abstimmung mit den Direktoraten für Ausbildung und Erziehung vorausgegangen. Diese legte fest, daß gegen alle Studenten disziplinarisch vorzugehen sei, sie waren vom Studium zu "beurlauben" und sollten bis zur gerichtlichen Entscheidung eine Tätigkeit im kirchlichen Raum aufnehmen. Hier wird eine Zusammenarbeit zwischen dem MfS und der Humboldt-Universität (bzw. der Ernst-Moritz-Arndt-Universität in Greifswald) deutlich, die universitäre Autonomie und wissenschaftliches Ethos zutiefst verletzte. Wahrscheinlich gab es eine große Anzahl ähnlicher Fälle, die alle noch darauf warten, der Vergeßlichkeit und dem Verschweigen entrissen zu werden. Grundsätzlich gab die SED die Unterdrückung jeglichen freiheitlichen Impulses an ihrer Elite-Universität nie auf, doch wurden in den letzten Jahren ihrer Herrschaft zum einen die Methoden subtiler, zum anderen war die Universität nunmehr vollkommen gleichgeschaltet, ja mehr noch, sie war zur "Speerspitze" im ideologischen Kampf der Kommunisten geworden. Das hielt das MfS aber keineswegs davon ab, die Universität verstärkt durch Denunzianten zu unterwandern. Studentischer Protest kam erst wieder im Oktober 1989 auf. Noch einmal versuchte die Stasi am 17. Oktober 1989 die nun endlich zaghaft aufbegehrenden Studenten durch den Einsatz von IM (BStU, Teil E) zu disziplinieren. Allein es war zu spät, die Geschichte war über ein verkommenes System hinweggegangen.

## VI. Der Streit um die Verwicklung der Humboldt-Universität in die Machenschaften des MfS nach 1989

Auch für die Humboldt-Universität bestand jetzt die Hoffnung auf eine eigenständige innere Erneuerung. Allein es sollte anders kommen. Grundsätzlich stand die Universität der Revolution vom Herbst 1989 wie gelähmt gegenüber und das kurze studentische Aufbegehren erwies sich als Strohfeuer (Neuß 1990; Barmen 1990; Sieber/ Freytag 1993). Die Universitäten dachten zuerst nicht daran sich zu reformieren, dann gab es halbherzige Reformkonzepte, die auch noch boykottiert und verschleppt wurden (Kowalczuk 1993, a, S. 1-3; b S. 1-4). Diesen Zustand versuchte Rektor Fink später damit zu rechtfertigen, daß es an der Berliner Universität eben nicht üblich gewesen sei, auf die Straße zu gehen, daß dagegen im kleinen Kreis diskutiert und konspiriert wurde (Laßt die Studenten 1991). Allerdings war davon selbst Insidern in der Regel nichts bekannt. Was an der Humboldt-Universität auch nach dem Herbst 1989 erhalten blieb, waren vorerst die alten Machtstrukturen und Informationskanäle auf der einen Seite, Angst und Mißtrauen auf der anderen. Die Angehörigen der verschiedenen politischen Gruppen fanden zu keinem gemeinsamen Diskurs, die Strukturen der neuen Gruppierungen blieben schwach und einflußlos. So konnte es kaum verwundern, daß sich die Humboldt-Universität erst sehr spät und einseitig auf Personen fixiert mit ihren Beziehungen zum MfS zu beschäftigen begann. Dies war weder am »Runden Tisch« der Universität, dessen Moderator bis zum 13. Dezember 1989 Fink war, noch bei den von gemaßregelten und inhaftierten Studenten der Sektion Geschichte erzwungenen öffentlichen Auseinandersetzungen mit der politischen Verfolgung an der Humboldt-Universität ein Thema. Das lag daran, daß die hauptamtlichen und inoffiziellen Mitarbeiter des MfS eisern schwiegen, daß keine archivalischen Unterlagen zugänglich waren und die Vernetzung zwischen Universität und MfS vorerst vollkommen im Dunkeln lag. So war es möglich, daß der wegen seiner Beteiligung an Repressionen berüchtigte und später als »Offizier im besonderen Einsatz« enttarnte Leiter der Studienabteilung auf eine andere Stelle in der Rektoratsverwaltung wechselte, ohne daß es zu Protesten gekommen wäre (Küpper 1993, S. 124). Besonders erschwerte die Aufklärung das Eigeninteresse der immer noch an der Universität beschäftigten MfS-Kollaborateure, die eine Offenlegung ihrer Verstrickungen fürchteten und zu verhindern suchten. Offensichtlich vertrauten sie auf die von den jeweiligen Führungsoffizieren versprochene Vernichtung der Akten, aber auch darauf, daß der Rechtsstaat sich totalitären Verstrickungen als nicht gewachsen erweisen würde. Gleichzeitig verstärkte sich auch an der Ostberliner Universität der Ruf nach dem *"Zuschütten der Gräben"* und nach Solidarität mit angeblich zu Unrecht Beschuldigten. Außerhalb der Universitätsmauern konnte geschickt der Eindruck erweckt werden, daß in ihr eine gnadenlose Jagd auf aufrechte

"Marxisten" und "Linke" stattfände. In der Universität war die Meinung wohl weit verbreitet, daß es mit der Kündigung von zehn »Offizieren im besonderen Einsatz«, die durch eine Veröffentlichung der Tageszeitung »taz« bekannt geworden waren, und die Schließung des Institutes für Kriminalistik als Ausbildungsstätte für Direktstudenten des MfS sein Bewenden haben könne. Individuelle Versuche der Auseinandersetzung mit der MfS-Vergangenheit einzelner Mitarbeiter wie durch die Germanistin Ursula Heukenkamp führten zur kollektiven Empörung und zum Vorwurf der *"Nestbeschmutzung"* (Herzberg/Meier 1992, S. 300-301). An dieser Situation änderte auch die Übergabe einer Liste mit im Mai 1990 durch die Universität angestellter 85 Mitarbeiter des MfS durch das Bürgerkomitee 15. Januar (Archiv des Verfassers) und das Bekanntwerden der Ausbildung ehemaliger Mitarbeiter des MfS und des DDR-Innenministeriums zu Diplomsozialtherapeuthen am Institut für Sozialtherapie nichts. Eine Forderung des Studentenrates, die Beziehungen dieses Institutes zum MfS überprüfen zu lassen, beantwortete ein Flugblatt eines »Revolutionären Soldatenbundes« folgendermaßen: *"Ihr verfluchten Dreckschweine, könnt Ihr nicht endlich die Stasi-Leute in Ruhe lassen? ... Wir warnen Euch, laßt Eure dreckigen Schnauzen und Eure Pfoten von unseren Genossen, sonst geht es Euch schlecht"* (Archiv des Verfassers). Etwa zur gleichen Zeit wandte sich ein »Bund der Offiziere« (der ehem. DDR) an die "Anhörungskommission" [gemeint war wohl die Ehrenkommission] und vertrat die Meinung: *"Was wir Mitarbeiter in der DDR, d.h. als Staatsbürger der DDR taten, geht niemand etwas an. ... Wenn wir antworten, dann nur einer revolutionären Partei oder Organisation."* (Archiv des Verfassers). Einen Moment lang schien es im Dezember 1990 viel geleistet haben, so blieb ihre Wirkung auf die Offenlegung der Stasi-Verstrickungen der Universität gering. Das lag wesentlich daran, daß sie zur Geheimhaltung verpflichtet waren, daß die Masse der Universitätsangehörigen nicht überprüft wurde und daß die Kommissionen nur auf Antrag arbeiteten und auch nur Empfehlungen aussprechen konnten. Eine Wende schien erst die Kündigung von Rektor Fink am 26. Oktober 1991 auf Grund eines Rechercheergebnis der Behörde des Sonderbeauftragten Gauck zu bringen. Hier hieß es: *"Herr Prof. Fink ist seit 1969 als Inoffizieller Mitarbeiter des MfS unter dem Decknamen 'Heiner' tätig gewesen"* (Politische Kultur 1992, S. 27). Jetzt überschlugen sich die Ereignisse. Es war überraschend und zugleich erschütternd, daß sich die Masse der Studenten kritiklos und ohne Fragen zu stellen, mit Fink genauso wie auch die Mehrzahl der Lehrenden, bei denen es aber nicht überraschen konnte, solidarisierte. An der Humboldt-Universität begann eine hysterische Kampagne unter dem Motto *"Unsern Heiner nimmt uns keiner"*. So gratulierte die Germanistin Rosemarie Heise Christa Wolf für ihre Verteidigung Finks und bezeichnete die Bürgerrechtler als *"bellende Hunde"* (Vinke 1993, S. 300-302). Immer wieder wurde die Forderung nach Rehabilitierung Finks auf Demonstrationen und Versammlungen, bei öffentlichen Diskussion - so mit dem Stasi-Aktenverwalter Joachim Gauck (Heuwagen 1991) - und auf Sitzungen universitärer Gremien erhoben. Nur wenige schien es dagegen zu interessieren, worin Finks Kontakte zur Staatssicherheit wirklich bestanden hatten und warum die Solidarisierung in anderen Fällen unterblieb. Offensichtlich war eine Symbolfigur im Kampf gegen eine angebliche Kolonialisierung durch den Westen gesucht und gefunden worden (Kowalczuk 1993, c). So wurde Fink zum Symbol eines Typs *"verfolgter linker Intellektueller."* Er selbst stritt jede Zusammenarbeit mit dem MfS ab (Politische Kultur 1992, S. 30-33), klagte gegen seine Kündigung, gewann in erster Instanz, um dann in der zweiten zu verlieren. Letztlich hatte sich der Streit um Fink darauf zugespitzt, ob den schriftlichen Unterlagen des MfS mehr zu trauen sei, als den heutigen Aussagen von Staatssicherheitsoffizieren. Auch stand die Arbeit der Gauck-Behörde zur Disposition, da ihren Aussagen ja nur ein Wert beizumessen ist, wenn der Wahrheitsgehalt der Akten der Staatssicherheit grundsätzlich anerkannt wird. Doch dafür sprechen alle Argumente. Auch in der Auseinandersetzung um ihren Rektor hatte die Humboldt-Universität einmal mehr eine Chance vergeben, sich von seinem Schicksal ausgehend, mit den Strukturen ihrer Verstrickung in das Gewebe des MfS zu beschäftigen. Vielmehr sollte Fink wohl als Schutzschild für viele andere dienen, die der öffentlichen Auseinandersetzung mit ihrer eigenen Rolle weiter auswichen. Eine Sonderrolle in der Auseinandersetzung mit der Staatssicherheitsvergangenheit der Humboldt-Universität spielte ihr Klinikum Charité (Stein 1992). Hier gab es eine von der übrigen Universität unterschiedliche Entwicklung, die wesentlich damit zutun hatte, daß sich schon im Herbst 1989 eine Initiativgruppe "Charité-Erneuerung" bildete, daß das Charité-Parlament im Frühjahr 1990 die Überprüfung des Personals auf inoffizielle Mitarbeit bei der Staatssicherheit beschloß und die Klinikums-Leitung dies auch beantragte. War auch die Unterstützung des neu gewählten Dekans der Medizinischen Fakultät, Harald Mau, von nicht zu unterschätzender Bedeutung, so mußten die Erneuerer auch an der Charité zwischen vielen ihrer Kollegen Spießruten laufen.

## VII. Überprüfungsergebnisse

Das Anfang 1993 vorliegende vorläufig endgültige Überprüfungsergebnis der Charité zeigte, daß diese besonders intensiv zersetzt worden war. Unter 197 überprüften Personen konnten 37 IM des MfS ermittelt werden, Schätzungen gingen von ca. 80 Inoffiziellen Mitarbeitern aus. Nachdem ab Anfang Mai Charité-Mitarbeiter gekündigt worden waren, die eine Stasi-Mitarbeit in ihren Personalfragebögen verschwiegen hatten und ab Juli 1991 auf Grund der

Gauck-Bescheide Entlassungen erfolgt waren, gab es 1993 noch einmal 17 Kündigungen und 20 Abmahnungen (Stein 1992, S. 242-244). Das rasche und resolute Vorgehen an der Charité hatte zwar zu einer schnellen Überprüfung und Kündigung geführt, war aber mit dem Nachteil verbunden, daß es dabei verschiedentlich Formfehler gab. Diese erlaubten es den gekündigten Professoren mit Erfolg zu klagen und in der Regel einen Vergleich zu erreichen, den sie allerdings oft als Rehabilitierung ausgaben. Der bisher letzte Fall war der des am 24. August 1993 wegen Tätigkeit für das MfS und falscher Angaben im Personalfragebogen fristlos gekündigten Prof. Thomas Porstmann. Die 3. Kammer des Berliner Arbeitsgerichtes hielt nach *"ausführlicher Erörterung der Sach- und Rechtslage"* einen Vergleich für angebracht, worauf die Justitiarin der Humboldt-Universität die Vorwürfe des Kündigungsschreibens zurückzog (Dümde 1994). Auch die Kündigung Porstmanns wurde von allerdings einflußlosen Gruppierungen an der Universität zur Hetze gegen die Erneuerung und die Gauck-Behörde genutzt. So hing an vielen Stellen der Universität ein Flugblatt des »Komitees für soziale Verteidigung« in dem es hieß: *"Die antikommunistische Hexenjagd gegen alles, was an die DDR erinnert, wird aus Rache für die Niederlage des deutschen Imperialismus 1945 betrieben. ... Regierung und SPD-'Opposition' wollen Wissenschaft, Forschung und Medizin auf Kosten der arbeitenden Bevölkerung ideologisch durchsäubern und weiter zusammenstreichen. ... Die Hexenjagd zielt ... darauf ab, angesichts massiver Arbeitsplatzvernichtung und sozialem Abbau die Werktätigen zu spalten und einzuschüchtern, die dagegen Widerstand leisten wollen."* (Archiv des Verfassers). Für die Humboldt-Universität außerhalb der Charité trafen ab Mai 1991 fortlaufend Bescheide und im August 1992 ein vorläufiges Endergebnis der Überprüfung von Professoren und Dozenten auf Mitarbeit beim MfS ein. Von den 780 zur Überprüfung eingereichten Personen konnte ca. 155 eine Mitarbeit als Inoffizieller Mitarbeiter, Kontaktperson oder Gesellschaftlicher Mitarbeiter Sicherheit beim MfS nachgewiesen werden. Davon waren aber Ende 1989 aber nur noch 67 Personen aktiv (Labrenz-Weiß 1993, S. 5). Hier und auch bei anderen Autoren, die von ca. 180 Stasi-Denunzianten unter den Professoren und Dozenten ausgehen (Sasse/Obstück 1993, S. 7), ist zu beachten, daß eine Zusammenarbeit mit der Auslandsspionage (der Hauptabteilung Aufklärung des MfS), mit der Militärspionage der »Nationalen Volksarmee« und mit dem sowjetischen Geheimdienst in der Regel nicht aufgedeckt werden konnte. Von den ermittelten Staatssicherheitsmitarbeitern beschäftigte die Universität Mitte 1992 noch 81. In 16 Fällen sollte jetzt von der Universitätsleitung gekündigt werden, zehn weitere Mitarbeiter wurden für die Wahl in universitäre Gremien gesperrt (Protokoll der Pressekonferenz 1992; Interview mit Marlies Dürkop 1993). Die Zahl derjenigen, die insgesamt seit Herbst 1989 die Universität wegen Mitarbeit beim MfS verlassen mußten, läßt sich heute noch nicht genau ermitteln. Der letzte Stand, den die Personalabteilung der Humboldt-Universität ermittelte, ist der vom 23. November 1992. Bis zu diesem Zeitpunkt hatte es insgesamt 128 Kündigungen wegen der unterschiedlichsten Formen von Stasi-Kollaboration gegeben. Von dieser Zahl geht auch Eckert Mehls in einer ansonsten die Erneuerung an der Humboldt-Universität diffamierenden Darstellung aus (Mehls 1993, S. 96). Der Vizepräsident der Universität, Professor Bank, nannte in einem Rundfunk-Interview dagegen die Zahl von 182 in der Personalkommission beschlossener Kündigungen, die in der Regel aber nicht vollzogen, sondern in "Aufhebungsverträge" umgewandelt wurden, um juristischen Schwierigkeiten aus dem Weg zu gehen. Zwar gab es 1993 kaum noch Aufdeckungen von Stasi-Mitarbeit, das wird sich aber zu den Zeitpunkt ändern, wo die Überprüfungsergebnisse des akademischen Mittelbaus und der Angestellten bekannt werden. Insgesamt kann man wohl mit ca. 500 MfS-Mitarbeitern an der Humboldt-Universität rechnen (Sieber/Freytag 1993, S. 225).

## VIII. Vorläufiges Fazit: Humboldt-Universität und MfS

Ein Resümee muß heute zuerst festhalten, daß es bisher fast immer um Personen und nie wirklich um Inhalte oder Strukturen ging. Bei den ermittelten IM führten die Wirtschaftswissenschaftler mit 13 Fällen, es folgten elf Physiker und zehn Asienwissenschaftler. Unter diesen Personen gab es kaum Frauen, »Nomenklaturkader« der SED gehörten nicht zum Personenreservoir des MfS und nicht jeder Reisekader war ein Denunziant. Es gab auch nur selten Berichte aus dem Intimleben, typisch sind dagegen politische Denunziationen von Kollegen und Studenten sowie Angaben über wissenschaftliche, technische und organisatorische Probleme der Universität. Nach Berechnungen von Sieber/Freytag verrieten 62 % der Stasi-Informanten auch Personen und Termine (Sieber/Freytag 1993, S. 251). Nicht vergessen werden sollte, daß nicht wenige Denunzianten ihre Tätigkeit mit der Absicht verbunden hatten, daß Herrschaftssystem der SED zu "reformieren" oder dies zumindest heute behaupten. Engen Kontakt hatte das MfS zu Rektoren, Prorektoren, zu den Rektoraten für internationale Beziehungen und Weiterbildung, zum Universitätsarchiv, zu anderen aktenführenden Stellen und besonders zu SED-Leitungen gehalten. Bei der Werbung von IM legte es Wert auf renommierte und international anerkannte Wissenschaftler, die Zahl der geworbenen Studenten ging dagegen in den 80er Jahren zurück, da diese dem Staatssicherheitsdienst zu wenige wichtige Informationen lieferten. Nach Durchsicht der Stasi-Arbeitspläne wird deutlich, daß die Schwerpunkte der MfS-Durchdringung nicht die Gesellschafts- und Geisteswissenschaften, sondern die Bereiche Elektronik, Friedensforschung, Biotechnologie, physikalische Forschung, AIDS-Forschung und Organtransplantation waren. Die endgültigen Zahlen der Mitarbeiter des MfS an der Humboldt-Universität könnten für immer ein Geheimnis bleiben. Eine wichtige Voraussetzung, dies zu vermeiden wäre es, wenn die CIA die bei ihr vorliegenden Erkenntnisse über das Inlandsnetz der Hauptverwaltung Aufklärung offenlegen würde, deren Mitarbeiter noch nicht bekannt sind. Die einzige bekannte Zahl, die diese einbezieht, ist die, daß von den 103 Lehrkräften der Sektion Marxismus-Leninismus der Humboldt-Universität 1970 77 vom MfS erfaßt waren (Schottländer 1993, S. 79). Davon waren ca. 90% positiv erfaßt, d.h. sie waren in der übergroßen Mehrheit Denunzianten der Sicherheitspolizei. Letztlich waren die Beziehungen zwischen Staatssicherheit und Universitäten nur noch bei Polizei und Militär ähnlich eng. Auch daraus ergibt sich die Notwendigkeit, diese Verflechtungen auch heute noch offen zu legen. Wir stehen hier wohl auch Anfang 1994 immer noch am Anfang, das endgültige Ergebnis ist allerdings zu ahnen und es wird deprimierend für die innere Autonomie und Redlichkeit der Hochschulen in der DDR sein, so, als ob das Eingeständnis des gerade neu berufenen Professors Michael Brie vom Institut für interdisziplinäre Zivilisationsforschung, mit dem MfS von 1977 bis zum November 1989 durch das Schreiben von Berichten über Studenten aus den Entwicklungsländern und über seine eigenen öffentlichen Auftritte zusammengearbeitet zu haben (Küpper 1991, a), eine grundsätzliche und öffentliche Diskussion ermöglichen würde (Kostede 1991). Aber nur einzelne Mitarbeiter wie Dr. Irene Runge vom Institut für Geschichtswissenschaften folgten seinem Beispiel. Auch die Forderung einiger Studenten nach einer öffentlichen Auseinandersetzung, ließ sich nicht realisieren. Es konnte kein Ersatz sein, daß Brie als unzumutbar eingestuft und gekündigt wurde. Statt einer grundsätzlichen Diskussion begann nach Dezember 1990 das "Finksche Erneuerungsmodell" zu arbeiten (Küpper 1993 b, S. 27).

## Literatur

Baum, Anja: Was jetzt passiert, geht an die Substanz. In: Freitag, 4. Januar 1991, Berlin, Nr. 2, S. 3.

Die "Bagatelldelikte" der Stasi dürfen am 3. Oktober nicht verjähren. In: taz, 28. August 1993, Berlin.

Barmen, R.: Schwarze Schafe in weißen Westen. In: Unaufgefordert, 2. Jg., 17. Oktober 1990, Berlin, Nr. 15, S. 11.

Behnke, Klaus: Ausbildung in "operativer Psychologie". Berlin 1993 [Manuskript].

Crüger, Herbert: Verschwiegene Zeiten. Vom geheimen Apparat der KPD ins Gefängnis der Staatssicherheit. Berlin 1990.

Dönhoff, Marion [u.a.] (Hg.): Weil das Land Versöhnung braucht. Ein Manifest II. Reinbek bei Hamburg 1993.

Dümde, Claus: Opfer der Wende bekam vor Gericht sein Recht. Wie und warum die Gauck-Behörde die Akte "IMS Labor" so zusammenstellte, daß sie auf Prof. Porstmann zu passen schien. In: Neues Deutschland, 21. Januar 1994, Berlin, S. 3.

Eckert, Rainer: Aufstiegschancen und Entwicklungsbarrieren für den geschichtswissenschaftlichen Nachwuchs in der DDR. In: Fischer, Alexander (Hg.): Studien zur Geschichte der SBZ/DDR. Berlin 1993 a, S. 263-272.

Eckert, Rainer: Die Berliner Humboldt-Universität und das Ministerium für Staatssicherheit. In: Deutschland Archiv, 26. Jg. (1993 b), Köln, S. 770-785.

Eckert, Rainer/Günther, Mechthild/Wolle, Stefan: "Klassengegner gelungen einzudringen...". Fallstudie zur Anatomie politischer Verfolgungskampagnen am Beispiel der Sektion Geschichte der Humboldt-Universität zu Berlin in den Jahren 1968 bis 1972. In: Jahrbuch für Historische Kommunismusforschung, 1. Jg. (1993) Berlin, S. 197-225.

Flocken, Jan von/Jurtschitsch, Erwin: Mielkes Argusaugen an der Universität. In: Der Morgen, 6 November 1990, Berlin.

Gill, David/ Schröter, Ulrich: Das Ministerium für Staatssicherheit. Anatomie des Mielke-Imperiums. Berlin 1991.

Herzberg, Guntolf/Meier, Klaus: Karrieremuster. Wissenschaftlerporträts. Berlin 1992.

Heuwagen, Marianne: Um Fink formiert sich eine Wagenburg gegen die "Abwicklung". In: Süddeutsche Zeitung, 6. Dezember 1991, München, Nr. 281, S. 12.

Humboldt-Professor klagt gegen Kündigung. In: Der Morgen, 22./23. Dezember 1990, Berlin.

Interview mit Marlies Dürkop. Normalisierung als zäher Prozeß. In: Der Tagesspiegel, 25. Februar 1993, Nr. 14480.

Kostede, Norbert: Doktor Brie wird abgewickelt. Darf ein Stasi-Spitzel Professor werden?. In: Die Zeit, 5. Juli 1991, Hamburg, Nr. 28, S. 4.

Kowalczuk, Ilko-Sascha: Grundlinien der Universitätspolitik der SED in den frühen fünfziger Jahren. Berlin 1993 a [Manuskript].

Kowalczuk, Ilko-Sascha: Historische Gründe für das Scheitern der Selbsterneuerung an der Humboldt-Universität zu Berlin. Berlin 1993 b [Manuskript].

Kowalczuk, Ilko-Sascha: Die liebeskranke Organisation. Anmerkungen zur Debatte um Stasi, Fink und Universität. In: Hochschule Ost, Jg. 1, Leipzig 1992, H. 2, S. 59-63.

Küpper, Mechthild: Ein deutscher Intellektueller, ein Stasi-Mann. Michael Brie wird an der Humboldt-Universität zum Präzedenzfall für Erneuerung - Angeklagter als Zeuge. In: Tagesspiegel, 10. Februar 1991, Berlin, Nr. 13796, S. 29.

Küpper, Mechthild: Die Humboldt-Universität. Einheitsschmerz zwischen Abwicklung und Selbstreform. Berlin 1993.

Labrenz-Weiß, Hanna: Strukturelle Beziehungen zwischen der Staatssicherheit, der SED und den offiziellen staatlichen Organisationsformen an der Humboldt-Universität in Berlin. Berlin 1993 [Manuskript].

Laßt die Studenten selber denken: Heinrich Fink, Rektor der Ostberliner Humboldt-Universität, über die Reform seiner Hochschule. In: Der Spiegel, 45. Jg. (1991), Hamburg, Nr. 4, S. 72-77.

Mehls, Eckart: Die Demontage der Humboldt-Universität zu Berlin. In: Unfrieden in Deutschland. Weißbuch II: Wissenschaft und Kultur im Beitrittsgebiet. Hrsg. von der Gesellschaft zum Schutz von Bürgerrecht und Menschenwürde. Berlin 1993, S. 79-116.

Mertens, Lothar: Stolze Bilanz oder vielleicht doch "Leichen im Keller"?. Ein kritischer Beitrag zur Sektion Kriminalistik der Berliner Humboldt-Universität. In: Kriminalistik, 48. Jg. (1994), H. 2, Heidelberg, S. 120-122.

Mitter, Armin/Wolle, Stefan: Untergang auf Raten: Unbekannte Kapitel der DDR-Geschichte. München 1993.

Neuß, Sebastian: Wir tragen den Sturmwind der Revolution.... In: Unaufgefordert, 2. Jg., 17. Oktober 1990, Berlin, Nr. 15, S. 13-14.

Paul, Gerhard: Deutschland, deine Denunzianten. In: Horch & Guck, 2. Jg., 1993, Berlin, Nr. 10, S. 45-48.

Politische Kultur im vereinten Deutschland. Der Streit um Heinrich Fink, Rektor der Humboldt-Universität zu Berlin. In: Utopie kreativ, 3. Jg. Januar 1992, Berlin, Sonderheft.

Ronzheimer, Manfred: Ideal der "gläsernen Hochschule". Die Forschungsberichte der Berliner Universitäten im Vergleich. In: Der Tagesspiegel, 1. November 1933.

Sasse, Ada/Obstück, Markus: Zwischenbilanz beim Aktenlesen. Zur Arbeit der "Unabhängigen Studentischen Arbeitsgruppe an der Humboldt-Universität". In: Hochschule Ost, Jg. 2, Leipzig 1993, H. 3, S. 7.

Schottländer, Rainer: Das teuerste Flugblatt der Welt. Dokumentation einer Großfahndung des Staatssicherheitsdienstes an der Humboldt-Universität. Berlin 1993 [Selbstverlag].

Sieber, Malte/Freytag, Ronald: Kinder des Systems. DDR-Studenten vor, im und nach dem Herbst '89. Berlin 1993.

Stein, Rosemarie: Die Charité 1945-1992. Ein Mythos von innen. Berlin 1992.

Vinke, Hermann (Hrsg.): Akteneinsicht Christa Wolf. Hamburg 1993.

Wollenberger, Vera: Virus der Heuchler. Innenansicht aus Stasi-Akten. Berlin 1992.

## Archivalien

Archivalien im Archiv der Gauck-Behörde (BStU):

BStU, AIM 18 576/85, Bd. 1 und 2. BStU, AIM 8 93/91, Bd. 1 und 2. BStU, OPK Florath, Bd. 1 und 2, 15 547/81. BStU, Teil E, Vorfälle HUB.Information über eine illegale Gruppenbildung an der Humboldt-Universität Berlin vom 28. Oktober 1965. In: BStU, ZAIG 1 123, Bl. 1-6.

Information über die Inhaftierung von Theologie-Studenten wegen Verbreitung selbstgefertigter Hetzschriften vom ///. In: BStU, ZAIG 1 671, Bl. 1-5.

Information über weitere Maßnahmen in Zusammenhang mit der Inhaftierung von Theologie-Studenten wegen Verbreitung selbstgefertigter Hetzschriften vom 9. April 1969. In: BStU, ZAIG 1 671, Bl. 12-16.

Archiv des Verfassers:

Bund der Offiziere (der ehem. DDR): An die Anhörungskommission der HUB: Ihr verfluchten Schweine! Flugblatt eines "Revolutionären Soldatenbundes".

Komitee für soziale Verteidigung: Verteidigt Professor Porstmann! [Flugblatt Januar 1994].

Liste des Bürgerkomitees 15. Januar mit 85 von der Humboldt-Universität angestellter Mitarbeiter des MfS [Frühjahr 1991].

Protokoll der Pressekonferenz der Präsidentin der Humboldt-Universität zu Berlin und des Ehrenausschusses: Wichtiger Schritt zur Erneuerung der Humboldt-Universität zu Berlin, 7. August 1992.

Printed by Libri Plureos GmbH
in Hamburg, Germany